青少年励志文库

送你一双慧眼

谷心光　　何红波　编

上

每个人都是最优秀的，差别就在于你如何
认识自己，善待自己，拔高自己，展示自己

新疆美术摄影出版社

新疆电子音像出版社

图书在版编目（CIP）数据

送你一双慧眼/赵洪恩主编 . —乌鲁木齐：新疆美术摄影出版社；新疆电子音像出版社，2009.11 （2010 年 1 月重印）

（青少年励志文库）

ISBN 978－7－5469－0301－9

Ⅰ. ①送…　Ⅱ. ①赵…　Ⅲ. ①人生哲学—青少年读物　Ⅳ. ①B821－49

中国版本图书馆 CIP 数据核字（2009）第 204535 号

书　　名：**送你一双慧眼**
主　　编：赵洪恩
责任编辑：文　昊
出版发行：新疆美术摄影出版社
　　　　　新疆电子音像出版社
　　　　　（地址：新疆乌鲁木齐市西虹西路 36 号
　　　　　邮编：830000　电话：0991－4690475）
印　　刷：北京德富泰印务有限公司
开　　本：700mm×1000mm　1/16
印　　张：30
字　　数：256 千字
版　　次：2010 年 1 月第 3 版
印　　次：2010 年 1 月第 1 次印刷
书　　号：ISBN 978－7－5469－0301－9
定　　价：59.80 元（上下册）

智慧小语：

· 我是自己生命的主人，我有我的人生轨迹，我要自己面对挫折和失败，我要自己创造胜利和未来。

· 一个人什么都可以没有，但绝不能没有梦想；一个人什么都可以丢弃，但绝不能把梦想丢弃。梦想就是生命，只有心存梦想，坚信梦想，你就一定梦想成真。

· 给自己一双慧眼吧！只有拥有一双慧眼，世界才会在你面前变得无比美好，你的人生才会变得夺目灿烂。

· 没有谁不羡慕财富和成功，但"钱袋"鼓的前提，是"脑袋"富，"脑袋"富的前提是多学习多实践。"脑袋"富了思维才敏捷开阔，才能生发出绝妙的创意，到那时，财富和成功挡都挡不住。

· 生命的价值，不在于活多久，而在于怎么活，只要能善待生命，把生命的光辉都用于创造，那么生命的价值，就体现得淋漓尽致。

· 只有在泥泞的路上行走，你的生命才会留下深刻的足迹。

· 我们无法选择被爱，但我们有责任去爱，尽量把爱洒向我们所爱的一切，成功的人生就是博爱人生。

· 生活是一种伟大的艺术，只要你学会生活，学会选择，别让世俗的尘埃蒙蔽了双眼，别让太多的功利给心灵套上沉重的枷锁，快乐会自然而然地散布你生活的每个角落。

· 生活得很成功的人，就是生活中最会笑的人。快乐有千千万万个理由，关键是要时时刻刻为自己鼓劲、加油。

· 把握生命的每一分钟，就是把握理想的人生。世上没有世袭的富贵，出色的工作就是你最高贵的荣衔。

· 磨难越严酷，收获越丰硕，大困难孕育着大转机，因此，坚持的态度，就是成功人生的态度。

· 在这个世界上，只要你能真实的付出，许多成功的大门都是虚掩的。

目　录

第二辑　让生命之花向着阳光开放

目　录

目　录

目　　录

第四辑　人生因梦想而伟大

第一辑　做最优秀的自己

　　古希腊大哲学家苏格拉底临终前有一个不小的遗憾——他多年的得力助手居然在半年的时间里没能给他找到一个最优秀的关门弟子。助手非常惭愧，泪流满面地坐在病床边沉重地说："我真对不起您，让您失望了。"苏格拉底说："失望的是我，对不起的却是你自己……本来最优秀的就是你自己，只是你不敢相信才把自己给忽略、给耽误、给丢失了……其实，每个人都是最优秀的，差别就在于如何认识自己、如何发掘和重用自己……"话没说完，一代哲人就永远离开了他曾经深切关注着的这个世界。

我是我生命的主宰
我是我心中的第一名

占梅姿

一个15岁的女孩曾经问我："我该怎么做，才能过充实的生活？"我的答案很简单，只有4个字："做你自己。"

在这世上，我是独一无二的个体。也许我有些地方与别人相似，但我仍是无人能取代。我的一言一行都有我自己的个性，因为这是我自己的选择。

我是自己的主人——我的身体，从头到脚；我的脑子，包括情绪思想；我的眼睛，包括看到的一切事物；我的感觉，不管是兴奋快乐，还是失望悲伤；我所说的一字一句，不管是说对说错，中听还是逆耳；我的声音，不管是轻柔还是低沉；以及我的所作所为，我不管是值得称赞还是有待改善。

我有自己的幻想、美梦、希望以及恐惧。

成功胜利由我自己创造，失败挫折由我自己承担。

因为我是自己的主宰，所以我能深刻了解自己。由于我认识自己，所以我能喜欢自己，接纳自己的一切，进而将自己最好的一面呈现出来。

然而人多少会对自己产生疑惑，内心总有一块连自己也无法理解的角落；但只要我多支持和关爱自己，我必定能鼓起勇气和希望，为心中的疑问找到解答，并更进一步地了解自己。

　　我必须接受自己的所见所闻，一言一行，所思所想，因为这是我自己真实的感受。之后我可以回头检视这些发自内心的行为，若有不合宜之处，便加以纠正；若有可取之处，则应继续保持。

　　我身心健全，能自食其力。我愿发挥自身潜能，并关怀他人，为创造一个更美好的世界贡献一份力量。

　　我能掌握自己，做自己的主宰。

　　我就是我，世上不会有第二个我。

最好的伯乐往往是自己

陆勇强

　　意大利画家达·芬奇做学徒的时候，才华深潜未露。当时，他的老师是个很有名望的画家，年老多病，作画时常感到力不从心。

　　一天，他要达·芬奇替他画一幅未完的作品，年轻的达·芬奇只是一个学徒，他十分崇敬老师的为人和作品．他根本不敢接受老师的任务。他缺乏自信，更害怕把老师的作品毁了。可是，这位老画家不管达·芬奇怎么说，一定要让他画。

　　最后，达·芬奇战战兢兢地拿起了画笔，很快，他进入了人画两忘的境地，内心的艺术感受喷薄而出。画完成后，老画家来画室评鉴他的画，当他看到达·芬奇的作品时，惊讶地说不出话来。他把年轻的达·芬奇抱住："有了你，我从此不用作画了。"

　　从此以后，达·芬奇找回了自信。他的才情得到最大限度地发挥，终成一代大师。

达·芬奇的故事告诉我们，人有时候并不了解自己。在一项充满挑战的工作面前，大多数人会觉得自己不配，没有本事，没有能力去完成，这样我们就会永远活在自己设置的阴影里。其实，尝试可以使我们发现自己生命中优秀的潜能。

每一个人的生命都潜藏着许多自己也不知道的能量，如果不去尝试，这些能量永远也没有机会大放异彩。只要我们勇敢地向前走一步，那些像火山一样炙热的才情也许会喷薄而出。世上许多美好的东西最初有时只是一次不经意的尝试。

所有失败都陷于半途而废的泥潭，而所有成功的人几乎都从倦怠的泥潭中突围出来。世上没有等来的伯乐，最好的伯乐往往是你自己。

你不是为别人增添笑料的小丑
你就是你

诺　维

从前，在一个平凡的村子里，有一个平凡人。他平凡得毫不起眼，人们经过他身边的时候，也不会特别去看他一眼。他有些自卑，有些自怜，也开始看不起自己了……

有一天，有一个马戏团从这个小村经过，要在那个村内做免费的表演。大部分村民没看过马戏，难得有这机会，当然不会错过了，而那一个村内的平凡人也抱着好奇的心态去看看……

马戏团的表演很精彩，有喷火表演、空中飞人表演等，令人目瞪口呆，而最受欢迎的可要数小丑表演了。舞台上有一个小丑，忽然跌跌撞撞地跑出来，正要弯腰拾回地上的帽子时，又掉了他头上的丝带；正要拾地上的丝带时，又掉了帽子……，小丑的精彩表演使得村民报以热烈的掌声。

而那一个平凡的人也彻底着迷了，他想不到小丑竟会那么受欢迎，那么好看，纵使马戏团走后一个星期，人们还在热切地谈论着小丑的表演。那一个平凡人恍然大悟了，只要他成为一个小丑，那么他也可以像小丑般受欢迎，而且以后也不会遭人忽视了……

于是平凡人从那天起，便在脸上涂满颜色，嬉皮笑脸地向别人打招呼、倾谈，逗得人们很高兴，那些小朋友一看到他便二话不说地扑上去了。而他也学小丑般做了很多古怪的模样，或是做一些装傻的动作，令人捧腹大笑。

但是要知道，同一个笑话，说了十多次后就会失效，故这平凡人很努力，每天也努力地想出很多惹笑的话题和动作，不令人笑个人仰马翻誓不罢休。他在村中很受欢迎，仿佛没有他的话，村里就再无欢乐可言。有一天，这平凡人病了，他躺在床上动弹不得。忽然，有一个青年跑去告诉他，村里的人知道这天不能看到他而感到失望。平凡人一听，十分感动，他觉得自己终于被人重视了。他马上从床上跳了起来，再次带起小丑的面具，蹒跚着走了出去，刚走到街上，他便马上得到一阵热烈的欢呼声，每一次掌声都令他感动………

日子一天一天地过去，有一天，这平凡人忽然感到好累，那是种打从心底的累，他不想再当小丑了。他想他的人缘既已比以往好多了，那么再扮小丑也没啥用吧。故此这天他卸下了那小丑的面具。就在他卸下面具的一刻，他忽然觉得轻松了。他走出屋外，并缓缓地走到街上，忽然他呆住了，因为他竟忘了以往的自己到底是什么样子的，是什么样的性格，说话又是什么样的语气呢……

他走到很多人聚集的市场去，奇怪的是，他发觉没有欢呼声，更没有人走上去搭讪，小孩子们也没有扑上来迎接他。他诧异、失望、无奈、不安，也没想过他又再打回原形了，他从没想过受欢迎的只是小丑，而不是他……

他带着沉重的脚步，慢慢地走回家去，在镜子前再次戴起那副小丑的面具……

镜子中的小丑脸正在吃吃地笑……

没有人能控制你的思想
除了你为自己的心里上一把锁

肖　剑

一代魔术大师胡汀尼有一手绝活，他能在极短的时间内打开无论多么复杂的锁，从未失手。他曾为自己定下一个富有挑战性的目标：要在 60 分钟之内，从任何锁中挣脱出来，条件是让他穿着特制的衣服进去，并且不能有人在旁边观看。

有一个英国小镇的居民，决定向伟大的胡汀尼挑战，有意给他难堪。他们特意打制了一个坚固的铁牢，配上一把看上去非常复杂的锁，请胡汀尼来看看能否从这里出去。胡汀尼接受了这个挑战。他穿上特制的衣服，走进铁牢中，牢门哐啷一声关了起来，大家遵守规则转过身去不看他工作。胡汀尼用耳朵紧贴着锁，专注地工作着。45分钟，一个小时过去了，胡汀尼头上开始冒汗。最后两个小时过去了，胡汀尼始终听不到期待中的锁簧弹开的声音。他精疲力竭地将身体靠在门上坐下来，结果牢门却顺势而开。原来，牢门根本没有上锁，那把看似很厉害的锁只是个样子。

小镇居民成功地捉弄了这位逃生专家，门没有上锁，自然也就无法开锁，但胡汀尼心中的门却上了锁。

人生总归是我们自己的，
每天都赢自己一把，
生命的质量就会不断地提升

佚 名

很久以前有一个很笨的孩子。功课咋样先不说，只知道每次开家长会，老师宣布班上学生的成绩，他老爸吊着一颗心只想早一些听到念他孩子的名字，结果念出他孩子的名字时，老师就做了完结式的停顿，接下去就说：完了。

他老爸也不恼，只说：儿子，这世上许多人你无法比。你只跟你自己比。你只要每天能赢你自己。有一次儿子考了60分，乐得他老爸搂着儿子啃排骨似的，因为儿子上次只得了58分。后来这孩子机灵了，知道功课比不过人家，就不想再当什么牛顿、阿基米德了。他作文做得好，于是就每天写文章给自己看，让自己一天赢自己一把。结果，这孩子轻而易举地捡了个中文系的保送指标把大学给念完了。

这很笨的孩子便是我。

有记者问奥运金牌得主刘易斯：你是世界上跑得最快的了，你没有竞争的目标怎么办？刘易斯答：我下一步该做的是——粉碎自己。

是的，仔细想想：你最好的朋友是你自己，你最大的敌人也是你自己。如果你不是很刻意地活给人家看，你知道每天能与你竞争的只有你自己——你活得对自己苛刻些，你就活得张力些质感些；你活得松弛一些，你就只能是乏味些平淡些。没有人时时充当你的对手，也没有人时时记着给你打分。你且记住了：人生终归是你自己的。你不妨时时给自己提个醒。

赢——自——己——一——把！

人生旅程中别忘了为自己感动

乔 叶

一次，我和一位朋友结伴去外地旅行。火车上的时光很是难以打发，幸好列车播音室不断地播放着一些很好听的乐曲，听着这些乐曲，倒是一种很有情调的享受——这些乐曲都是旅客们点播的，在点播词里，有人是献给一同旅行的朋友的，有人是献给火车上刚刚认识的朋友的，还有人是献给乘务员的，更有甚者是献给共同乘坐这辆列车的所有旅客朋友们的。

"其实，听着这些乐曲，我的心里常常十分感动。"朋友忽然说。

"感动什么？"

"为这些点播者啊。"

"你知道他们是出于什么动机吗？"我笑道。

"不论他们是出于什么动机，我觉得自己都有理由感动。"朋友说，"如果他们是为了献给我们祝福，那么我们应当感动；如果他们是为了让我们和他们共同分享快乐，那么我们也应当感动；如果他们并不快乐却想给予我们一些快乐，那么我们就更应当感动。不是吗？"

"可是你看看车厢里的这些人，谁像你这么容易感动？"我环视周围，说道，"说不定还有人嘲笑他们，说他们既幼稚又神经呢。"

"所以我为这些人感到有些悲哀。"朋友说，"在今天，当人们满耳朵听到的满嘴巴讲出的都是'人心不古，世风日下'的感叹时，却不曾想到：有许多人连这种最起码的感动都会迟钝都会麻木都会吝啬都会熟视无睹——甚至还会失去。也许只有到了有一天，当人们都能够珍视感动、习惯感动，并且常常互相馈赠感动时，我们的世界才会变得真正美好起来吧。"

感动。看着朋友的面庞，我忽然想：感动到底是一种什么情绪呢？是不是对生活的感恩？是不是灵魂里的触动？是不是一颗敏锐的心最温暖最柔软的那一部分？

也许这些都是，也许还不仅仅是这些。

然而无论如何，我知道我都不会再忽略感动轻视感动了。人们常常说：赠人玫瑰，手有余香。其实感动也是如此啊。

我为自己对感动的感动而深深感动。

如果没有我，地球照样转
但有我不一样

佚 名

我很平凡很普通，在英雄遍地高手如云的今天，人常常感到自卑，以致有时会产生"即使没有我，世界不也是一样吗"的想法。

就这样，我一直自以为无足轻重地活着。直到有一天，我看见了一句话："没有我地球照样转，但有我不一样。"我被深深地震撼了，这是一种怎样的自尊与自爱呀！它使我认识到了每个自我存在的意义，也让我更珍惜每个自我存在的权利，更让我开始重新认识自己。我个头不高，不会给人一种气势压人的感觉，但我精彩绝妙的论辩却常让人感到泰山压顶。我没有一双白皙纤手，写不出一手漂亮的钢笔字，但我的作文常常受到老师和同学的称赞。我不是个体育健儿，甚至连女生的强项——仰卧起坐都不及格，但在接力赛上却也不负众望。

我脾气不好，有很多缺点。甚至不能让许多人容忍，但我仍凭着我的热情与诚意交了一些好朋友。

我平凡如大海里的一粒沙，但又有谁不是沧海一粟呢？我不是世界的惟一，然而每个人在世界上又都是惟一的。

那些自以为平凡普通的朋友们请记住：如果没有我地球照样转，但有我不一样！珍惜自己生存的权利，珍惜自己的生命，在平凡中活出自己的风采。

你，是惟一的。

别人看轻你，不要紧
你只需自己看重自己

亦　舒

我们活在世界上，不是为了求人们原谅。

别人要误会，让他误会好了，何必在乎？凡有人看不清楚事实，那纯粹是该人的损失，与我无关。

别人看轻我，不要紧。一个人只需看重自己即可。

接吻可以选错对象，发脾气则不可。

世上总有些人跟一些人是谈不来的，何必虚伪地硬要有友无类？何不坦白地说一句，你不能赢得每个人的心。而那么多的人可以成为好朋友，我看不出来为什么定要苦苦争取敌人的心？况且这世上是有敌人这回事的，有敌人又不是没面子的事，也不是错事，完全没必要花这么多劲在这种无聊的事上，证明自己人缘天下一流。

吃过苦的人，处世总大方点。我们知道，幸运并非必然，社会并不欠谁什么。最最没出息的人，一事无成的人，懒得生虫的人，在怪社会怪人类之余，当然拿手好戏就是表演他们的清高。

世上任何事只有两流，一流与末流，当中的全不算数。

为别人改变自己最划不来，到头你会发觉委屈太大。而且，人家对你的牺牲不一定欣赏。

不做金钱的奴隶，非要以毒攻毒，拥有许多钱才行。还有，不为名利支配。也得有若干名利才能说这样的话。

最好不要同任何人吵，非吵不可，亦应把范围规限于父母及伴侣三人之内，因与他们的关系有退路。与老板老总，可以据理力争，亦万万不能僵到吵的地步。故此许多人越生气越沉默，一声不发，到了时间，站起来就走。

但凡使人开心的事，大半都是有危险的。像饮酒赌博，像美貌女子，像好逸恶劳。

无论什么事，做给你自己看已经足够，千万别到街上乱拉观众。

人生试题一共四道题目：学业、事业、婚姻、家庭，平均分高才能及格，切莫花太多时间精力在任何一题上。

凡是太好的东西都不像真的。有人说，如果一件事好得不似真的，可能它的确不是真的。

人性肯定有坏的一面，但亦有好的一面，倘若黑得墨黑，白得雪白那有什么味道？

我们年轻时，理想高高在上，神圣不可侵犯；成年之后，被逼放弃理想，丢在脑后，理想不知所终，甚至有可能掉在泥淖里。

连史诺比都说："半夜三点半所想的事与清晨八时所想的事情太不一样。"

时常怀疑世上若干名词是人类虚设来自我安慰的，对短暂、虚无、痛苦的生命作一点调剂——像朋友、爱情、希望这些术语，不外是骗我们好好地活下去。

大都会里找生活的人，日子久了，哪里还有天性，都不过是水泥缝子里长出来的草。

人生千疮百孔，每个人总有大大小小不如意之处，总得努力靠自身挨过。

一个人如果心中没有企图，很少会被别人利用。

记住——永远只与比你高一等的人一起争吵。

反过来看自己
是一个五彩缤纷的世界

崔鹤同

一个雨天，牧师的妻子外出了。牧师正准备明天讲道的内容，他的小儿子却吵闹不休。心烦的牧师从一本杂志上撕下一幅色彩鲜艳的大地图，把它撕成碎片，丢在地上，说："小约翰，如果你能拼好这些碎片，我就给你2角5分钱。"

牧师以为这件事会使小约翰花费上午的大部分时间。但是没过10分钟，小儿子已拼好了这幅世界地图。"孩子，你是怎么把这件事做得这样快？"

"啊，"小约翰说，"这很容易，在另一面有一个人的照片，我就把这个人的照片拼到一起，然后把它翻过来。我想如果一个人是正确的，他的世界也就会是正确的。"牧师微笑起来，给了儿子2角5分钱。

"如果一个人是正确的，他的世界也就会是正确的。"这给予我们很大的启迪。有时我们盛气凌人，恃才傲物，狂妄不已；有时则自暴自弃，怨天尤人，萎靡不振，陷入一片浑沌与迷茫之中，失去了自我。这时，我们不妨静下心来，换一种思维，换一个角度，反过来审视自己，就会看到一个真正的自我，从而，端正人生的态度，把自己的位置摆正确，这样你将获得一个五彩缤纷的世界。

你要实现你的人生价值就不要乞求每个人的理解

陈大超

当被无数的不理解压抑得我透不过气来的时候，我就自然而然地理解了许许多多人的自杀。都说活人不能被尿憋死，但活人却可以被不理解憋死。憋得你痛不欲生。

被有足够多的人理解，或许是人生最好的生存环境。难道理解比空气和阳光比女人和家庭还要重要？我一下子就想到了这些问题。

当然，这些问题只有对永远抱着理想的人才存在。因为这种人并不以世俗的荣誉为终点。别人跑"马拉松"，一跑到终点，一得到世俗的荣誉就停下来了。但那些永远抱着理想的人，却根本就不把世俗的荣誉放在眼里，他们根本就不以"马拉松"的终点为终点。他们跑过了观众眼里的终点还在跑，并且依然是那么执著和陶醉。

这时候就有人喊"停下来停下来"。如果你置之不理，继续向着自己内心的终点跑，那么对不起，你立刻就在大家的眼里变成了"疯子""傻瓜""神经病""混蛋"——你不仅再没有掌声，再没有为你提供帮助的人，而且还会处处遇到障碍和阻拦。

我当然也尝到过处在这种境地的滋味。没人鼓掌饱尝寂寞倒是小事，最难受最难办的是来自亲人和恩人的围追堵截。他们绝不让你破坏掉他们因为你而拥有的世俗的荣誉，或者说他们绝对不容许你给他们带来世俗的耻辱。

他们既然看不见你心中的目标，你远大的理想，他们也就会以他们的目标和理想来衡量你，限制你，甚至是迫害你。他们以亲人恩人的面目出现，打着关怀你、一切都为你好的旗号，根本不听你说。

有时候，你真是觉得他们比敌人和仇人还可怕还可恨啊！

面对这样的人，你就是伸出乞求的双手说"请你理解理解我吧"，也无济于事。你如果是一个弱者是一个可怜虫，他们反而会大发慈悲，大加施舍，可是现在你却以一个强者的姿态，跑出了他们预想不到的他们难以接受的范围，他们也就要横下一条心对你实行围追堵截了。

你要实现你的人生价值，他们却要维护他们的世俗荣誉。他们没有你站得高，但他们却可以防止你跑得更远。他们比敌人和仇人更有办法来遏制你打击你。

但你却不忍对他们下手，像他们那样平平常常地活着并没有什么错，错的只是他们竟然成了你的亲人和恩人。他们不能理解你，但你却可以理解他们。

万般无奈，你就只能对自己下手。

我相信很多人就是在这种情况下对自己下手的。

我不知道我今后的结局怎样，我现在所能做到的，就是学着我的一位朋友的样，硬着头皮向世人宣布：我也不乞求理解！

别让眼睛老去
才不会让心灵荒芜

潘　炫

一夜之间，一场雷电引发的山火烧毁了美丽的"森林庄园"，刚刚从祖父那里继承了这座庄园的保罗·迪克陷入一筹莫展的境地。

他经受不住打击，闭门不出，茶饭不思，眼睛熬出了血丝。

一个多月过去了，年已古稀的外祖母获悉此事，意味深长地对保罗说："孩子，庄园成了废墟并不可怕，可怕的是，你的眼睛失去了光泽，一天天地老去。一双老去的眼睛，怎么能看得见希望……"

保罗在外祖母的说服下，一个人走出了庄园。

他漫无目的地闲逛，在一条街道的拐弯处，他看到一家店铺的门前人头攒动。原来是一些家庭主妇正在排队购买木炭。那一块块躺在纸箱里的木炭，忽然让保罗的眼睛一亮，他看到了一线希望。

在接下来的两个星期里，保罗雇了几名烧炭工，将庄园里烧焦的树木加工成优质的木炭，送到集市上的木炭经销店。

结果，木炭被抢购一空，他因此得到了一笔不菲的收入。然后他用这笔收入购买了一大批新树苗，一个新的庄园初具规模了。几年以后，"森林庄园"再度绿意盎然。

别让眼睛老去，才不会让心灵荒芜。

我可以出让一切
但绝不出让尊严

寄　丹

我始终不能忘记同车而行的那位美丽的少妇。

那天，开往省城的空调大巴已经上满了人，只有后排还空着一个座，司机欲开不开，卖票人吆喝着不肯放弃最后的努力。这最后上来的便是她。她站在车门口，大家眼前一亮，她衣着华丽、气质典雅，背着一只小巧的橘红色皮包，臂弯里还拥着一只白绒绒的京巴狗，想那应是孩子的宠物。那可爱的小狗和修饰得体的她都给人一种极其美丽而华贵的感觉。她望着那个最后的空座，有些犹豫，但车已不容分说地缓缓开动。

车行至一前不着村后不着店处，忽地戛然而止。司机和卖票人以强硬的口气宣布要增收 10 元交通费，收齐了再开车。一车人都感到愤怒，责问、议论、抗议声不断。然而司机和卖票人并不解释和分辩，径直地走向乘客，以凶悍蛮横之势相逼。有个小生意人模样的中年汉子嘴里发着破财消灾之类的牢骚第一个把钱掏出来，接下来的乘客们依次用同样的方式表达着不满，却都如数交纳，车里充满了窸窸窣窣的掏钱声和骂骂咧咧的牢骚声。卖票的人对此充耳不闻，事实上，他甚至都懒得看这些乘客一眼，他只是盯着那些钱，一路收过去。几个人过后，乘客们的抗议声就已听不到了，稍有迟疑推诿的，旁的乘客反倒催促：快点快点，别耽误开车。

司机和卖票人几乎是顺顺当当地从车头收到车尾。临到那位最后上车的少妇了。在这个过程中，她一直望着窗外，好像根本不曾看见车内发生的一切。

卖票人朝她嚷嚷着："交钱，交钱!""交什么钱?"她掉转头平静地问。卖票人拈起一张钞票朝她一扬道："就这，看见了吗?"少妇不吱声，重新扭头望着窗外。卖票人意外地碰壁，脸露狰狞，吼起来："你他妈交不交?"

少妇怀里的小狗仿佛受了惊吓，与少妇紧贴在一起，少妇低下头，纤纤素手拍抚着它，不再看卖票人，也不掏钱。乘客们七嘴八舌道："算了，交吧，都是赶路的人，看你也不像缺这10块钱的人。"

少妇默默端坐如一尊塑像。

卖票人也许是听了乘客之言，遂觉自己原是替乘客主持公道，而这女人却从中作梗，义愤弥生，挥掌便朝少妇打去。

少妇美丽的脸被打得歪向一边，然而却固执地转过脸来直面卖票人，她依然无言，只是用无畏和蔑视的目光盯着他。卖票人还欲出手，但仿佛有一只无形的手把他的手捉住，僵在半空中不能移动。车内一片寂静。所有的人都感觉到了，少妇如水的平静中折射出一种震慑人心的美和力量。她绝不是没有这10元钱，她不肯出让的只是那种我们这些苟且偷生的人随时随地都在一点一点出让的人的尊严。

车开了，载着一车屈服的人和惟一一个不屈服的女人。

只要我们活着，
就要用最好的方式活下去

佚　名

早晨起床的时候，往窗外一看，没有太阳，气压很低，感觉不爽快。谁料中午的时候，接到一个老同学打来的电话。说是中学里那个力气最大，推铅球推得最远的同学得了癌症，在医院里快不行了。傍晚赶到医院的时候，他眼皮都没力气睁开。这大概就算是生命的弥留之际。之后几天我老是提不起神，那个没有太阳，气压很低的早晨，总停留在我的感觉上。生与死，以前总以为有一个漫长的经历，不料却分离在瞬间。

人的一生，大概从知道"死"，才算是懂事的开始。

常常在街头，在雨中，一个人行走的时候会突然止步，看着一个踽踽独行的老年人，从他们那沟沟坑坑的脸上去寻觅年轻时代的风华，童年岁月的稚气。雨中那迷蒙的薄雾，笼罩着人的心境，不尽的惆怅像雨丝般的难剪难断：人为什么要老呢？而且还要永久地离开这个世界呢？

五岁的时候，我寄养在乡下祖母家里，从祖母家到外婆家，中间横着两个村，如此相近，我却极不愿去，那缘由是外婆的房间里存着一口大棺材，老人们说是寿材。这在我幼小的心里产生过多少惊恐。而外婆却和这棺材朝夕相伴，还把村里分得的口粮全放在里面。后来外婆死了，就躺在棺材里面入土。听说死得很安然。以后我回到上海读书，祖母却不愿随来，与其说是故土难舍，不如说祖母是怕到都市，日后归天要进炉膛火化，血肉之躯，化为灰烬。人活着，"为什么老念着死呢?"我疑惑了好长一段时间，每每启齿要问，总是遭来父母的一顿白眼，终于知道这是一个不能谈论的话题。

死的墓场和生的鲜花常常是这样的相容着，墓场盛开着鲜花，鲜花掩盖着墓场，对死的最冷峻的思考，才会有对生最热烈的爱慕。见落花而流泪，见枯叶而失意，又何必呢? 那个冬夜，刮着凛冽的寒风，我去一个朋友家中闲聊。蓦地，我有一个惊奇的发现：这位朋友的书橱里的砖头似的大书旁，放着一只人的骷髅，那完全是一个真人的骷髅。我直觉一股寒气扑面而来。我本以为朋友爱上了美术，此物为临摹用的，而朋友冷冷地告诉我，他与美术无缘，"只是以此作为一种死的提示来抓住生的分分秒秒。"太冷酷的揭示了! 我离开了那个朋友的家，心中却有一种生的富有和甜美。我记起了那句话，那句不知是谁说的话："活着是美好的!"

我明白了——

为什么海明威在飞机失事，死里逃生后读到关于自己的讣告后却说："一个人有生就有死。但只要你活着，就要以最好的方式活下去。"

我明白了——

为什么三毛在撒哈拉沙漠中举行婚礼时，见到丈夫荷西送给她的礼物是从沙漠中拣来的一副骆驼的骷髅竟会欣喜若狂，珍爱如命……

人正是知道了死，才掂出了生的分量。尽管长途跋涉叩开的都将是死亡的大门，人还要去抓住生的每一瞬间，开掘生命的价值。试问：还有什么比这更为宝贵的呢?

只有自己否定自己，
生命之树才能永葆生机

汪逸芳

说到丢弃，就让人想起我们的少年时代，每一粒米都十分宝贵，虽然吃一粒米不会饱肚，但丢弃原本可以饱肚的粮食那就是浪费。从饥饿时代过来的老一辈会说：罪过啦罪过！可是时间并未过去多远，丢弃一些暂时不用的东西，渐渐已习以为常了。在我们家里，只要母亲不在家，就什么都敢丢：剩饭剩菜，旧衣旧袜，或者买了新的就将旧的丢了……倒进垃圾箱时毫无愧疚之心，也不将它与浪费连在一起想，更无"罪孽"感。

曾羡慕一位画家，据说他是最早学会丢弃的人。不少在常人看来样式还十分新，质地也不错的衣裤，只要是不再穿它了，就往垃圾箱里扔，决不费神地去卖几个钱，更不将它当作人情送来送去，因为"送人也麻烦"。记得刚搬家时，每天从一楼走到五楼，总会在中间层次的楼道里愣一下，那只朝天的畚箕里常常有新鲜的西芹，芦笋什么的，看多了就看出了名堂。这户人家是吃什么都图个鲜嫩：青菜吃芯，芦笋吃尖，从不委屈自己的嘴巴。在钱宁的《留学美国》里有一句话：聪明人花银行的钱，不聪明的人存银行把钱"借"给别人花。可不是吗？口袋饱了，为什么不拣最好的？最好的进来了，差的自然要请出门了。台湾作家张继高先生说："由于任何一种有名堂的浪费在今天都已变得可以容忍——甚至视为当然，已经使我们的社会也逐渐进入所谓"轻易丢弃的时代'了。"

在快速发展的时代，被丢者如果是物，只是思想和观念，早已变得可以接受了，但如果是人呢？也如张先生所说"许多四十岁以上的人今天在心理上面临着一种即将被时代丢弃的恐惧。"电子时代的来临，学术新领域的拓展，一直按照惯性在运转的人，其思想与技能未跟上形势，前景自然不看好了。只是一个人的过时不过时与他的年龄没有必然的联系。其实从长远说，被淘汰总是必然的，人生的退休，不也是一种被丢弃？那是被我们赖以安身的工作"丢弃"了，每个活着的人都会有这样一天，就像最后人人都会化作一块碑一把土一样。有人戏称"被彻底开除了球籍"。

有东西可以丢弃的社会是日益走向富足的社会，我们总是会为这样的日子的到来而欢欣鼓舞。有一个成语叫"除旧布新"，而今天则认为新的不来旧的不去，在有限的生存空间里布新蕴含着力的逼迫，有一点冷酷，也有一点无可奈何。有被丢弃的恐惧其实未必是坏事，这是自我面对世界的一种挑战，不进则退，这能培养民族的进取心。只是当被丢弃的对象是自己时，需要有点勇气，更要有点做人的潇洒，而人常常最难面对的是自己。

让自己成为不可替代的人
而不是一枚随意丢弃的棋子

朱克波

蓦然回首，心灵的历程犹如一条小溪，流淌过鲜花环绕的小径，也遭受过沙石的阻挡，每个人的心中总有一些无法抹去的伤痕。

　　高三那年我以两分之差被挤下了独木桥，可年少轻狂的我没有静下心来，分析一下失败的原因，却固执地认为他们能上大学不过是运气比我好一点罢了，论实力未必就比我强。我怀着这样的心情只身去县一中开始了我的"高四"生活，所以当人家都在"头悬梁，锥刺股"准备卷土重来的时候，我却跟一帮狐朋狗友东游西逛，有时候很晚才从外边回来，看到教室里的点点烛光，我不禁在心里窃喜："高四"对于本人而言不过是等待一次考试机会而已，用得着这么拼命吗？

　　是那年的"一二·九"歌咏比赛改变了我的一切。在比赛前一周的班会上，班主任老黄兴奋地对大家说："好好练歌，这次我们的队形很新颖，比较有创意，是我花了两个晚上用围棋子一个一个排出来的！"看到平时一板一眼的老黄大反常态，同学们都很纳闷，"是什么队形啊？"教室里顿时沸腾开了。"这是军事秘密哦，不要多问了，到时候男生一律穿黑毛衣，女生穿白毛衣。"到了比赛那天下午，老黄把我们带到教学楼下面的台阶上排队形，只见他拿着一张纸对着上面念着："一号站这儿，二号站这儿，三号……"最后叫到我时，他对我说："你跑到 50 米以外去看我们的队形是什么。"我也正在纳闷，别的班都把女生排前面，男生排后面，看上去很整齐的，怎么老黄把我们班的女生混排在男生中间？教数学的他不会不知道对称美吧。但是当我跑到远处回头看时，才傻了眼：只见那白色的"1、2、9"三个数字在庄重的黑色背景映衬下是那么的醒目。"我看到了！我看到了！"我飞快地跑回来告诉同学们这个发现时，他们也很意外，异口同声地说："不愧是数学老师啊！"老黄用手托着下巴笑看我们的惊讶，一副悠然自得的样子。

　　傍晚，当我穿好从老乡那儿借来的黑毛衣赶到会场时，只差几分钟就该我们班上台了，那时我才忽然想起老黄还没安排我站哪个位置呢。后来好不容易在人群中找到了老黄，听完我的问题后他淡淡地说道："噢，你呀，平时在班上不大见到你，没想到你对这事倒挺积极的！"说到这儿他顿了一下，而我不知道他到底想说什么，也没插话，他嘿嘿地干笑了两声继续说道："当我最初用棋子排好队形之后才发现我们班的人多出一个，要加进去的话就把整个队形打乱了，我看你很喜欢到外边逛的，所以就……""够了！我成了一枚你弃用的棋子，对吧？"显然，我的反应这么强烈超出了老黄的意料，他试图解释些什么，但我却头也不回地跑了。

我不知道哪来这么大的火气，其实我对学校的这些活动向来都没多大兴趣，但一想到我是老黄的一枚弃用的棋子时，一种被人轻视的感觉使我怒火中烧，我也知道他是顾全大局，但为什么顾全大局时弃用的棋子就偏偏是我呢？

为什么不是陈刚，他不也成天和我混在一起吗？难道就因为他月考是前五名而我因醉酒考了倒数第五名吗？坐在会场最暗的角落里我不停地问着为什么，同时也第一次认真的反省自己：你不是一直都觉得自己很伟大吗？其实你没什么了不起的，你不过是人家弃用的一枚棋子而已，你深信未来不是梦，但在理想和现实之间还有很长的路要脚踏实地地走！

台上，同学们一出场就赢得了雷鸣般的掌声，特别是那紧扣主题的"1、2、9"给了评委很好的印象。更由于老黄曾细心排练了很多次，再加上那有创意的队形，理所当然，我们班荣获了第一名，领到奖状时同学们都欢呼雀跃。但是，欢乐是他们的，我一个人静静地走出了会场，因为我知道了生活里是没有彩排的，每一天都是现场直播。

接下来的日子没有人知道我是怎样学习的，或许清晨开宿舍门的老大爷知道，或许深夜厕所里那只发黄的灯泡知道，或许周末后山那张石椅也应该知道。当我有丝毫的懈怠时，我就会想到老黄看我时那淡淡的眼神，想到我是他弃用的棋子时更是如芒刺在背。因此，那段日子我脑袋里想的除了学习之外还是学习，我可以忍受打我骂我，但决不能忍受别人瞧不起我！

也算是苦心天不负吧，当我收到重点大学的录取通知书时并没有太多地惊喜，老黄的班共有6人考上了重点大学，再加上被普通大学录取的共有40多人，这在小县城来说已经是很好的成绩了。所以庆功宴上他喝得很疯，坚持要和每个人碰杯，轮到我时他什么话也没说，我也什么话也没说，只是他用手搭着我的肩，然后碰杯，然后一饮而尽。

你就是你最大的资产

蒋光宇

那天，全国奇石巡回展览到了大连。我同单位的许多人都去了，其中的一块奇石格外引人注目。这块鬼斧神工的石头是圆形，白色，简直像中秋皎洁的明月，更不可思议的是明月中间竟有一个行书的"寿"字！其颜色同纯正的墨色一样，字迹清晰、苍劲。这神奇的造化之功，实在是令人惊叹、称绝！

我问解说员："这块奇石是怎么发现的？"

解说员说："是一位禅师捐献的，起名为'月寿石'。"接着，绘声绘色地讲了下面这个故事。

捐献"月寿石"的这位禅师很有学问，很有名气，经常有人向他求教。一天，有一位青年问这位禅师："大师，同我一起获得了博士学位的同学，自身条件都比较接近，可走向社会之后才短短几年，大家的工作和待遇的差别已经拉得很大了。这是为什么？怎样才能使自己的人生价值得到最大化的实现呢？"

禅师为了启发这个年轻人，便把这块"月寿石"交给他，让他去蔬菜市场，试着卖掉它，并特别叮嘱："不要真的卖掉它。注意观察，多问一些人，然后告诉我在蔬菜市场它能卖多少钱就行了。"

年轻人到蔬菜市场去了。许多人认为它只值几十块钱。年轻人回来后说："它最多只能卖到几十块钱。"

禅师说："明天你去黄金市场，问问那里的人。但也不要真的卖掉它，只是问问价钱。"

年轻人从黄金市场回来后，高兴地说："有人乐意出 3000 块钱。"

禅师说："你有时间再去珠宝商那里问问看……"

年轻人去了，他简直不敢相信自己的耳朵，珠宝商开口居然乐意出 5 万块钱。年轻人故意抬高价格，珠宝商们出到 10 万。年轻人坚持不卖，珠宝商们着急地说："我们出 20 万、30 万，或者你要多少就给多少，只要你卖！"

年轻人说："我不卖，只是先问问价钱，待主人同意后再说。"

回来后，禅师拿着"月寿石"说："我根本就不打算卖掉它，只是想让你明白：同样的一块'月寿石'，在不同的地方就有不同的价值；你给自己定位在哪里，你的价值就在哪里。关键是善于经营自己的长处。"

年轻人听后，心领神会，豁然开朗，发自内心地笑了。

生活要求你只选一把椅子坐上去

董保纲

有人曾向世界歌坛的超级巨星卢卡诺·帕瓦罗蒂请教成功秘诀，他每次都提到自己父亲的一句话。从师范院校毕业之后，痴迷音乐并有相当音乐素养的帕瓦罗蒂问父亲："我是当教师呢，还是做个歌唱家？"其父回答说："如果你想同时坐在两把椅子上，你可能会从椅子中间掉下去，生活要求你只能选一把椅子坐上去。"

只选一把椅子，多么形象而又切合实际的比喻。人之一生，说长也短，不容我们有过多的选择，那些左顾右盼、渴望拥有一切的人，往往因为目标不专一，最终却一无所获。

近两年，明星复出成为娱乐圈一大引人注目的景观。许多曾经在娱乐圈里大放光芒而已被忘却的艺人们又纷纷回到幕前"重出江湖"，让观众重温他们的风采。沉寂了十几年的梁小龙再度复出后，他坦诚相告："年轻那会儿，觉得一辈子就这么干上了演员有点不甘心，想看看自己还有没有其他潜质可以挖掘，结果失败了。我心里总还是挂念着影视发展，所以就又回来拍片了。"说到底，他的回来是在重新寻找自己的"椅子"。

然而值得注意的是，这些复出的明星们，命运却各不同，有的迎来了事业的第二个高峰，更多的则如石沉大海，难以再激起涟漪，甚至使原有的人气也削减了。因为这些明星们离开娱乐圈之后，或经商、或休息，停止了原来的努力，导致思维僵化，因此难有创新，即使复出，生命力仍不会太长。

在一生中，我们会面临诸多的选择，特别是在涉世之初或创业之始，此时的选择尤为重要。一旦看准了方向，选定了目标就要坚定不移地走下去。哪怕这条路崎岖不平，障碍重重，为众人所不齿。同行者寥寥无几，你都要"板凳坐得十年冷"，忍受孤独和寂寞，朝着一个主攻方向，尤其在诱人的岔路口，你必须不改初衷，有心无旁骛的坚定信仰和超然气度将它走完，一直走进美好的未来。

巴尔扎克曾经不顾家人的反对，立志从事文学创作。然而，在初期创作失败后，为了维持在巴黎的生活，他决定投笔从商，去当出版家。但这个外行的出版家尽受人家的欺骗，很快就失败了。紧接着，他又当了一家印刷厂的老板。可不管他如何拼命挣扎，也还是失败。为此，他欠下了不少债，而且债务越滚越大，以至于警察局下通缉令要拘禁他，他只好隐姓埋名躲了起来。巴尔扎克终于醒悟过来，开始严肃认真地进行写作，成为惊人的高产作家。

只选一把椅子，锁定一种努力的方向，可以决定和影响我们的一生。

世上一切大爱、博爱
都是从爱自己开始的

王跃农

一个人可能会当众说出爱祖国、爱人民、爱父母、爱子女、爱老师、爱学生……却惟独说不出爱自己，没有勇气说出爱自己。

爱自己往往会被斥责为骄傲自满、自私狂妄、缺乏修养、心态异常……在这种思想意识的影响下，人们不知不觉地学会了轻视自己、埋汰自己、亏待自己、奴役自己、委屈自己、束缚自己、作践自己、压抑自己，使心灵在虚伪的阴影里煎熬着、挣扎着，不少的心理疾患和过激行为便由此而产生。

其实也难怪，孩子从刚刚懂事起，父母、老师就会经常性地告诉他：要尊重老人、尊重大人、尊重老师、尊重父母、团结同学……

因为不敢爱自己，不会爱自己，没有爱过自己，因此没有养成爱自己的习惯，结果在"爱他"的过程中自卑产生了，自信消失了，随之消失的还有志气、理想、信念、追求、憧憬、主见和创造的精神。

你即使是一个非常平凡的人，没有横溢的才华，没有非凡的本领，没有惊人的力量，没有超众的智慧，没有显赫的地位，没有巨额的财富，没有传奇的经历，没有丰富的经验……哪怕你一无所有，你仍然有理由珍爱自己。我们始终都在走一条路，一条属于自己的路；我们始终都在营造一处风景，一道涂抹着个性色彩的风景。路在延伸，风景依然亮丽，我们把朝霞走成了夕阳，把暖春走成了寒冬……我们为什么不能爱自己呢？

我们没有蓝天的深邃，可以有白云的飘逸；我们没有大海的辽阔，可以有小溪的清澈；我们没有太阳的光辉，可以有星星的闪烁；我们没有苍鹰的高翔，可以有小鸟的低飞。每个人都有自己的位置，每个人都能找到自己的位置，发出自己的声音，踏出自己的通途，做出自己的贡献。我们应该相信：正因为有了千千万万个"我"，世界才变得丰富多彩，生活才变得美好无比。

珍爱自己，我们有一万个理由！

珍爱自己，世界才会因"我"而精彩！

珍爱自己，"我"才会魅力四射！

千万别让自己打败

萧 遥

人生的好多次失败，最终并不是败给了别人，而是败给了我们自己。

某名牌大学毕业的小王进了一家公司。当领导分配她做最基础的工作时，原本很有优越感的她立即觉得自己被大材小用了。一次，在计算收益时，她把一笔投资存款的利息重复计算了两次，虽然最终没有给公司造成实际损失，但整个公司的财务计划却被打乱了。事后，她却很不以为然，觉得只要下次注意就是了。这种态度让主管很不放心，以后再有什么重要的活，总找借口把她"晾"在一边，不再让她参与了。

上海某著名高校毕业的一位才子的办公桌上堆满了书本、零食、新买的枕头甚至酒瓶等杂物。因为桌子空间有限，才子把过道也发展成了他的仓库。

就这样，没过多久，这位名牌大学毕业的高才生就因为邋遢而与自己的第一份工作拜拜了。

谁都不能替代我生命中
鲜活的记忆和深情

刘鸿伏

一些美丽的蝴蝶，我用锦囊收留它们，枕我如歌的年华。

我的小小悲欢，只在这枕上——在这些落花上。虽然花朵已不再有昔日的鲜艳和芬芳，我却如此真切地感觉着它们露水中的一如初生婴儿的嘴唇。

这些凋零了的花朵，在多少个晨昏，我一一拾起，轻抚那些粉红的、淡黄的、紫艳的、洁白的生命，如灵盈的蝶，在我掌上颤动。

世界上有些东西仿佛专为我们而来。枕中的落花，就是一章一节的音乐：欲断还续的歌谣。

在清凉的秋夜，我就着一枕落花，静静体味生命的愉悦与满足。在某一时刻，甚至会泛起一种异样的温情，幻起往事的光辉。

我枕着它们，想着这些被岁月遗弃的精灵，竟为我所钟，不能不说是一种缘分。它们是我从洞庭芦苇收集起来的。在浩淼的水边，洁白的花瓣强烈地诱惑着我，美丽的生命，曾经与洪水野火以及土地上生生不息的力量糅合一起。另一些不知名的野花，热烈地开在烟雨和鹏鸪声里，也曾是带雨的诗和动情的谣曲，在梦中为我托起美丽的江南。

我珍爱落花枕。对于我不会有另一种东西能够取代它，正如不能取代我生命中永远鲜活的记忆和深情。

你是世界的唯一，是你最大的资产
千万别跟自己过不去

林润瀚

只要我们投入生活，难免会遇到来自外界的一些伤害，经历多了，自然有了提防。

可是，我们却往往没有意识到，有一种伤害并不是来自外部，而是我们自己造成的：为了一个小小的职位，一份微薄的奖金，甚至是为了一些他人的闲言碎语，我们发愁、发怒，认真计较，纠缠其中。一旦久了，我们的心灵被折磨得千疮百孔，对人世、对生活失去了爱心。

假如我们能不被那么一点点的功利所左右，我们就会显得坦然多了，能平静地面对各种的荣辱得失和恩恩怨怨，使我们永久地持有对生活的美好认识与执著追求。这是一种修养，是对自己的人格与性情的冶炼，也从而使自己的心胸趋向博大，视野变得深远。那么，我们在人生旅途上，即使是遇到了凄风苦雨的日子，碰到困苦与挫折，我们也都能坦然地走过。

正因为那些荣辱得失和各种窘境都伤害不了我们，这就使我们减少了很多的无奈与忧愁，会生活得更为快乐；少了许多的阴影，而多了一些绚烂的色彩。所以，不伤害自己，也是对自己的爱护，是对自己生命的珍惜。

不要伤害自己，也意味着我们需要自愿放弃一些微小的、眼前的利益，使我们不被这些东西网罗住，折腾得伤痕累累，也妨碍了自己的步履。这无疑是一种积极意义上的超脱，从而使自己拥有平和的心境，从从容容、踏踏实实地走那属于自己的道路，做自己该做的大事，进而走向成功，获得更多更有价值的东西。不妨说，不伤害自己，是使自己有所成就的聪明的活法。

真的，在艰难的人生旅途上行走时，我们不妨时常自我叮嘱一声：别伤害自己。

生活永远都是一种热爱和憧憬

（丹麦）索伦·克尔凯郭尔

生活是光明与黑暗之间的一片混沌：在生活中，任何事物的价值都无法完全实现，任何事物的终结都是了犹未了；新的声音总是与先前听到过的旧的声音混在一起组成大合唱。万物皆流，各种事物都正在转化为另一种事物，而其混合物并不融洽、纯粹，甚至将分崩离析，烟消云散；世界上绝对没有什么事物是始终繁荣不衰的。生存意味着走向毁灭，意味着不能终其天年便要趋于毁灭。

人们对生活的热爱，在于生活的朦胧不清，变幻无定。它就像钟摆一样不停地摆来摆去——然而，它的摆动决不会超出正常的限度。生活的变幻使人们热爱生活，这种变幻就像单调催眠的习习和风。但是，奇迹却是某种起确定作用并且被确定下来的东西：它难以预料地闯进生活之中，偶然地、生硬地、无情地将生活转变为一种鲜明清晰的数学方程式，然后再将它解开。人们憎恨、害怕这种鲜明清晰。人们的软弱和怯懦使他们希冀任何外界强加的障碍物，任何置于他们路途中的绊脚石。他们毫无想像力。对于他们来说，无法实现的伊甸园永远是一个美好的梦想，生活也永远是一种热望和憧憬。命运使他们把无法得到的东西廉价地、轻而易举地转化为灵魂的内在财富。人们从未见过全部生活之流融会的地方，在那里，一切事物只具有可能性而无法转变为现实性，但奇迹却是现实性本身，它揭开了生活的一切虚幻的面纱，灵魂的轮廓被清晰无情地显示出来，赤裸裸地立在生活的面前。

你发现你自己的那一天
就是你遇到圣人的时候

刘燕敏

1947年，美孚石油公司董事长贝利奇到开普顿巡视工作，在卫生间里，看到一位黑人小伙儿正跪在地板上擦上面的水渍，并且每擦一下，就虔诚地即一下头。贝利奇感到很奇怪，问他为何如此，黑人回答：在感谢一个圣人。

贝利奇很为自己的下属公司拥有这样的员工感到欣慰，问他为何要感谢这位圣人，黑人说，是他帮着找到了这份工作，让他终于有了饭吃。

贝利奇笑了，说："我曾遇到过一位圣人，他使我成了美孚石油公司的董事长。你愿见他一下吗？"黑人说："我是个孤儿，从小靠锡克教会养大，我很想报答养育我的人，这位圣人若使我吃饱之后，还有余钱，我愿去拜访他。"

贝利奇说，你一定知道，南非有一座很高的山，叫大温特胡克山。据我所知，那上面住着一位圣人，能为人指点迷津，凡是能遇到他的人都会前程似锦。20 年前，我去南非登上那座山。正巧遇上他，并得到他的指点。假如你愿意去拜访，我可以向你的经理说情，准你一个月的假。

这个年轻的黑人是个虔诚的锡克教徒，很相信神的帮助。他谢过贝利奇就上路了。30 天的时间里，他一路披荆斩棘，风餐露宿，过草甸，穿森林，历尽艰辛，终于登上了白雪覆盖的大温特胡克山，他在山顶徘徊了一天，除了自己什么都没有遇到。

黑人小伙很失望地回来了，他见到贝利奇后，说的第一句话就是："董事长先生，一路我处处留意，除我之外，根本没有什么圣人。"

贝利奇说："你说得很对，除你之处，根本没有什么圣人。"

20 年后，这位黑人小伙做了美孚公司开普敦公司的总经理，他的名字叫贾讷。2000 年世界经济论坛大会在上海召开，他作为美孚石油公司的代表参加了大会，在一次记者招待大会上，针对他的传奇一生，他说了这么一句话："你发现自己的那一天，就是你遇到圣人的时候。"

唯有虔诚才能活出真诚的自己

姜维群

现代人缺什么？缺的是虔诚。

什么是虔诚？一言以蔽之，虔诚就是认真到一丝不苟的态度。去过敦煌莫高窟的人都有一种感慨，在那大漠孤烟、荒寂无人的世界，创造了那样艺术的辉煌，靠的是虔诚。虔诚是执著的追求，是始终如一的信念，所以虔诚也是精诚，精诚所至，金石为开。

现代人聪明了，尤其是爱玩弄小聪明的人，大都视虔诚为傻为痴为缺心眼儿。虔诚是倾付一切心血、集中全部精神的事，然而现代人的观点是，以最小的投入去攫取最大的利润。且不论在生意场上算不算投机，即使在官场、情场上这般做也颇令人堪虞。

做官虔诚者不欺君欺民，这样的官常有愚忠之弊，然而这臣不忠，上欺君下骗民，为子不孝糊弄父母，自以为聪明者最后都被当世骂或后世唾。为艺者不虔诚，只想耍弄点小技巧糊弄别人，最终被糊弄的是自己，一生白忙活。虔诚是发自内心的倾慕敬仰，是调动全部身心投入的狂热。现在时髦的是求神拜佛，那么多的人跪在泥塑木偶前一脸虔诚颂祷有词，然而他们虔诚么？这种虔诚不是对神灵的虔诚，而是对自身发财的虔诚，是对自身平安的虔诚，正像许多为官者，对他的上司那般虔诚，其实是对自己的乌纱帽"虔诚"而已。

做人还是要虔诚是指心态而不是形式。真正的虔诚是对工作的敬业，是对他人的真诚，乃为人生一大境界。虔诚不是利益的索取，而是不计较得失的付出，大音乐家常有晚年耳聋失聪者，但仍创作不止；大画家大书法家晚年不乏失明者，但仍挥毫不停，其人生的支撑点在于对艺术的虔诚。人对虔诚越来越远了，认识那些是思维的不健全、智慧的不完满，然而恰恰是这样信念虔诚的人，创造了世界各个领域一个又一个的辉煌。

我们每个人都有长项和弱点，然而虔诚常常弥补弱点弥合缺憾。人生的弱点和缺憾常常是盼望得到害怕失掉，正是在这种患得患失的心态下人们活得那般累那般不自在。虔诚让人们忘掉得失，忘掉得失的人生并不等于不得，终日锱铢必较的人未必不失。虔诚告诉人生这么一个道理，做人虔诚做事虔诚为艺虔诚，此等人交友有真朋友，工作有大成绩，艺事必有大进展。

　　虔诚是人生的大手笔，小聪明是人生的小刻刀，前者写出的是人生的亮色，后者雕镂的是眼前的实惠。唯有虔诚，能超越困难和借口，活出一个真诚的人，调动出真正大智慧，在红尘滚滚中内心不染埃尘。

人生最大的敌人是自己的弱点
战胜自己才能成功

刘　墉

　　一位老连长对我说："我只要观察一个兵入营日和退伍日的两件小事，就能知道他的性情，并预测他未来的发展。入营那天，我注意他扫地的动作，如果他对每一个隐蔽不为人注意的角落都不放松，必是一个谨慎、细心、有耐性、肯负责的人。相反的，如果他遇到沟，就将灰土往沟里扫，遇到不显眼的地方就马虎了事，必定会投机取巧，而不能脚踏实地。至于退伍的那天，我则观察他早上起床后所折的棉被，如果他因为即将离营，而随便叠两下，必是一个苟且、无恒、没有责任感的人，相反的，如果他仍能一如往日，小心地将棉被折成豆腐干状，则显示出他对任何事能锲而不舍，坚持到底，未来也必会有所成就。"

　　由老连长的这番话，我们知道：

　　发现一个人的惰性不难，只要注意几件小事，便能晓得。

　　除去一个人的惰性最难，必须改正每一细节，才能成功。

只要有一颗不屈的心
你完全能让自己发光

佚 名

那一码稻草被人们遗忘了，堆在田埂上，像一只浇了水后丢在堤上的桶。

收完了谷，那堆在田里的一捆捆稻草就被人们拖回家去，垫栏或者喂牛，灶里的湿柴燃不着时，也会抽一把塞进灶去，然后哄的一声蹿出火苗。但是这一码稻草却被人们遗忘在田地里了。

或者是一板车拖不下，那板车的稻草已装得像一座山，预备着过几日再来挑回去。但是那板田已耕好，油菜也栽上了，人们该忙的已经忙完，那一码稻草却被人们忘记了。

在清寒的晨气中，秋天的阳光抹在田野，也抹在这一码稻草上，于是那枯黄的稻草透出一层明黄，像已经熟透了的季节。来放牧的耕牛从田堤上一路啃食而来，这一码稻草就会兴奋地在微风中颤动她的枯草，似蜻蜓抖动金色的翅膀。然而那耕牛的嘴一路啃来，对着那战栗的稻草望也不望，因为堤旁地上的黄草比她有汁浆。

田里的油菜栽上了，又一天天地生长，枯瘦的油菜叶渐渐丰腴而肥硕，田里的草也长了出来。终于盼来人们到田里为油菜除草——说不定人们会发现这一堆被遗忘的稻草。人们歇息时，会从稻草堆中抽一把稻草垫在堤上，坐下来抽一根烟，或者吃着送到田里的午饭，这时才突然记起来似的说："噢，还有一堆稻草！"这时稻草便会为人们记起她而高兴，垫在堤上的稻草会咔咔作响，让人垫坐得更舒服一些。然而人们留下一些烟灰，撒下几粒米饭，散着一团稻草，走了就不再见踪影。

那一码稻草已为人所遗忘。只有一只铁黑色的鸟常常落在上面，望着这深秋的大地一动不动。这一码稻草已成了时光的看台。风吹，雨淋，金黄的稻草渐渐变得灰白，突然而至的夜降的霜，那堆稻草仿佛一夜间白了须眉。

无遮无拦的稻草，就在田埂中腐烂。高高地如盼望着什么的稻草堆也消磨下去，成了坍颓的一团乱草。一场大雪，欲将大地履为平地。然而那一堆尚没被消磨尽的稻草，却能将压了厚厚一层雪的田埂撑起一个曲线，如阡陌一颗不屈的心，欲破雪而出。

冰雪消融，堤上长出了如针的新草。春天到了，田野还是一片淡青色，但在那堆稻草的地方，腐草中已伸出了一朵油菜花，像一只金色的喇叭，高高昂向天空，报晓这春天的到来。

给自己一个富有个性的回答

佚　名

一千个人眼中就有一千个哈姆莱特，对他悲剧命运的哀伤，对"宇宙的精灵，万物的灵长"的赞叹。

四个不同的几何图形，有人看出了圆的光滑无棱，有人看出了三角形的直线组成，有人看出了半圆的方圆兼济，有人看出了不对称图形独到的美……

同是一个甜麦圈，悲观者看见一个空洞，而乐观者却品味到它的味道。

同是交战赤壁，苏轼高歌"雄姿英发，羽扇纶巾，谈笑间樯橹灰飞烟灭"；杜牧却低吟"东风不与周郎便，铜雀春深锁二乔"。

同是"谁解其中味"的《红楼梦》，有人听到了封建制度的丧钟，有人看见了宝黛的深情，有人悟到了曹雪芹的用心良苦，也有人只津津乐道于故事本身……

测量一栋大楼的高度，有人利用太阳下的阴影，通过三角函数的关系简单算出；有人用绳子与楼房比较，然后测绳子长度；有人用气压计，从楼底到楼顶，通过气压变化来计算，也有人询问楼房管理员……

问题的出现是一个起点，问题的解决则是终点，过程则不惟一。认识事物的角度、深度不同，解决问题的方法就自然不相同。正所谓，有什么样的世界观，就有什么样的方法论。

不妨引用苏轼的诗句"横看成岭侧成峰，远近高低各不同"。生活是一个多棱镜，总是以它变幻莫测的每一面反照生活中的每一个人。不必介意别人的流言蜚语，不必担心自我思维的偏差，坚信自己的眼睛、坚信自己的判断、执著自我的感悟。用敏锐的视线去审视这个世界，用心去聆听、抚摸这个多彩的人生，给自己一个富有个性的回答。

我们不能成为统辖他人的领袖
但我们可以做自己的帝王

张丽钧

在蛾子的世界里，有一种蛾子名叫"帝王蛾"。

以"帝王"来命名一只蛾子，你也许会说，这未免太夸张了吧？不错，如果它仅仅是以其长达几十公分的双翅赢得了这样的名号，那的确是有夸张之嫌；但是，当你知道了它是怎样冲破命运的苛刻设定，艰难地走出恒久的死寂，从而拥有飞翔的快乐时，你就一定会觉得那一顶"帝王"的冠冕真的是非它莫属。

帝王蛾的幼虫时期是在一个洞口极狭小的茧中度过的。当它的生命要发生质的飞跃时，这天定的狭小通道对它来讲无疑成了鬼门关。那娇嫩的身躯必须拼尽全力才可以破茧而出。太多太多的幼虫在往外冲杀的时候力竭身亡，不幸成了"飞翔"这个词的悲壮祭品。

有人怀了悲悯恻隐之心，企图将那幼虫的生命通道修得宽阔一些。他们拿来剪刀，把茧子的洞口剪大。这样一来，茧中的幼虫不必费多大的力气，轻易就从那个牢笼里钻了出来。但是，所有因得到了救助而见到天日的蛾子都不是真正的帝王蛾——它们无论如何也飞不起来，只能拖着丧失了飞翔功能的累赘的双翅在地上笨拙地爬行！原来，那"鬼门关"般的狭小茧洞恰是帮助帝王蛾幼虫两翼成长的关键所在，穿越的时刻，通过用力挤压，血液才能顺利送到蛾翼的组织中去；唯有两翼充血，帝王蛾才能振翅飞翔。人为地将茧洞剪大，蛾子的翼翅就失去充血的机会，生出来的帝王蛾便永远与飞翔绝缘。

没有谁能够施舍给帝王蛾一双奋飞的翅膀。

我们不可能成为统辖他人的帝王，但是我们可以做自己的帝王！不惧怕独自穿越狭长黑黑的隧道，不指望一双怜恤的手送来廉价的资助，而是将血肉之躯铸成一支英勇无畏的箭镞，带着呼啸的风声，携着永不坠落的梦想，拼力穿透命运设置的重重险阻，义无反顾地射向那寥廓美丽的长天……

我愿长成一株小草
长在自己脚下的土地里

席慕容

在薄暮里化开的雨色中，你自北方归来，归来在贵如油的春雨里，归来在轻轻的薄暮里。

长天一声低唤，惊动恍然春困的群山，呵，你怎么就孑然一身了？怎么就孑然一身地归来了？

天穹茫茫，印你细弱的身影如汪洋里的孤舟；天风浩荡，鼓你欲举的双翼如山崖间的落叶；整个天都是你的，你背负着长天飘然万里；一路东风也是你的，你就乘那东风飞越关山。

一茎苇叶下渡宿，异乡的梦里可有亲朋的呼唤？想云路遥遥，山河冷落，怎认归程？也曾伤心过，在那无望的奔波寻觅里。远天一线云影，仓皇间误作那年北上的行列，多少欢声笑语，都逝去了，像一个凄怆的故事。

怎么就失群了？怎么失群了还要寻觅，还要归来，还要指认万里云天外那有路标的故乡？

风雨雷电，一程程孤寂，一程程疲累；千呼万唤，一声声焦灼，一声声哀吟。

然而终究还是孑然一身，还是孑然一身地归来了。

哪怕只有一丝胆怯、一分犹豫，哪怕只要贪恋一点湖光山色、绿林野趣，也许你就歇下了，在一个陌生的地方，营一个陌生的巢；也许你就在远方一个屋檐下，求一点庇护，乞一点恩赐了。

一路饥餐渴饮，追星伴月，一路咯了血在翼下，点染初春的绿原。生命瑟缩在朝霞晚照里，几乎力不从心、半途而废，但也就那样不舍昼夜——孑然一身、孑然一身地归来了。

荷梦如果能一手抹去那聒噪的蛙鸣，抹去流寇一样扰人静思的水蚤，只留下朦胧的月色，和像月色一般朦胧的梦；如果远天的密云不携来风暴，塘里的游鱼不扇起浮泥，只有疏星明灭的夜空，和像夜空一般明灭着疏星的池水；举起半个夏天苦守的掌心，捧几点喜泪一样温人的水滴，那时有清丽的乐音自水袅袅升起。白衣仙子裙裾曳着萤火，在绿色的圆舞池里，跳一阕荷花的梦和梦里的荷花。

在那个梦里荷花开了，开向梦一般的淡月疏星，向珍珠一般颤动的水滴，向那醇酒般浓郁、清风般飘举的乐音。

轻香袭人，新鲜圆润。粉红的容颜里，舒开一些幽闭多时的吟笑。浅浅的吟笑，浅浅的惊喜交集的目光，望尽了旋舞的荧光，望不尽月色里微波上梦一般游来的诗行。

所有美丽的东西都是短暂的，荷花想。有一天我将老去，红颜枯憔，身子折倒在水里。我的粉红和翠绿将化为黑污的腐泥，可是让这一刻留着吧，让这梦活在诗里，让这诗也活在我的梦里。

小草为花香诱来的风吹着，为松针筛过的月光照着，小草的梦，是在空寂的幽谷里拔足而行。

仿佛和大地一般苍老了，从立锥般局迫的泥土里挣出细弱身子来。挨过几度枯黄，几度返青，一寸寸欲滴的苍翠，都是生命的汁液苦苦凝成。

然而还是长不高，还是被蔽日的老榕，被丛生的荆棘，被无数开花的和不开花的，温和的和狞恶的，垂死的和新生的，重重包围起来，无以逃生。

山那边是什么世界？——落日染红的崖壁，琴韵夕岚，丝丝撩人春困的细雨，半坡如火如荼的秋枫。黎明前一场大雪，轻柔如洁白的绒毡。一冬苦寒里，殷殷孵起绿色的梦想。便是烈日疾风无情鞭挞，也自有淋漓快意，胜似寂寞生寂寞死，一厢心事委泥尘。

高的是参天巨木，美的是姹紫嫣红。小草不惮卑微寒伧，倔强地撑起纤细的生命。东风化雨，小草只取小瓢饮，阳光煦和，小草枯守一片荫。永远的低贱，永远的渴求，永远生的执著与认真。

我愿长成一棵细弱的小草，在自己脚下的土里。

凡事只有全力以赴
才能发挥我们最大的潜能

佚　名

一天猎人带着猎狗去打猎，猎人一枪击中了一只兔子的后腿，受伤的兔子开始拼命奔跑，猎狗在猎人的指示下飞奔着去追赶兔子。可是追着追着，兔子就不见了，猎狗只好悻悻而回。猎人开始骂猎狗："没用的东西，连一只受伤的兔子都追不上。"猎狗听了很不服气："我尽力而为了呀！"兔子带伤终于跑回了洞里，它的同伴在庆幸的同时感到很惊讶："那只猎狗那么凶，你还受了伤，怎么跑得过它的？""它是尽力而为了，我是全力以赴，它没追上我最多挨一顿骂，而我若不全力以赴的话，我就没命了。"

人本来是有很多潜能的，但是我们往往会给自己找一些借口："管它呢，我已经尽力了。"事实上，尽力而为是远远不够的，尤其是在这个竞争激烈的年代。想到这儿，我不禁又记起了曾经报道过的一个科学家的实验：一个科学家把一只健康的青蛙突然扔进滚沸的开水中，这只青蛙一跃而起，从沸水中逃离出来且性命无虞；而当把水慢慢加热，这只可怜的青蛙却全然未觉，在水中悠闲地游来游去，等到它发现危险时，已经无能为力了。

大石拦路，勇者视为前进的阶梯，弱者视为前进的障碍。社会在日新月异地变化，迅猛发展的科技不会因任何人的踌躇不前而停下前进的步伐。不思进取，只能像这只青蛙那样被安逸的环境所埋葬。

我常常问自己：我今天是尽力而为的猎狗，还是全力以赴的兔子？

人格的力量最有震慑力

马国福

在一档世界职业拳王争霸赛电视节目中，我看到几个暖人的细节。

比赛的是两个美国职业拳手，年长的叫卡非拉，今年 35 岁，年轻的叫巴雷拉，今年 28 岁。上半场两人打了六个回合，实力相当，难分胜负。在下半场第七个回合中，巴雷拉接连击中老将卡非拉的头部，使他鼻青脸肿。

短暂休息时，巴雷拉真诚地向卡非拉致歉，他先用自己手中干净的毛巾一点一点擦去卡非拉脸上的血迹，又把矿泉水洒在卡非拉头上，一脸歉意。接下来两人继续交手。也许是年纪大了，体力不支，卡非拉一次又一次被巴雷拉击中后倒在地上。

按规则，对手被打倒在地上后，由裁判连喊三声，如倒地的拳手起不来则对手胜了。卡非拉挣扎着起身，裁判开始报数，"一、二、三"，"三"字还没出口，巴雷拉就把卡非拉拉了起来。裁判感到很吃惊，这样的举动在拳击场上很少见。巴雷拉向裁判解释说："我犯规了，只是你没有看见，这局不算我赢。"扶起卡非拉后他们微笑着击掌，继续交战。

最终，卡非拉以 108：110 的成绩负于巴雷拉。观众潮水般涌向巴雷拉，向他献花、致敬、送礼物。巴雷拉拨开人群，径直走向被冷落的老将卡非拉，他把鲜花送给了卡非拉。两人紧紧地抱在一起，相互亲吻被击中的部位，俨然是一对亲兄弟。卡非拉真诚地向巴雷拉祝贺，一脸由衷的笑容。他握住巴雷拉的手高高举过头顶，向全场的观众致敬。

卡非拉虽然败了，但败得很有风度，巴雷拉赢了，赢得很大度。他们都赢了，在人格上。

珍惜你的拥有，因为幸福犹如
人们定做的鞋子，只适于自己

佚　名

有两只老虎，一只在笼子里，一只在野地里。

在笼子里的老虎三餐无忧，在外面的老虎自由自在。两只老虎经常做着亲切的交谈。

笼子里的老虎经常羡慕外面老虎的自由；外面的老虎却羡慕笼子里老虎的安逸。一日，一只老虎对另一只老虎说："咱们换一换。"另一只老虎同意了。

于是笼子里的老虎走进了大自然，野地里的老虎走进了笼子。从笼子里走出来的老虎高高兴兴，在旷野里拼命地奔跑；走进笼子里的老虎也十分快乐，他再不用为食物而发愁了。

但不久两只老虎都死了。

一只是饥饿而死，一只是忧郁而死。从笼子中走出的老虎获得了自由，却没有同时获得捕食的本领；走进笼子里的老虎获得了安逸，却没有获得在狭小空间生活的心境。

许多时候，人们往往对自己的幸福看不到，而别人的幸福却很耀眼。想不到，别人的幸福也许对自己不适合，更想不到，别人的幸福也许正是自己的坟墓。

当你相信时，它就是真的

鹿　鸣

美国是移民的天堂，但天堂里也有数不清的失意者，今年已经 30 多岁的亨利就是其中一个。

他靠失业救济金生活，整天无所事事地躺在公园的长椅上，无奈地看着树叶飘零云朵飞走，感叹命运对自己不公。

有一天，他儿时的朋友切尼迫不及待地告诉他："我看到一本杂志，里面有一篇文章说拿破仑有一个私生子流落到了美国，并且这个私生子又生了好几个儿子，他们的全部特征都跟你相似，个子矮小，讲一口带法国口音的英语。"

"真的是这样吗？"亨利半信半疑，但他还是愿意把这一切当做真的。他掏出口袋里所有的零钱，用汉堡包加一杯可乐招待了切尼。

有很长一段时间亨利总在心里念叨着："我真的是拿破仑的孙子？"渐渐地，这挥之不去的意念终于使他确信了这是一个事实。

于是，亨利的人生整个被改变了，以前他因为个子矮小而充满自卑，而现在他因此感到自豪：我爷爷就是靠这种形象指挥千军万马的。以前他总觉自己的英语发音不标准，像一个令人讨厌的乡巴佬，现在他却以为自己带一点法国口音的英语悦耳动听。在下决心开创一番事业的时候，因为是白手起家，他遇到了无数难以想象的困难，但他却充满了信心。他对自己说，在拿破仑的字典里找不到"难"这个字。就这样，凭着自己是拿破仑孙子的信念，他克服了种种困难，成为一家大公司的董事长，并且在他经常闲逛的那个公园对面，盖了一幢30层的办公大楼。

在公司成立10周年的日子，他请人去调查自己的身世，结论是他不是拿破仑的孙子。但亨利并没有因此感到沮丧，他说："我是不是拿破仑的孙子已经不重要了，重要的是我明白了一个成功的道理：当你相信时，它就是真的。"

一个人不怕拔高
就怕找不到生命的制高点

栖　云

森林中举办比"大"比赛。老牛走上擂台，动物们高呼：大。大象登场表演，动物也欢呼：大。这时，台下角落里的一只青蛙气坏了，难道我不大吗？青蛙嗖地跳上一块巨石，拼命鼓起肚皮，并神采飞扬地高喊：我大吗？

不大。传来一片嘲讽之声。

青蛙不服气，继续鼓肚皮。随着"噜"的一声，肚皮鼓破了。可怜的青蛙，至死也不知道它到底有多大。

我的一位朋友，是个登山队员，一次他有幸参加了攀登珠穆朗玛峰的活动，在 6400 米的高度，他体力不支，停了下来。当他讲起这段经历时，我们都替他惋惜，为何不再坚持一下呢？再攀一点高度，再咬紧一下牙关。

"不，我最清楚，6400 米的海拔是我登山生涯的最高点，我一点都没有遗憾。"他说。

我不禁对他肃然起敬。联想起人生，一个人不怕拔高，就怕找不到生命的制高点。任何事情都存在突破口，但不是任何人都能够穿越突破口，抵达更高的层次。如果说挑战是对生命的发扬，那么明智该是另一种美好的境界，是对生命的爱戴和尊敬。一个不懂得珍惜生命的人，命运会给予他惩罚。

那样，揣一根坐标尺上路该是何等重要！它能督促我们不懈努力地攀登，又能提醒我们恰到好处地戛然而止。

仰之弥高，那是笨蛋的愚蠢和贪婪。一个智者，此时此刻，也许悠然而从容地下山去了。

阳光非常充足，别让自己孤独

刘　墉

傍晚，我站在台北办公大楼的门前，看见一辆公共汽车驶过，有个黑人正从后排的车窗向外张望，我突然兴起一种感伤，想起多年前在纽约公车上见到的一幕：

一个黑人妈妈带着不过四五岁的小女儿上车，不用票的孩子自己跑到前排坐下，黑人妈妈丁零当啷地丢下硬币。但是，才往车里走，就被司机喊住：

"喂！不要走，你少给了一毛钱！"

黑人妈妈走回收费机，低头数了半天，喃喃地说："没有错啊！"

"是吗？"司机重新瞄了一眼，挥挥手："喔，没有少，你可以走了！"

令人惊心的事出现了：当黑人妈妈涨红了脸，走向自己的小女儿时，突然狠狠出手，抽了小女孩一记耳光。

小女儿怔住了，捂住火辣辣的脸颊望着母亲，露出惶恐无知的眼神，终于哇地一声哭了出来。

"滚！滚到最后一排，忘了你是黑人吗？"妈妈厉声地喊，"黑人只配坐在后面！"

全车都安静了，每个人，尤其是白人，都觉得那一记耳光，是火辣辣地打在自己的脸上。

当天晚上，我把这个故事说给妻听，她却告诉我另一段感人的事：

一个黑人沉重地在入学申请书的自传上写着："童年记忆中最清楚的，是我第一次去找白人孩子玩耍；我站在他们中间，对着他们笑，他们却好像没看见似的，从我身边跑开。我委屈地哭了，别的黑小孩，非但不安慰，反而过来嘲笑我：'不看看自己是什么颜色。'我回家用肥皂不断地洗身体，甚至用刷子刷，希望把自己洗白些，但洗下来的不是黑色，是红色，是血！"

多么触目惊心的文字啊！使我几乎觉得那鲜红的血，就在眼前流动，也使我想起《汤姆历险记》那部电影里的一个画面——

黑人小孩受伤了，白人孩子惊讶地说："天啊！你的血居然也是红的！"

这不是新鲜笑话，因为我们时时在说这种笑话，我们很自然地把人分成不同等级，昧着良心认为自己高人一等，故意忽略大家同样是"人"的本质！

最近有个朋友在淡水找到一栋他心目中最理想的房子，前面对着大片的绿地，后面有山坡，远远更能看到观音山和淡海。但是，就在他要签约的前一天，突然改变心意，原因是他知道离那栋房子不远的地方，将要建国民住宅。他忿忿地说："你能容忍自己的孩子跟未来那些平价国宅的孩子玩耍吗？买2000万元的房子，就要有2000万身价的邻居！"

这也使我想起多年前跟朋友到阿里山旅行，坐火车到嘉义市，再叫计程车上山。车里有4个座位，使我们不得不与一对陌生夫妻共乘。

途中他们认出了我，也就聊起来；从他们在鞋子工厂的辛苦工作，谈到我在纽约的种种。下车后，我的朋友很不高兴地说："为什么跟这些小工说那么多？有伤身份！"

实在讲，他说这句话正有伤他自己的身份！因为不尊重别人的人，正显示了他本身的无知，甚至是自卑造成的自大。

我曾见过一位画家在美国画廊示范挥毫，当技惊全场、获得热烈掌声之后，有人举手："请问中国画与日本画的关系。"

"日本画全学自中国，但是有骨没肉，毫不含蓄，不值得一看！"

话没完，观众已纷纷离席。他竟不知道——

"彰显自己，不必否定他人！"

否定别人的人，常不能有很好的人际关系，因为他自己心里有个樊篱，阻挡别人，也阻碍了自己。

有位美国小学老师对我说："当你发现低年级的孩子居然就有种族歧视的时候，找他的父母常没用，因为孩子懂什么，他的歧视多半是从父母那里学来的！只是，我担心这种孩子未来在社会上会变得孤独！"

我回家告诉自己的孩子：

"如果你发现这个社会不公平，与其抱怨，不如自己努力，去创造一个公平的社会。所以当你发现白人歧视黄种人时，一方面要努力，以自己的能力证实黄种人绝不比白种人差，更要学会尊重其他人种！如果你自己也歧视黑种人、棕种人，又凭什么要白种人不歧视你呢?!"

正因此，我对那位同去阿里山和那位买淡水别墅的朋友说：

"我们多么有幸，生活在这个没有什么明显种族区别的社会，又何必要在自己的心里划分等级?! 小小的台湾岛，立在海洋之中，已经够孤独了，不要让自己更孤独吧！"

有时，一个微笑能拯就你的生命

罗 西

玛丽打开门时，发现一个持刀的男人正恶狠狠地看着自己。玛丽灵机一动，微笑着说："朋友，你真会开玩笑！是推销菜刀吧？我喜欢，我要一把……"边说边让男人进屋，接着说："你很像我过去一位好心的邻居，看到你真的好高兴，你要咖啡还是茶……"

本来脸带杀气的歹徒渐渐腼腆起来。

他有点结巴地说："谢谢，哦，谢谢！"

最后，玛丽真的"买"下那把明晃晃的菜刀，陌生男人拿着钱迟疑一会儿真走了，在转身离去的时候，他说："小姐，你将改变我的一生！"

心里难过是一道进入悟境的门坎

刘心武

深夜里电话铃响。

是朋友的电话。

他说："忍不住要给你打个电话。我忽然心里难过。非常非常难过。就是这样，没别的。"

说完他挂断了电话。

我从困倦中清醒过来。忽然非常感动。

我也曾有这样的情况。静夜里，忽然有一阵异样的情绪涌上心头，那情绪确可称之为"难过"。

并非因为有什么亲友故去。

也不是自己遭到什么特别的不幸。

恰恰相反：也许刚好经历过一两桩好事快事。

却会无端的心里难过。

不是愤世嫉俗，不是愧悔羞赧，不是耿耿于怀，不是悲悲戚戚。

是一种平静的难过。

但那难过深入骨髓。

静静地意识到，自己的生命实体是独一无二的。不但不可能为最亲近最善意的他人所彻底了解，就是自己，又何尝真能把握那最隐秘的底蕴与玄机？

并且冷冷地意识到，自己对他人无论如何努力地去认知，到底也还是只近乎一个白痴。对由无数个他人组合而成的群体呢？简直不敢深想。

归纳，抽象，联想，推测，勉可应付白日的认知。但在静寂清凄的夜间，会忽然感到深深的落寞。

于是心里难过。

也曾想推醒妻，告诉她："我心里忽然难过。"也曾想打一个电话给朋友，只是告诉他一声，如此如此。但终于都没有那样做，只是自己徒然地咀嚼那份与痛苦并不同味的难过。

朋友却给我打来了电话。

我自信全然没有误解。

并不需要絮絮的倾诉。简短的宣布，也许便能缓解心里的那份难过。或许并不是为了缓解，倒是为了使之更加神圣，更加甜蜜，也更加崇高。

在这个毋庸讳言是走向莫测的人生前景中，人们来得及惊奇来得及困惑来得及恼怒来得及愤慨来得及焦虑来得及痛苦或者来得及欢呼来得及沉着来得及欣悦来得及狂喜来得及满足来得及麻木，却很可能来不及在清夜里扪心沉思，来不及平平静静、冷冷寂寂地忽然感到难过。

白日里，人们杂处时，调侃和幽默是生活的润滑剂。

静夜里，独自面对心灵，自嘲和自慰是魂魄的清洗液。

但是在白日那最热闹的场景里，会忽然感到刺心的孤独。

同样，在黑夜那最安适的时刻里，会忽然有一种浸入肺腑的难过。

会忽然感觉到，世界很大，却又太小；社会太复杂，却又极粗陋；生活本艰辛，何以又荒诞？人生特漫长，这日子怎的又短促？

会忽然意识到，白日里孜孜以求的，在那堂皇的面纱后面，其实只是一张鬼脸；所得的其实恰可称之为失；许多的笑纹其实是钓饵，大量的话语是杂草。

明明是那样的，却弄成不是那样了。无能为力。

刚理出个头绪，却忽然又乱成一团乱麻。无可奈何。

忘记了应当记住的，却记住了可以忘记的。

拒绝了本应接受的，却接受了本应拒绝的。

不可能改进。不必改进。没有人要你改进。即使不是人人，也总有许许多多的人如此这般一天天地过下去。

心里难过。

但，年年难过年年过。日子是没有感情的，它不接受感情，当然也就不为感情所动。

需要感情的是人。

人的情感首先应当赋予自己。惟有自身的情感丰富厚实了，方可分享与他人。

常在白日里开怀大笑吗？

那种无端的大笑。

偶在静夜里心里难过吗？

那种无端的难过。

或者有一点儿"端"，但那大笑或难过的程度，都忽然达于那"端"外。

是一种活法。

把快乐渡给别人，算一种洒脱。

把难过宣示别人，则近乎冒险。

快乐可以共享。

难过怎能同当？

但有时候就忍不住，想跟最亲近的人说一声：我心里头忽然难过，非常难过。

在那个时候，人生的滋味最浓酽。

也许进入悟境，那难过便是一道门槛吧！

把命运转换成使命

刘云清

在古希腊神话中，有一个西齐弗的故事。

西齐弗因为在天庭犯了法，被大神惩罚，降到人世间来受苦。对他的惩罚是：要推一块石头上山。每天，西齐弗都费了很大的劲把那块石头推到山顶，然后回家休息，石头又会自动地滚下来，于是，西齐弗又要把那块石头往山上推。这样，西齐弗所面临的是：永无止境的失败。大神要惩罚西齐弗的，也就是要折磨他的心灵，使他在"永无止境的失败"命运中，受苦受难。

可是，西齐弗不肯认命。每次，在他推石头上山时，大神都打击他。告诉他不可能成功。西齐弗不肯在成功和失败的圈套中被困住，一心想着：推石头上山是我的责任；只要我把石头推上山顶，我的责任就尽到了；至于石头是否会滚下来，那不是我的事。

再进一步，当西齐弗努力地推石头上山时，他心中显得非常地平静，因为他安慰着自己：明天还有石头可推，明天还不会失业，明天还有希望。

大神因为无法再惩罚西齐弗，就放他回了天庭。

西齐弗的命运可以解释我们一生中所遭遇的许多事情，西齐弗的努力也可以是我们努力工作的写照，但是，西齐弗能把命运转换成使命的方式，是否亦是我们的生活模式？

个人意识到自己的存在，认同自己的存在，已是一件不简单的事，个人能透视自己的命运掌握自己的命运，更是件不容易的事。但更困难的则是把命运转换成使命。因为使命的含义，它不但要替自己的存在谋求出路，它还要在感受到失败痛苦中，去替人类替世界创造快乐与幸福。

酝酿和培养支撑的力量
才能托起梦想的辉煌

佚　名

参天大树挺拔耸立枝繁叶茂，正是来自深扎大地默默无闻的根的支撑。根死树必枯。

凌云高楼巍峨壮观、气势撼人，正是来自厚重坚实的基石无语的支撑。基石陷塌楼必危。

刚强的柱石支撑起了百年不倒的大桥，坚韧的钢轨支撑起了呼啸奔驰的列车。

失去了支撑，所有耀眼的灿烂定会黯然失色。

台下十年功支撑起了台上一分钟，读书十年苦支撑起了一朝天下名。

一位打破世界纪录的举重运动员说："我举得起世界纪录，但举不起我平时流下的汗水。"原来那世界纪录是由那点滴汗水支撑起的。

一位创下奥运会 200 米和 400 米跑双料冠军的短跑老将说："我用了十年的训练才仅仅加快了 1 秒多。"原来，那一秒之瞬间是用十年的辛苦支撑起来的。

能支撑起惊人奇迹的其实正是同样惊人的普通与简单。只是把普通做到了极至就是不普通，把简单坚持到了尽头就是不简单。

正是因为有默默支撑着的可靠和雄厚，才使所有的宣言能够感人，所有的号召能够撼人。

科学的立论来自无可辩驳的成功实验的支撑，正确的主张来自千百万人真挚拥护的支撑。漠视可依靠的支撑必会在偏见之下误入歧途。

酝酿和培育支撑的力量，才能托举起梦想化作的辉煌。

有了自尊的脖子，才能支撑起自信的头颅；有了不屈的脊梁，才能支撑起刚直的挺立，有了无私的胸怀，才能支撑起无畏的抉择；有了无敌的信念，才能支撑起压顶的泰山。

让一个个小小的好习惯支撑起闪光的美德，让一个个默默的美德支撑起深厚的修养，让一个个无形的修养支撑起无比睿智的人生！

只要你一直在争取，你最终会
尝到一串葡萄中最甜的一颗

明昊天

葡萄的滋味像生活。不是一颗，而是一大串，其中的一颗只是人生中的一个阶段。拿起一颗晶莹的葡萄，放入口中轻轻咬下去，那酸的葡萄皮强烈刺激着嘴、眼、鼻，有人甚至酸出了眼泪，这不正像是我们现在或将来所要品尝的艰辛吗？咬破了葡萄皮便渐渐感到甜美多汁的葡萄肉充满口腔，香美的滋味好像到了肺腑，而且甜到了心窝，这不正是艰辛之后成功的喜悦吗？自然，生活不会一帆风顺，葡萄籽就好像生活中的小疙瘩，一不小心咬到它，一丝淡淡的苦味微微刺痛着舌，虽不舒服，但也无大碍。一颗葡萄吃完，唇齿留香，慢慢回味，便忍不住再吃一颗，一颗颗的吃下去，如同生活在继续。

生活的滋味不只葡萄那样单纯，人生变幻莫测，滋味更浓更杂。一串葡萄有大有小，有酸有甜。有人吃到的葡萄很甜，一个接一个吃下去；有人吃到的葡萄很酸，苦涩的皮，酸酸的肉，他或者害怕了，不敢再吃；但或许下一个是甜的，应鼓起勇气试一下，这与生活也是一致的。那就是要有勇于冒险的精神和克服一切困难的斗志。只要你敢于试下去，在那一串葡萄里总有一颗是最甜的。

葡萄的滋味像人生，葡萄的吃法有很多种，人生的道路也有很多条。第一次吃葡萄，总是父母把苦涩的皮剥去，把香甜的肉送入我们口中。小时候，总是父母搀扶着我们，像剥葡萄皮一般为我们铺平生活的道路。我们会不断学习，学会"吃葡萄"的方法。人生要靠自己去争取，葡萄也要自己去品味。

人生在这个地方失去的
在另一个地方总会得到
有时错误也让我们如此美丽

逸　多

从前，一个农夫有两个水罐，一个完好无损，一个有一条裂缝。农夫每次挑水，完好的水罐总能把水从远远的小溪运到主人家，而有裂缝的水罐回到主人家时往往只有半罐水。这使有裂缝的水罐感到无比痛苦和自卑。一天，它在小溪边对主人说："我为自己每次只能运送半罐水而感到惭愧。"农夫惊讶地说："难道你没有看见每次回家的路旁那些盛开的鲜花吗？这些花只生长在你那一边，而没有生长在另一只水罐那一边，因为我早就知道了你的裂缝，并利用了它，我在你这一边撒下了花种，于是每天我们从小溪回来的时候，你就浇灌了它们。如今，这些鲜花已经给我们一路上带来了许多风景。"

这个故事告诉人们，在日常生活中，不必过于苛求自己，总觉得自己不如他人，由此而产生自卑心理（诸如有的因生理上有某方面的缺陷而产生自卑；有的因学习成绩不如同伴而自卑等等）。自卑是一种心理障碍，不仅妨碍个人身心健康，而且影响一个人思想、学习的进步。

俗话说：金无足赤，人无完人，能否接纳自己是衡量一个人心理状态是否积极和健康的一项重要指标。正确认识自己存在的价值，认同自己的能力，并在行为上表现出一种与环境和他人积极互动的心理定势，能够坦然、微笑面对生命中的缺憾和不足，愉悦地接纳自己，扬长避短，充分发挥自己的潜力，同样会带来"柳暗花明又一村"的美景。

生命里填塞的东西愈少
发挥出来的潜能就愈多

王　梅

你一定有过年前大扫除的经历吧。当你一箱又一箱地打包时，是不是惊讶自己在过去短短一年内，竟然累积了那么多的东西？你是不是懊悔自己为何事前不花些时间整理，淘汰一些不再需要的东西，否则，今天就不会累得你连脊背都直不起来？

大扫除的懊恼经验，让很多人懂得一个道理：人一定要随时清扫、淘汰不必要的东西，日后才不会变成沉重的负担。

人生又何尝不是如此！在人生路上，每个人不都是在不断地累积东西？这些东西包括你的名誉、地位、财富、亲情、人际关系、健康、知识等等；另外，当然也包括了烦恼、忧闷、挫折、沮丧、压力等等。这些东西有的早该丢弃而未丢弃，有的则是早该储存而未储存。

问自己一个问题：我是不是每天忙忙碌碌，把自己弄得疲累不堪，以至于总是不能好好静下来，替自己做"清扫"？

对那些会拖累你的东西，必须立刻放弃，心灵扫除的意义，就好像是生意人的"盘点库存"。你总要了解仓库里还有什么，某些货物如果不能限期销售出去，最后很可能会因积压过多拖垮你的生意。

很多人都喜欢房子清扫过后焕然一新的感觉。你在拭掉门窗上的尘埃与地面上的污垢，把一切整理就绪之后，整个人好像突然得到一种释放。

在人生诸多关口上，我们几乎随时随地都得做"清扫"。念书、出国、就业、结婚、生子、换工作、退休……每一次转折，都迫使我们不得不"丢掉旧的你，接纳新的你"，把自己重新"扫"一遍。

不过，有时候某些因素也会阻碍我们放手进行扫除。譬如，太忙、太累；或者担心扫完之后，必须面对一个未知的开始，而你又不能确定哪些是你想要的。万一现在丢掉的，将来又捡不回来，怎么办？

的确，心灵清扫原本就是一种挣扎与奋斗的过程。不过，你可以告诉自己：每一次的清扫，并不表示这就是最后一次。而且，没有人规定你必须一次全部扫干净。你可以每次扫一点，但你至少应该立刻丢弃那些会拖累你的东西。

生命里填塞的东西愈少，就愈能发挥潜能。《重整行囊》的作者理查·J·赖德有过一次有趣的亲身经历。有一年他和一群好友到东非赛伦盖蒂半原去探险。当时，正逢东非遭受严重旱灾，在旅途中，理查随身带了一个厚重的背包，里面塞满了食具、切割工具、挖掘工具、衣服、指南针、观星仪、护理药品等。理查对自己的背包很满意，认为已为旅行做好了万全的准备。

一天，当地的一位土著向导检视完理查的背包之后，突然问了一句："这些东西让你感到快乐吗？"理查愣住了，这是他从未想过的问题。理查开始问自己，结果发现，有些东西的确让他很快乐，但是，有些东西实在不值得他背着它们，走那么远的路。

理查决定取出一些不必要的东西送给当地村民。接下来，因为背包变轻了，他感到自己不再有束缚，旅行变得更愉快。理查因此得出一个结论：生命里填塞的东西愈少，就越能发挥潜能。从此，理查学会在人生各个阶段中定期解开包袱，随时寻找减轻负担的方法。

生命的进行就如同参加一次旅行。你可以列出清单，决定背包里该装些什么才能帮助你到达目的地。但是，记住，在每一次停泊时都要清理自己的口袋：什么该丢，什么该留，把更多的位置空出来，让自己活得更轻松、更自在。

第二辑　让生命之花向着阳光开放

山茶又开了，那样洁白而又美丽的花朵，开了满树。

每次，我都不能无视地走过一棵开花的树。

那样洁白温润的花朵，从青绿的小芽儿开始，到越来越饱满，到慢慢地绽放，从半圆，到将圆，到满圆。花开的时候，你如果肯仔细地去端详，你就能明白它所说的每一句话。

就因为每一朵花只能开一次，所以，它就极为小心地绝不错一步，满树的花，就没有一朵开错了的。它们是那样慎重和认真地迎接着惟一的一次春天。

所以，我每次走过一棵开花的树，都不得不惊讶与屏息于生命的美丽。

生命的价值不在活多久
而在于怎么活

梅 资

一日打开某本杂志，读到了这样一则民间故事：一个富翁和一个穷汉相逢了，富翁说："我非常珍惜自己的财富，不敢轻易挥霍一分钱，因为挥霍财富就等于挥霍生命。"穷汉接过话题说："我非常珍惜自己的生命，不肯有一时半刻的懈怠，因为浪费时光等于浪费财富。"富翁从此小心翼翼地守护着自己的财富过日子，而穷汉则用一切机会寻找财富的源泉。10年过去了，那富翁变成了穷汉，而穷汉却变成了富翁。

时不时，我把这则故事从心底翻出来咀嚼玩味一番，觉得越嚼越有滋味。两种说法，两种不同的人生理念。

如若硬要判别两种说法孰是孰非，依我的理解，两种说法都没错。富翁所说的道理在于，他创业成功，深知财富的来之不易，珍惜财富确实等于珍惜生命。人在工作创造财富的同时，也消耗了有限的生命，财富事实上等于生命价值的累积。穷汉的话与富翁的说法有异曲同工之妙，财富靠生命去创造、换取，浪费了生命与浪费财物何异？

然而，10年之后的结局为何却有那么大的差异？富翁变穷汉，穷汉成富翁，整个乾坤全颠倒了呢？问题是，富翁把财富视作生命，无形中让财富束缚了生命的活力，使得生命成了财富的奴隶。而穷汉珍惜生命，目的是为了创造财富，那么，他无形中便成了财富的主人。生命的意义在于创造，如果丧失了创造功能，那么，生命也就成了一种累赘。失去了创造活力的生命怎么能不枯萎呢？相反，充满了创造活力的生命能不兴旺发达吗？因此，富翁变穷汉，穷汉成富翁绝非偶然，也不是命运使然，而是一种带规律性的必然结果。

西方哲人告诉我们：生命的价值，不在于能活多久，而在于怎么活，所说的就是这个真理。善待生命，把生命的每一份光辉都用于创造。那么，生命的价值也就体现得淋漓尽致了。

善待生命，最好用柔韧
作心灵的防护网

若凤尘

舅舅喜欢用深山里的龙须藤编织栗篮，而我对龙须藤是不屑一顾的，认为它过于柔软，是那种攀附在树身上的寄生藤，没有骨气。于是，编篮时，我执意选择一种径直向着阳光生长的荆条，阳刚而秀颀。

篮子编好后，就派上了用场。采板栗时通常要从高高的栗子树上抛下来，不几天，我编的荆条篮就因反复撞击坚硬的岩石而变形溃散。令人惊奇的是，舅舅编的篮子却完好如初。看我迷惑不解的神情，舅舅微笑着说："有时候，柔韧比刚硬更具优势，如这两只篮子，当牢固结实的荆条篮被摔得崩溃、断裂时，柔韧无比的龙须藤篮却伸屈自如，不折不挠。"

如果生命也是一只篮子，如果它正遭遇苦难、挫折的撞击，我们也许宜选择柔韧来做心灵的防护网，它比刚强的对抗更不易受伤，更能承受命运的挤压。

抱着生命过海洋

程 武

有这样一则希腊神话，阿波罗爱上了西比尔，并且告诉她，不管多少年，只要她手里有尘土，她就能活下去。随着时光流逝，西比尔日渐憔悴，终成空躯，却依然求死不得。孩子们问吊在瓶中的西比尔："你要什么？"她回答说："我要死。"

我认为死并非是上帝对我们的一种惩罚，倒是命运女神钟爱人类的标志。正如我们需要睡眠一样，我们需要死亡。正是死亡的黑暗背景衬托出了生命的光彩。试想，如果生命是无限的，我们还会觉得她的可贵吗？如果生命像空气、沙粒一样取之不尽，用之不竭，她岂不是会像空气、沙粒一样无甚价值可言了吗？如果明天是无限的，那我们今天为什么要辛劳呢？一切都等到明天再说吧。假如这样等下去，我们能做成什么事呢？直到最后，我们一个个都成了瓶中的西比尔，那时也许才觉出死的可贵，生的可怕。

正因为有死亡，我们才这么珍惜生命。我们每个人都应成为优秀的舵手，驾驶自己的生命之舟轻快地航行。优秀的舵手善于对付痛苦，而现实中的许多人却因痛苦而导致海水没顶，过早走向死亡。痛苦应成为我们生命之舟上的压舱物，正因为有了它的存在，我们的船才得以稳健地前行。优秀的舵手还会摆脱魔鬼的诱惑，他们看淡尘世的物欲、烦恼，追求真理，他们一生光明磊落，表里如一。他们惜时如金，勤勤恳恳，度过丰富而有效的人生。

一生做好一件事
命运就会青睐你

佚　名

有一位作家被邀请参加笔会，坐在她身边的是一位匈牙利年轻的男作家。

她衣着简朴，沉默寡言，态度谦虚，男作家不知道她是谁，他认为她只是一个不入流的作家而已。

于是，他有了一种居高临下的心态。

"请问小姐，你是专业作家吗？"

"是的，先生。"

"那么，你有什么大作发表呢，能否让我拜读一二部。"

"我只是写写小说而已，谈不上什么大作。"

男作家更加证明自己的判断了。

他说："你也是写小说的，那么我们算是同行了，我已经出版了339部小说，请问你出版了几部？"

"我只写了一部。"

男作家有些鄙夷，问："噢，你只写了一本小说。那能否告诉我这本小说叫什么名字？"

"《飘》。"女作家平静地说。那位狂妄的男作家顿时目瞪口呆。

女作家的名字叫玛格丽特·米契尔，她的一生只写了一本小说。现在，我们都知道她的名字，但这则典故中那位自称出版 339 本小说的作家的名字，已经无从查考了。

一生只要干好一件事，这辈子就没有白过，人们就会记着你，它也会成就你。一辈子如果干了许多可有可无的事，不能专注一件事，其实对于生命而言，那只不过是在原地转圈而已。

生命中最美的鲜花，总是盛开在挥汗如雨的奋斗历程中

佚 名

生命的美丽，永远是展现在她的进取之中，就像大树的美丽，是展现在它负势向上高耸入云的蓬勃生机中；像雄鹰的美丽，是展现在它搏风击雨如苍天之魂的翱翔中；像江河的美丽，是展现在它波涛汹涌一泻千里的奔流中……

足球运动在世界上造就了那么多的球迷和热爱者，它的魅力究竟在哪里？当你置身绿茵场中，看到足球运动员那如旋风一样，在围追堵截中呼啸向前的推进，看到他们一次次在门前如狂飙般的进攻，看到他们在场中如蛟龙如猛虎般的拼抢，你不是也会为这场面激动得热血沸腾不能自已吗？你这不是正为这生命的力量之美、进取之美和智慧之美而陶醉着吗？

一次，有人问大发明家爱迪生："你一生中最值得回忆的是什么？"爱迪生回答说："最值得回忆的是我无数次对失败的超越，是我对发明创造的渴望，是我面对挑战从不动摇信念的意志，是我有一颗从不向困难低头

的心！一个人的生命最美丽的时候，不是在他享受成功鲜花的时候，而是在他默默地奋斗和经受命运考验的时候！"正是基于他对生命之美的这一信念，所以，为了使电灯能够照亮这个世界，他竟实验了上千次之多……

我们的生命不是天地间的过客，也不是时光的影子，我们的生命是自然的花朵，是岁月的果实，我们是宇宙间充满激情、梦想、力量和智慧的创造者，我们正以自己的奋斗展现着人类生命的美丽。

正是因为失去才
显示出生命的完美

（美）哈罗德·斯·库辛

一个被劈去了一片的圆想要找回一个完整的自己，到处寻找自己的碎片。由于它是不完整的，滚动得非常慢，从而领略了沿途美丽的鲜花，它和虫子们聊天，它充分地感受到阳光的温暖。它找到许多不同的碎片，但它们都不是它失去的原来的那一块，于是它坚持着找寻……直到有一天，它实现了自己的心愿。然而，作为一个完整无缺的圆，它滚动得太快了，错过了花开时节，忽略了虫子。当它意识到这一切时，它毅然舍弃了历尽千辛万苦才找到的碎片。

也许正是失去，才令我们完整。一个完美的人，他永远无法体会有所追求、有所希冀的感觉，他永远无法体会爱他的人带给他某些他一直求而不得的东西的喜悦。

一个有勇气放弃无法实现的梦想的人是完整的；一个能坚强面对失去

亲人的悲痛的人是完整的——因为他们经历了最坏的遭遇，却成功地抵御了这种冲击。

当我们接受人的不完美时，当我们能为生命的继续运转而心存感激时，我们就能成就完整，而别的人却渴求完整——当他们为完美而困惑的时候。

生命因其本身不屈让
热爱生命的人为之折服

孙盛起

早就想带儿子爬一次山。这和锻炼身体无关，而是想让他尽早知道世界并不仅仅是由电视、高楼以及汽车这些人工的东西构成的。只是这一想法的实现已是儿子两岁半的初冬。

初冬的山上满目萧瑟。刈剩的麦茬已经黄中带黑，本就稀拉的树木因枯叶的飘落更显孤单，黄土地少了绿色的润泽而了无生气。置身在这空旷寂寥的山上，更多感受到的是一种原始的静谧和苍凉。

因此，当儿子发现了一只蚂蚱并惊恐地指给我看时，我也感到十分惊讶。我想这绝对是这山上唯一至今还倔强活着的蚂蚱了。

我蹑手蹑脚地靠过去。它发现有人，蹦了一下，但显然已很衰老或孱弱，才蹦出去不到一米。我张开双手，迅疾扑过去将它罩住，然后将手指裂开一条缝，捏着它的翅膀将它活捉了。这只周身呈土褐色的蚂蚱因惊惧和愤怒而拼命挣扎，两条后腿有力地蹬着。我觉得就这样交给儿子，必被它挣脱。于是拔了一根干草，将细而光的草秆从它身体的末端捅入，再从它的嘴里捅出——小时候我们抓蚂蚱，为防止其逃跑，都是这样做的，有时一根草秆上要穿六七只蚂蚱。蚂蚱的嘴里滴出淡绿的液体，它用前腿摸刮着，那是它的血。

我将蚂蚱交给儿子，告诉他："这叫蚂蚱，专吃庄稼的，是害虫。"

儿子似懂非懂地点头，握住草秆，将蚂蚱盯视了半天，然后又继续低头用树枝专心致志地刨土。儿子还没有益虫、害虫的概念，在他眼里一切都是新鲜，或许他在指望从土里刨出点什么东西来。

我点着一支烟，眺望远景。

"跑了！跑了！"儿子忽然急切地叫起来。

我扭头看去，见儿子只握着一根光秃秃的草秆，上面的蚂蚱已不翼而飞。我连忙跟儿子四处寻找。其实蚂蚱并未逃出多远，它已受到重创，只是在地上艰难地爬，间或无力地跳一下，因此我未找出两步就轻易地发现了它，再一次将它生擒。我将蚂蚱重新穿回草秆，所不同的是，当儿子又开始兴致勃勃地刨土时，我并没有离开，而是蹲在儿子旁边注视着蚂蚱。我要看看这五脏六腑都被穿透的小玩意儿究竟用何种方法竟能逃跑！

儿子手里握着的草秆不经意间碰到了旁边的一丛枯草。蚂蚱迅速将一根草茎抱住。随着儿子手的抬高，那穿着蚂蚱的草秆渐成弓形，可是蚂蚱死死地抱住草茎不放。难以想象这如此羸弱和受着重创的蚂蚱竟还有这么大的力量！儿子的手稍一松懈，它就开始艰难地顺着草茎往上爬。它每爬行一毫米，都要停下来歇一歇，或许是缓解一下身体里的巨大疼痛。穿出它嘴的草秆在一点儿一点儿缩短，而已退出它身体的草秆已被它的血染得微绿。

我大张着嘴，看得出了神。我的心被这悲壮逃生的蚂蚱强烈震撼。它所忍受的疼痛我们人类不可能忍受，它的壮举在人世间也不可能发生。我相信我正在目睹着一个奇迹，一个并非所有人都有幸目睹的生命的奇迹。当蚂蚱终于将草秆从身体里完全退出后，反而腿一松，从所抱的草茎上滚落到地上。它一定是精疲力竭了。生命所赋予它的最后一点儿力量，就是让它挣脱束缚，获得自由，然后无疑地，它将慢慢死去。

儿子手里握着的草秆再没有动。我抬眼一看，原来他早已如我一样，呆呆地盯着蚂蚱的一举一动，并为之震惊。

我慢慢站起来，随即向前微微弯腰。

儿子以为我又要抓蚂蚱，连忙喊："别，别，别动它！它太厉害了！"

我明白儿子的意思。他其实是在说："它太顽强了！"

儿子大概永远也不会明白我弯腰的意思。我几乎是在下意识地鞠躬，向一个生命、一个顽强的生命鞠躬。

拥有生命
才享有生命带来的一切

陆勇强

如果一个人去观察牛的眼神，人往往会被它轻易击败。牛的眼神太从容，太沉静了。即使农人驱它耕地，把它打得皮开肉绽，它的眼神还是那样静如止水。但是，如果是一条狗，只要人的目光与它接触，只怕是几秒钟，它的眼神便会忽闪而过，躲开人的目光。

原先并不知道动物的眼神的细节。最近看了一本一位老作家回忆"文革"时期的短文，那段日子读来真让人胆战心惊。

当年老作家被下放到农村，上头对公社早有指示，要好好改造他。老作家的主要任务便是放牛，一共有十多头牛。晚上就睡在牛棚里。

运动来了，他就得上台，被人骂被人斗。折磨够了，就被人押往牛棚。

这样非人的生活使很多过来人都想到了死。老作家也是，他想以死来抗争这癫狂的世界。

但是，是牛救了他，是牛的眼神让他的心灵感到一种无言的震撼。他对着牛哭，牛只是看着他，很平静很安详地看着他。这种眼神，像是在告诉他："你为什么要这样做。"又好像是在取笑他："你太懦弱了。"

他没有死，挂在牛棚上的绳子被他解下来扔了。但在那个时代活着，必须要付出代价。

按照当时的政策，牛是不能屠杀的。但那个时候，一年到头，村人难得见到油腥。年关将近，为了能吃到肉，他们想到了一个办法，就是弄死一头牛。

思来想去，他们想到了老作家。大队长命令老作家把一只老牛牵到一处悬崖边，然后把牛推到悬崖下，这样让人以为是牛失足摔死的。

老作家在队长的威逼下这样做了。老牛在滑向悬崖的时候，用前脚拼命扒住了一块大石，眼神仍然平静，但奇怪的是，牛的眼眶里满是泪水。

牛坚持不了多长时间，就摔向悬崖下……那个年关，全村的人都分到了牛肉。

但是，厄运降临了。有人告发了这件事，一切的罪责都落到了老作家的身上。他以破坏生产罪被判了20年徒刑。

在内蒙古的20年，他受尽非人的待遇，每当想到自杀的时候，总是想起那只牛摔下悬崖时的眼神。

老作家活下来了，活得很坚强。

没有人能真正解释清楚一个人的生存哲学，这是一种来自于灵魂深处的东西，当一个人在这个世上还有他留恋的东西，还有感动的东西，不管对方是人，还是动物，他就不会选择死亡。他会活着，像牛一样地活着，也只有活着，才会感受这世上的一切——痛苦或者欢乐。

生命太短促了
不能因小事摧残我们的生命

（美）卡耐基

这是一名美国青年罗勃·摩尔讲述的故事：

1945 年 3 月，我在中南半岛附近 276 英尺深的海下潜水艇里，学到了一生中最重要的一课。当时我们从雷达上发现一支日军舰队朝我们开来，我们发射了几枚鱼雷，但没有击中任何一艘舰只。这个时候，日军发现了我们，一艘布雷舰直朝我们开来。3 分钟后，天崩地裂，6 枚深水炸弹在四周炸开，把我们直压到海底 276 英尺深的地方。深水炸弹不停地投下，整整持续了 15 个小时。其中，有十几枚炸弹就在离我们 50 英尺左右的地方爆炸！真危险呀！倘若再近一点的话，潜艇就会炸出一个洞来。

我们奉命静躺在自己的床上，保持镇定。我吓得不知如何呼吸，我不停地对自己说：这下死定了……潜水艇内的温度达到摄氏 40 多度，可是我却怕得全身发冷，一阵阵冒虚汗。15 个小时后，攻击停止了，显然是那艘布雷舰在用光了所有的炸弹后开走了。

这 15 个小时，我感觉好像有 1500 万年。我过去的生活一一浮现在眼前，那些曾经让我烦忧过的无聊小事更是记得特别清晰——没钱买房子，没钱买汽车，没钱给妻子买好衣服，还有为了点芝麻小事和妻子吵架，还为额头上一个小疤发过愁……

可是，这些令人发愁的事，在深水炸弹威胁生命时，显得那么荒谬、渺小。我对自己发誓，如果我还有机会再看到太阳和星星的话，我永远不会再为这些小事忧愁了！

生命是精神的载体，我们不是完成生命本身，而是完成一个闪光的灵魂

陆勇强

一个名叫维克·弗兰克的精神病博士曾经在纳粹集中营中被关押了很多日子，饱受凌辱。

弗兰克曾经绝望过，这里只有屠杀和血腥，没有人性，没有尊严。那些持枪的人，都是野兽，他们可以不眨眼地屠杀一位母亲、儿童或者老人。

他时刻生活在恐惧中，这种对死的恐惧让他感到一种巨大的精神压力。集中营里，每天都有因此而发疯的。弗兰克知道，如果自己不控制好自己的精神，也难以逃脱精神失常的厄运。

有一次，弗兰克随着长长的队伍到集中营的工地上去劳动。一路上，

他产生一种幻觉，晚上能不能活着回来、是否能吃上晚餐？他的鞋带断了，能不能找到一根新的？这些幻觉让他感到厌倦和不安。于是，他强迫自己不再想那些倒霉的事，而是刻意幻想自己是在前去演讲的路上。他来到了一间宽敞的教室中，他精神饱满地发表演讲。

他的脸上慢慢浮现出了笑容。

弗兰克知道，这是久违的笑容。当知道自己会笑的时候，弗兰克就知道，他不会死在集中营，他会活着走出去。

当从集中营中被释放出来时，弗兰克显得精神很好。他的朋友不相信，一个人可以在魔窟里保持年轻。

这就是心境的魔力。有时候，一个人的精神可以击败许多厄运。因为对于人的生命而言，要存活，只要一箪食、一钵水足矣。但要存活下来，并且要活得精彩，就需要有宽广的心胸、百折不挠的意志和化解痛苦的智慧。

因此，从某种意义上说，人不是活在物质里，而是活在自己的精神里。如果精神垮了，没有人救得了你，包括上帝。

若生命倒计时，
有多少人将成为伟大的人物

苇　笛

非洲有一个民族，婴儿刚生下来就获得 60 岁的寿命，以后逐年递减，直到零岁。人生大事都得在这 60 年内完成，此后的岁月便颐养天年了。

这真是个绝妙的计岁方法。从某种意义上说，人生不过是我们从上苍手中借来的一段岁月而已，过一年还一岁，直至生命终止。可惜我们常会产生这样一种错觉：日子长着呢！于是，我们懒惰，我们懈怠，我们怯懦……无论做错什么，我们都可以原谅自己，因为来日方长，不管什么事放到明天再说也不迟。

直到有一天，死亡的阴影笼罩着我们时，我们才悚然而惊：糟了，总以为将来还长着呢，怎么死亡说来就来了！那些未尽的责任怎么办？那些未了的心愿怎么办？那些未实现的诺言怎么办……还能怎么办？面对死亡通知书，人类只能踏上那条不归路。追悔也罢，遗憾也罢，那个早已写好的结局无人能更改。临终之前，也许人们会在模糊中想起"譬如朝露，去日苦多"的感叹，想起"少壮不努力，老大徒伤悲"的教诲，可一切，都悔之晚矣。

此时让我们想想那个倒着计岁的非洲民族，他们的人生智慧真令人惊叹。生命既是借来的一段光阴，当然是过一天少一天了。而面对自己日渐减少的寿命，谁又能无动于衷呢？

生命倒计时，一个多么有必要的提醒。面对有限的时光，我们理应善加利用。于是，我们将手中事务打理清楚，分出轻重缓急，再一一安排妥当。当我们的生命只剩下短短几年、几个月甚至几天时，有谁舍得将时光浪费在鸡毛蒜皮中？有谁舍得将精力花在流言蜚语上？如此宝贵的时光，只能用在重要的事情上。这样当预定的终点到达时，心中才不会有太多遗憾。

生命倒计时常让我想起电话磁卡。当我们将磁卡插入话机时，显示器立刻显示出卡中数值，随着通话时间的延长，卡中数值不断减少。面对不断缩小的数字，下意识地，你会提醒自己：长话短说，别浪费钱。因为那些变化的数字如同一双眼睛，提醒着你，最终让你三言两语结束通话。

生命不也如同一张小小的磁卡吗？所不同的只是，我们常会忘了，在我们大脑中也有个显示器，告诉我们有限的时光还剩多少。而当生命倒着计时，那年年减少的数字，便会提醒我们——来日不多，该做的事情得赶紧去做。

珍惜你自己，因为生命是等值的

刘永生

你或许、一定、绝对听说过这样一个故事：

一男青年和未来丈母娘、未婚妻三人一同荡舟湖上。忽然一阵微风吹来，湖面上泛起了阵阵涟漪。丈母娘触景生情，突发奇想，问女婿："这时假如船翻了，你打算先救谁呢？"

对女婿来说，这真是一个两难的选择：先救未婚妻吧，谁能保证丈母娘不会因此一肚子不高兴；先救丈母娘吧，没准哪一天未婚妻就闹着性子跟你急。

这个问题的最佳答案是：先救未来的母亲。"未来的母亲"在特定语境中既可指丈母娘，也可指未婚妻，可谓一语双关，皆大欢喜。

我把这个故事说给一个八岁的小女孩，小女孩眨动着生动的眼睛，说："这有什么好难的，先救离自己最近的人。"

这是来自纯洁的内心世界的回答，它在我心底引起的不止是感动，在小女孩的判断中，不存在"谁更重要"的价值取向，亦不存在"现实后果"的心理障碍，较之"未来的母亲"这一极富语言机智而实质上回避的答案，这样一种直接单纯、别无旁念的思维方式，是不是更令人为之沉思为之动容呢？

后来我又听到现在法国颇为流行的一个故事。一只热气球上搭载着四个人：一个社会学家，一个经济学家，一个文学家，一个法国足球队主教练。热气球升空后出了故障，无法承受四个人的重量，必须要抛下一个人，这时应该抛下谁呢？所有人都陷入了迷惘、思索、争执和不断的自我否定之中。最后他们听到一个八岁的法国小女孩稚气的声音：抛下身体最胖的人。

同样是八岁孩子简单的、幼稚的判断，虽然简单，却更接近理性；虽然幼稚，却更接近生命真谛。

对每个个体生命而言，生命是等值的，没有尊卑贵贱之分，没有优劣轻重之别。换句话说，生命的价值不会因为出身、门第、信仰、学识、性别、年龄、亲疏关系等等不同而有所差异。因为，生命是等值的。

生命的本质，是舞蹈是快乐

楚　女

夜幕降临，对门那人家又传出熟悉的和生疏的音乐，响起时紧时缓的舞蹈脚步。那是一对才搬来的残疾夫妻，男的一双脚掌向后撇，女的是哑巴。那天初次见到他们时，一股怜悯之情在我心头升起：这样的人生、这样的家庭，该怎样艰难！这不是我鄙视他们，我认为作为一个正常人，是应该有一点这样的怜悯之心的。

但接下来的事实却让我大吃一惊，这些天来，他们的那些残疾人朋友络绎在夜幕之后前来集会，空气里传来他们的音乐、舞蹈和欢笑。我看不到他们的表情，但我可以感觉到他们的舞蹈火一般忘情、热烈。

面对着这样的一群人，我感到世上所有的词汇都变得苍白、不贴切。说残疾人也爱生活、也需要音乐和舞蹈，这样的解释是那么的无力、词不达意。只有用火的舞蹈，才恰如其分。火在舞蹈，那扭动、变形的舞姿是火的生命的张力的表达。燃体在火的舞蹈中发出毕毕剥剥的吟唱。燃体不尽，火的舞蹈不停。

熟悉的或陌生的音乐像一支焰火，一下子照亮了我记忆的天空。我透过遥远岁月重又看到生命在另一种形式下的舞蹈：那是在一座简陋的砖瓦窑，我三十年前下放劳动的地方。窑师傅的小女儿才七八岁，就开始帮大人做事了。这个小姑娘一身衣服缀满补丁，正当读书和游戏的年龄，就过早地承担了生活的艰辛。当时我也以怜悯的目光注视这个小女孩，但艰辛的劳动在小女孩身上却成了舞蹈，她蹦蹦跳跳舞着工具，全无一点悲愁。她一下子就让我陷入对生命的沉思和叩问：生命的本质是什么？是什么让生命以这样欢乐的形式前行的？

用童心无邪、用不谙世事、用乐观主义来解释都是不够的。上苍仿佛有意安排，让我看到不同形式的两次生命的舞蹈。生命从一降生，就穿上了一双红舞鞋。这是生命的本质，是人在任何艰难困苦的情况下都会歌唱、都会欢乐的原因。

人类的生命史穿越了数千年，其间战争、灾难、病痛、死亡都阻挡不了生命欢乐的舞蹈。废墟上一次又一次出现辉煌的殿宇，灾难之后，人类又一代代繁衍生息。没有畏惧、从不悲观，生命就这样一路舞着唱着前行，这一切都因为生命的本质就是舞蹈。

生命美丽与伟大缘于热爱
生命的人对她的敬重

佚　名

听友人讲起一件他目睹的很悲惨的事。

一条有黑缎般光亮皮毛的雄性狗，离开刚下狗娃的花狗准备到街对面不远处的一家肉食小店去拾一些骨头。大概是被爱情及爱情的结晶冲昏了头脑，它从北向南穿过十字路口时，没注意到一辆微型客货车正从西向东风驰电掣般开来。咣的一声，被车撞个正着。车子几乎连速度都未减一下，就开跑了。车子刚刚离开，狗就在车子喷出的废烟中，一个鹞子翻身跳起来，撒腿向肉食店跑去。在它被撞倒的中间，有摊红色的血慢慢流动和凝固，像一颗心的形状。血中漂浮着几根黑亮的毛。

黑狗迅速地跑到小铺子，用嘴衔起一根粗大的带肉的骨头，转身又飞一样奔回它的花狗和小狗娃们的身旁，并将衔来的食物喂给了它们。这一系列动作在不过10分钟内全部完成，而且，当它把衔来的骨头转给花狗时它就无力地垂死地倒在了花狗的身旁。谁也不会想到，从路上站起来跑掉时，"身手敏捷"的黑狗怎么会一瞬间死去。

友人说，黑狗将骨头转给花狗时，他听清了它们相互间那种类似安慰的、狺狺的低语。与它们的声音不同，它们的眼睛都充满了那么深深的哀痛、悲伤和无助。尤其是黑狗的眼睛，似乎是含着泪光，充满对生命的留恋，它那么固执地看着自己的爱侣，看着自己的孩子，连眼睛都不转一下。那种目光，即使铁石心肠的人看了都会心颤。

曾看见报上的一幅图画，一口烧热的油锅中弓身着一条鳝鱼。图画的配文大意是说，下油锅的鳝鱼极力弓起身体，厨师不解，拿出鳝鱼用刀剖之，才知其腹内怀有一条小鳝鱼，它是为保护腹中的小生命，努力弓起了腹部。

我还知道，前不久冰岛政府否决了拟定的再次允许捕鲸的计划，原因是"找不到能使鲸迅速了结痛苦的捕鲸枪"。

在引起我们兴趣的事件日益刺激的今天，珍爱生命这件事显得书生意气。然而，假如阅读黑狗含泪的眼睛，注视鳝鱼竭力弓起的身体，以及听到冰岛政府人道的尊重生命的决定时，心禁不住猛然地跳动，并向生命致以你最诚恳的敬礼。

年轻是束火焰，燃烧
是惟一的语言与豪情

罗　西

在南极，细菌几乎无法存活，所以考察队员即使受凉也不感冒，十分平安。可是，考察队员们一返回"尘世"，便纷纷发烧感冒、拉肚子。医生解释说，长期在无菌条件下，人体防御系统处于放松、平和状态，人的抵抗力因得不到锻炼而降低。

确实，人是在战斗中成长的。而年轻更是意味着挑战、考验与磨难。

我可以平平淡淡，但不要平平淡淡。我要的是轰轰烈烈，是生命中最激昂的那首进行曲，而不是小夜曲。

人不轻狂枉少年。

血性、气盛，甚至冲动，是因为年轻。我可以谅解并正视所有的失败，但从不原谅自己的懦弱。我要良知、智慧，也要勇敢、冒险、竞争，和所有因冲锋陷阵而犯下的失误。

不甘平庸，是年轻的宣言；有棱有角，是年轻的风貌。逃避磨炼，苟且偷安，其实是无能为力，是自欺欺人，是一种斗志的退化。

年轻无须唱"平平淡淡才是真"，年轻应该是一束火焰，轰轰烈烈地燃烧是惟一的语言与豪情。

赞美是激发人奋进有为的催化剂，
赞美让你获得意想不到的回报

（美）雅特·鲍奇华

几天前，我和一位朋友在纽约搭计程车，下车时，朋友对司机说："谢谢，搭你的车十分舒适。"这司机听了愣了一愣，然后说："你是混黑道的吗？"

"不，司机先生，我不是在寻你开心，我很佩服你在交通混乱时还能沉住气。"

"是呀！"司机说完，便驾车离开了。

"你为什么会这么说？"我不解地问。

"我想让纽约多点人情味，"朋友答道，"惟有这样，我们的城市才有救。"

"靠你一个人的力量怎能办得到？"

"我只是起带头作用。我相信一句小小的赞美能让那位司机整日心情愉快，如果他今天载了 20 位乘客，他就会对这 20 位乘客态度和善，而这些乘客受司机的感染，也会对周围的人和颜悦色。这样算来，我的好意可间接传达给 1000 多人，不错吧？"

"但你怎能寄望计程车司机会照你的想法做呢？"

"我并没有寄望他，"朋友回答，"我知道这种作法是可遇不可求，所以我尽量多对人和气，多赞美他人，即使一天的成功率只有 30％，但仍可连带影响到 3000 人之多。"

"我承认这套理论很中听，但能有几分实际效果呢？"

"就算没效果我也毫无损失呀！开口称赞那司机花不了我几秒钟，他也不会少收几块小费。如果那人无动于衷，那也无妨，明天我还可以去称赞另一个计程车司机呀！"

"我看你脑袋有点天真病了。"

"从这就可看出你越来越冷漠了，我曾调查过邮局的员工，他们最感沮丧的除了薪水微薄外，另外就是欠缺别人对他们工作的肯定。"

"但他们的服务真差劲呀！"

"那是因为他们觉得没人在意他们的服务品质。我们为何不多给他们一些鼓励呢？"

我们边走边聊，途经一个建筑工地，有 5 个工人正在一旁吃午餐。我朋友停下了脚步，"这栋大楼盖得真好，你们的工作一定很危险辛苦吧？"那群工人带着狐疑的眼光望着我朋友。

"工程何时完工?"我朋友继续问道。

"6月。"一个工人低声应了一声。

"这么出色的成绩,你们一定很引以为荣。"

离开工地后,我对他说:"你这种人也可列入濒临绝种动物了。"

"这些人也许会因我这一句话而更起劲地工作,这对所有的人何尝不是一件好事呢?"

"但光靠你一个人有什么用呢?你不过是一个小民吧。"

"我常告诉自己千万不能泄气,让这个社会更有情原来就不是简单的事,我能影响一个就一个,能两个就两个……"

"刚才走过的女子姿色平庸,你还对她笑?"我插嘴问道。

"是呀!我知道,"他答道,"如果她是个老师,我想今天上她课的人一定如沐春风。"

让生命之花
永远向着阳光开放

杨嘉利

我永远忘不了18岁那年所经历的一幕:当我敲开成都一家报社编辑部的门时,几个年轻的女编辑竟被我的样子吓得跑了出去……

我常想,我这一生最大的不幸就在于我肢体严重残疾却有一个健全的大脑。

半岁时,一场高烧差点儿夺去了我的生命。医生曾好心地对母亲说:

"这孩子肯定终生残疾了，与其让他痛苦你们也痛苦，不如算了……"母亲明白医生的意思，可她还是哭着恳求："救救这个孩子吧，不管他残成什么样，我都会养他一辈子！"

我奇迹般地活了下来。但由于小脑神经受到损伤，我像医生说的一样成了残疾：双手不能自由伸屈；嘴斜了，失去了准确的发音；脚也跛了，走路一瘸一拐……四五岁前的我完全是在床上和父母的背上度过的。直到6岁，我才开始蹒跚学步。那时的白天，父母上班，两个姐姐上学，家里只有我一个人，门反锁着，我的世界只是一个不足10平方米的小屋，阳光离我很远……

到了上学的年龄，父亲带着我到学校报名。老师说："这孩子残疾比较严重，还是等他长大一些再来报名吧！"这以后，每一个学年，父亲都带我去报名，但没有一次报上。

我一直记得12岁那个9月，父亲又带我去学校。已经有些懂事的我哭着求老师："收下我吧，我会好好学的！"父亲也说："收下这孩子吧，他做梦都想读书啊！我和他妈妈每天可以按时接送他，他的两个姐姐可以照顾他上厕所，不会给学校添麻烦的。"看得出，老师被感动了，她用手轻轻擦去我的泪水，说："孩子，不要哭，我们收下你！"然后将我的名字填写在了新生入学登记表上。我终于要上学了！母亲高高兴兴地给我买了书包和文具。但到学校公布一年级新生的名单时，还是没有我。看见我伤心，母亲安慰我："小三，你是个和别的孩子不一样的人，你不可能像人家那样去生活……要是你真想读书，爸爸妈妈在家教你。"就从那天开始，我走上了自学之路……

父母都只有小学文化。每天晚上，他们轮流给我上课，一个教语文，一个教数学，两个姐姐也在做完功课后为我批改作业。我的右手不能拿笔，我就锻炼着用稍稍灵活一些的左手写字。也许是因为我的年龄大了，理解能力较强，小学六年的课程，我竟只用了一年多的时间就全部学完，然后又开始中学阶段的自学。父母没有能力再教我了，两个姐姐也相继升入高中，紧张的学习使她们再没有时间来辅导我。于是，我只好自己啃姐姐们用过的课本……

1986 年，我 16 岁了。春节前的一天，我到离家不远的新华书店买书。回家途中路过烈士陵园，我不由自主地走了进去。天空下着毛毛细雨，面对一座座无声的墓碑，我心中忽然生出一种空灵、肃穆的感觉，强烈地涌起了要表达自己的冲动。回到家，在一张废纸上，我写出了生平第一首"诗"。此后，写诗就成了我生活中不可或缺的内容，我在缪斯的世界里寻找着心灵的慰藉和生命的意义。

然而，写作也并不像想像的那样容易。对于我，最大的困难首先是写字。我每写一个字都十分吃力，写字的速度总跟不上自己的思维，那种感觉苦不堪言。我有个小纸箱，里面装满了退稿。这些稿件经过漫长的周游又回到了我手里成为废纸，这对每写一个字都很困难的我是多么痛苦的事啊！许多时候，母亲不忍看我一次又一次失败，对我说："算了吧，我们再想别的办法。"可我不愿放弃，再难也一直坚持……

两年后，我的一首题为《回顾》的小诗终于在一家青年报上发表了！当样报寄来，看着自己的变成了铅字的诗作，我喜极而泣。

自从发表第一首诗后，我便一发而不可收，印有我名字的作品陆续在多家报刊上登出。1993 年，家里在经济条件并不宽裕的情况下，筹钱为我自费出版了诗集《青春雨季》；1994 年，我的诗集获得了成都市"金芙蓉文学奖"；1996 年，我又被四川省作家协会吸收为会员。到今天，我已在全国 100 多家报刊发表了 300 多首诗和 150 多万字……

今年我 30 岁，我知道，在以后的岁月，还会有更多的苦难和伤痛等着我，但我生命的花朵，既然从一开始就是在阳光之外开放，我已经没有什么可以畏惧！

在泥泞的路上行走，我们的
生命才能留下深深的足迹

李雪峰

鉴真和尚刚刚剃度空门时，寺里的住持见他天资聪慧又勤奋好学，心里对他十分赞许，但却让他做了寺里谁都不愿做的行脚僧。每天风里来雨里去，吃苦受累不说，化缘时还常常吃白眼，遭人讥讽挖苦。鉴真对此忿忿不平。

有一天，日已三竿了，鉴真依旧大睡不起。住持很奇怪，推开鉴真的房门，见鉴真依旧不醒，床前堆了一大堆破破烂烂的芒鞋。住持叫醒鉴真问："你今天不外出化缘，堆这么一堆破芒鞋做什么？"

鉴真打了一个哈欠说："别人一年一双芒鞋都穿不破，可我刚刚剃度一年多，就穿烂了这么多的鞋子，我是不是该为庙里节省些鞋子？"

住持一听就明白了，微微一笑说："昨天夜里下了一场雨，你随我到寺前的路上走走看看吧。"

鉴真和住持信步走到了寺前的大路上，寺前是一座黄土坡，由于刚下过雨，路面泥泞不堪。

住持拍着鉴真的肩膀说："你是愿意做一天和尚撞一天钟，还是想做一个能光大佛法的名僧？"

鉴真说："我当然希望能光大佛法，做一代名僧。但我这样一个别人瞧不起的苦行僧，怎么去光大佛法？"

住持捻须一笑："你昨天是否在这条路上行走过？"鉴真说："当然。"

住持问："你能找到自己的脚印吗？"

鉴真十分不解地说："昨天这路又坦又硬，小僧哪能找到自己的脚印？"

住持又笑笑说："今天我俩在这条路上走一遭，你能找到自己的脚印吗？"

鉴真说："当然能了。"

住持听了，微笑着拍拍鉴真的肩说："泥泞的路才能留下脚印，世上芸芸众生莫不如此啊。那些一生碌碌无为的人，不经风沐雨，没有起也没有伏，就像一双脚踩在又坦又硬的大路上，脚步抬起，什么也没有留下。而那些经风沐雨的人，他们在苦难中跋涉不停，就像一双脚行走在泥泞里。他们走远了，但脚印却印证着他们行走的价值。"

鉴真惭愧地低下头。从那以后，他年轻有力的脚印留在寺前的泥泞里，留在了弥漫着樱花醇香的扶桑泥土里。

在泥泞里行走，生命才会留下深刻的印痕。

命运因灵机一动而改变

晋　军

古时有位北方商人到南方贩茶叶，当他历尽艰辛到达目的地时，当地茶叶早已被其他商人抢购一空。情急之中，他突然心生一计，将当地用来盛茶叶的箩筐全部买下，当其他商人准备将所购茶叶运回时，才发现已无箩筐可买！无奈只得求助于这位商人。结果这位北方商人轻而易举地在想赚钱的人身上赚了一大笔，还省下了往北方运茶叶的运费和麻烦，直接将钱带回了家。

欧洲某地一书店有三种书积压甚多，就在经理决定削价出售之时，有位员工献了一计，将此书送给总统一本。过了几天，书店便派人催问总统"看了有何感受？"总统因忙于公务根本无暇看书，只得礼节性地说了一句"此书不错"。书店如获至宝，马上打出"总统最喜欢看的书"的牌子，很快出售一空，不久，这家书店又如法炮制，把第二本书送给总统，总统得知上次被人利用，这次没好气地说："此书糟透啦！"不料这比上次更管用，人们纷纷抢购，要看看"总统最讨厌的书"究竟是个什么样；当书店将第三本滞销书拿到总统面前时这次总统一言不发了。谁知这又成了最成功的广告——"总统懒得看一眼的书！"至此，多年积压的书全部都变成了钞票。

这一故事是否真实并不重要，当它是一则寓言也未尝不可。重要的是它能让我们得到一些启示："山重水复疑无路"与"柳暗花明又一村"在多数时候总是形影不离。

由买茶转为买装茶叶的箩筐，由削价书变成畅销书，四两拨转了千斤，灵机一动其实也是一种观念的转变。在很多时候，成功与失败之间只有一步之遥甚至一纸之隔，只是这"一步"或"一纸"不一定在您的正前方，它可能在您的左边或右边，还有可能在您的身后——这时不妨蓦然左顾蓦然右盼蓦然回首一下，说不定转机就在这一刹那。

我们无法改变我们的出身，
但我们有信心改变我们的命运

佚　名

好几年前，一位重要人士准备对南卡罗来纳州一个学院的全体学生发表演说，我前往听讲。那个学院不大，我到场时整个礼堂都充满了兴高采烈的学生，大家都对有机会聆听这位大人物的演说兴奋不已。经过州长简单介绍，演讲者走到麦克风前，眼光对着听众，由左向右扫视一遍，然后开口道：

"我的生母是聋子，因此没有办法说话，我不知道自己的父亲是谁，也不知道他是否在人间，我这辈子找到的第一份工作，是到棉田去做事。"

台下的听众全都呆住了，"如果情况不如人意，我们总可以想办法加以改变，"她继续说"一个人的未来不怎么样，不是因为运气，不是因为环境，也不是因为生下来的状况，"她轻轻地重复方才说过的话，"如果情况不如人意，我们总可以想办法加以改变。"

"一个人若想改变眼前充满不幸或不尽如人意的情况，"她以坚定的语气向下说，"只要回答这个简单的问题：'我希望情况变成怎么样？'然后全身心投入，采取行动，朝理想目标前进即可。"

接着她的脸绽现出美丽的笑容："我的名字是阿济·泰勒·摩尔顿，今天我以美国财政部长的身份，站在这里。"

只有冲破思维定式
才能主宰命运

朱华贤

有一则近于黑色幽默的小故事：

美国铁路两条铁轨之间的标准距离是 4.85 英尺。这是一个很奇怪的标准，究竟从何而来的？

原来这是英国的铁路标准，因为美国的铁路最早是由英国人设计建造的。那么，为什么英国人用这个标准呢？原来英国的铁路是由建电车轨道的人设计的，而这个 4.85 英尺正是电车所用的标准。电车轨道标准又是从哪里来的呢？原来最先造电车的人以前是造马车的，而他们是用马车的轮宽作为标准。好了，那么，马车为什么要用这个一定的轮距标准呢？因为如果那时候的马车用任何其他轮距的话，马车的轮子很快会在英国的老路上撞坏的。为什么？因为这些路上的辙迹的宽度为 4.85 英尺。这些辙迹又是从何而来的呢？答案是古罗马人定的，4.85 英尺正是罗马战车的宽度。如果任何人用不同的轮宽在这些路上行车的话，他的轮子的寿命都不会长。我们再问：罗马人为什么用 4.85 英尺为战车的轮距宽度呢？原因很简单，这是两匹拉战车的马的屁股的宽度。故事到此应该完结了，但事实上还没有完。下次你在电视上看到美国航天飞机立在发射台上的雄姿时，你留意看，在它的燃料箱的两旁有个火箭推进器，这些推进器是由设在犹他州的工厂所提供的。如果可能的话，这家工厂的工程师希望把这些推进器造得更胖一点，这样容量就可以大一些，但是他们不可以，为什么？因为这些推进器造好后要用火车从工厂运到发射点，路上要通过一些隧道，而这些隧道的宽度只比火车轨道的宽度宽了一点点。

故事是颇有趣的。从一定意义上说，今天世界上最先进的运输系统的设计，或许是由两千年前两匹战马的屁股宽度来决定的。历史惯性的力量是多么的强大，要冲破由惯性形成的规则又是多么的艰难！

历史是一笔财富，规则是一种秩序，但它们同时又可能是一种沉重而严酷的束缚。要想拥有财富，主宰命运，就必须大胆地挣脱束缚，勇敢地挑战规则。

世间任何征服和生命
相比都显得无足轻重

阿　治

有一劫犯在抢劫银行时被警察包围，无路可退。情急之下，劫犯顺手从人群中拉过一人当人质。他用枪顶着人质的头部，威胁警察不要走近，并且喝令人质要听从他的命令。

警察四散包围，但不敢离去。劫犯挟持人质向外突围。突然人质大声呻吟起来。劫犯忙喝令人质住口，但人质的呻吟声越来越大，最后竟然成了痛苦的呐喊。

劫犯慌乱之中才注意到人质原来是一个孕妇，她痛苦的声音和表情证明她在极度惊吓之下马上要生产。鲜血已经染红了孕妇的衣服，情况十分危急。

一边是漫长无期的牢狱之灾，一边是一条即将出生的生命。劫犯犹豫了，选择一个便意味着放弃另一个，而每一个选择都是无比艰难的。周围的人群，包括警察在内都注视着劫犯的一举一动，因为劫犯目前的选择是一场良心、道德与金钱、罪恶的较量。

终于，劫犯缓缓举起了枪——他将枪扔在了地上，随即举起了双手。警察一拥而上。围观者竟然响起了掌声。

孕妇已不能自持，众人要送她去医院。已戴上手铐的劫犯忽然说："请等一等，好吗？我是医生！"警察迟疑了一下，劫犯继续说，"孕妇已无法坚持到医院，随时会有生命危险，请相信我！"警察终于打开了劫犯的手铐。

一声洪亮的啼哭声惊动了所有听到它的人，人们高呼万岁，相互拥抱。劫犯双手沾满鲜血——是一个崭新生命的鲜血，而不是罪恶的鲜血。他的脸上挂着职业的满足和微笑。人们向他致意，忘了他是一个劫犯。

警察将手铐戴在他手上，他说："谢谢你们让我尽了一个医生的职责，这个小生命是我从医以来第一个从我枪口下出生的婴儿，他的勇敢征服了我。我现在希望自己不是劫犯，而是一名救死扶伤的医生。"

有时罪恶会被一个幼小的生命征服，不是因为他强大和伟大，而是仅仅在于他是一个需要生存权利的生命而已。生命的征服就是如此简单。

这是一个绝对真实的故事，它发生在美国的洛杉矶市，时间是1999年7月25日。

生命的挣扎虽然痛苦
但蜕变出生命的美丽

思　苇

那是一个初冬的早晨，呼呼的北风将太阳的光芒吹得柔弱无力，法桐的落叶被来往的车辆碾压着飞卷着，有的已经零落成泥。寒意使匆匆赶路的人们萎缩着，情不自禁裹紧了大衣。我正将头缩进衣领里走着，忽然听到一个怯怯的声音，先生，要买画儿吗？一个中年男子出现在我的前侧，目光中含着祈求。仔细看时，一脸的胡子，像秋天的荒草，身上背着一个编织袋缝制成的大包裹，卷着被褥，这之上，是一个破旧的画夹。承担这一重负的是有些孱弱的躯体，说他孱弱，不但是因为它的苍白和瘦弱，还有就是他不得不依靠一根拐杖保持平衡，因为他的左腿不知丢失在了什么地方。

在小城的路上行走，你经常会遇到一双乞讨的手执拗地挡住你的去路，大有不达目的誓不罢休的意味，让你的同情心在一次次或甘心或不甘心的施舍后逐渐变得麻木。这位中年男子很显然没有把自己沦为乞讨为生的一列。我有些惊奇了。

我说好啊！这位男子于是很惊喜的样子，将背上的行李很艰难地放下来，用手提了一下裤子——我看到将裤子捆在身上的是一根尼龙绳。他坐在行李上，将拐杖放在一旁，把画夹支在那根健全的腿上，说，我为你画素描，一会儿就行。

果不其然，画一会儿就完成了，很简单的几笔，画儿上的人物大众化的面孔，找不出我的特征，我虽然不懂绘画的妙处，但这画儿实在不敢恭维。他要两块钱，我给了他五块，他执意不肯，说，老弟，我不是乞讨的。说完一笑，这笑声透过胡子，变成水气，在空中手舞足蹈。

他又上路了，艰难地背起行李，架着拐杖，一蹦一跳地走进不断伸展的街道里，融入初冬的一片萧索之中。我呆呆地望着他的背影，一个词语忽然冒上我的心头：挣扎。

我没有问过他的身世，不知道这七尺之躯曾经饱受过怎样的屈辱与压抑，但他这种不向生命低头、不向生活乞讨的精神却使我深深地震撼了。这是一个真实意义的生命，完整的高贵的生命。是的，真正的生命决不在乎命运的摆布，无论何时何地，他都保持着生命的本色和灵魂的高贵，而不容亵渎。逾挫逾奋，越是困境就越是挣扎，卑微的生命因此散发出夺目的光辉。

挣扎首先是对命运的抗争。老子有句很发人深省的话，天地不仁，视万物为刍狗，任何生命的个体相对于浩渺的宇宙，都是那么微不足道。当我们小心翼翼、认认真真又信心百倍地为我们的明天放飞美丽的憧憬时，很多猝不及防的打击和挫折不知从哪个角落里冒出来，同我们不期而至，让我们的躯体和心灵承受生命超常的重量，把明天触手可及的美好变为镜花水月般模糊和遥远。有多少人，因此消沉，自暴自弃，甚至选择极端的方式了结生命。

鲁迅说，真正的勇士，敢于直面惨淡的人生。这勇士便是在逆境中的挣扎者。只有挣扎会使山穷水尽变得柳暗花明，会使悲剧性的生命变得悲壮而伟大。截瘫的史铁生坐着轮椅讲述遥远的清平湾的故事，是挣扎；残臂抱笔的朱彦夫写出 30 万字的极限人生，是挣扎；面对瘫痪不哭的桑兰用迷人的微笑征服了全世界，也是挣扎。没有挣扎就没有瞎子阿炳如泣如诉的二泉映月，就没有陆幼青死亡日记的生命回忆。

真正的挣扎，不仅仅是对躯体残缺和病痛的抗争，更多的是对灵魂的升华和改造。

生命需要的是适当的营养
营养过多便成祸害

刘燕敏

利奥·罗斯顿是美国最胖的好莱坞影星，他腰围6.2英尺，体重385磅。1936年在英国演出时，因心力衰竭被送进汤普森急救中心。抢救人员用了最好的药，动用了最先进的设备，仍没挽回他的生命。临终前，罗斯顿曾绝望地喃喃自语："你的身躯很庞大，但你的生命需要的仅仅是一颗心脏！"

罗斯顿的这句话，深深触动了在场的哈登院长，作为胸外科专家，他流下了泪。为了表达对罗斯顿的敬意，同时也为了提醒体重超常的人，他让人把罗斯顿的遗言刻在了医院的大楼上。

1983年，一位叫默尔的美国石油大亨也因心力衰竭住了进来，两伊战争使他在美洲的十家公司陷入危机。为了摆脱困境，他不停地往来于欧亚美之间，最后旧病复发，不得不住进来。

他在汤普森医院包了一层楼，增设了五部电话和两部传真机。当时的《泰晤士报》是这样渲染的：汤普森——美洲的石油中心。

默尔的心脏手术很成功，他在这儿住了一个月就出院了，不过他没回美国。苏格兰乡下有一栋别墅，是他十年前买下的，他在那儿住了下来。1998年，汤普森医院百年的庆典。邀请他参加，记者问他为什么卖掉自己的公司，他指了指医院大楼上的那一行金字，说："利奥·罗斯顿。"

后来我在默尔的一本传记中发现这么一句话：富裕和肥胖没什么两样，都不过是获得了超过自己需要的东西罢了。

我就是我最大的资产
请珍惜生命的价值

梅　尔

在一次讨论会上，一位著名的演说家没讲几句开场白，手里却高举着一张20美元的钞票，面对众人，他问："谁要这20美元？"

一只只手举了起来。

他接着说："我打算把这20美元送给你们中的一位，但在这之前，请准许我做一件事。"

他说着将钞票揉成一团，然后问："谁还要？"

仍有人举起手来。

他又说："那么，假如我这样做又会怎样呢？"

他把钞票扔在地上，又踏上一脚，并且用脚碾它，尔后他拾起钞票，钞票已变得又脏又皱。

"现在谁还要？"

还是有人举起手来。

"朋友们，你们已经上了一堂很有意义的课。无论我如何对待那张钞票，你们还是想要它，因为它并没有贬值，它依旧值20美元。人生路上，我们会无数次被自己的决定或碰到的逆境击倒，欺凌甚至碾得粉身碎骨。我们觉得自己似乎一文不值。但无论发生什么，在上帝的眼中，你们永远不会丧失价值。在他看来，肮脏或洁净、衣着齐整或不齐整，你们仍然是无价之宝。生命的价值不依赖我们的所作所为，也不依仗我们结交的人物，而是取决于我们本身！你们是独特的——永远不要忘记这一点！"

一生拥有一种品质
便可受用无穷

流　沙

德国有一位尽责的扳道工，有一次，他接到通知，有两列火车即将通过车站，让他为其中一列扳道岔。

就在准备扳道岔的时候，他突然发现自己的孩子站在铁轨当中玩，对即将驶来的火车毫无察觉。

一念之间，他想跑过去，抱出孩子，但如果救了孩子再回来扳道岔，就来不及了，两列火车相撞可能造成数百人伤亡。危急关头，扳道工对孩子大吼一声："快趴下！"随即迅速扳好道岔，火车呼啸而过。

扳道工瘫倒在地，不敢看对面的铁轨。但是，孩子还活着。原来孩子听到了父亲的呼喝，马上趴在了铁轨中间。火车驶过孩子毫发未损。

这件事被德国皇帝知道了，他认为扳道工十分了不起，不仅褒扬了他，还奖给他一枚荣誉勋章。可是，许多人认为没必要再授给他代表最高荣誉的勋章。

官方向公众解释说："一个人要做到尽职是应该的，也许你们都能做到。但是，要教育出一个在生死关头，能听从父亲，配合默契的孩子，那就难多了。这是一枚奖给父亲的勋章。"

平凡是一种风度，生命的
辉煌就寓于这风度之中

吴晶洁

日子就这么悠悠地往前奔去，清清淡淡，平平凡凡，如水长流。在这些庸常的日子里，凡人亦悠悠，悠出自己的风度来。

世事纷繁，岁月骎骎，惊世骇俗、惊天动地者寥若晨星，大多数人如我一般走不出平凡，又乐于在平凡之旅中默默行走。

凡人在平平淡淡、从从容容的气魄中，领略所有现实中追求人生的生命象征，顶狂风、战恶浪，善解人意，宽厚豁达，懂得珍重别人，学会请求原谅，也会原谅别人的过失，重事业、重友情，喜欢高山流水，喜欢四季风景，活出的是惟一的自己、潇洒的自己。人世炎凉，人情百态，看淡看轻，乐也何妨，怒也何妨？

平凡不仅是一种风景，而且还是一团直逼心灵的威仪，它饱经风霜赢得人们以虔诚的心去探寻生命的意义，以此来证明一个平凡而又非凡的真理：平中有奇，凡而不俗。

平凡人自有自己的乐趣，我们在平淡的心绪中听音乐，或者以平淡的心境去欣赏碎雨敲窗，一任浮想联翩，这时，总有一种平淡如水的心情在这种氛围里，平凡得使人更想体味生活，热爱生命，平凡得使人更加珍惜这种独特的心境。

平凡是一种境界。

大地平凡，你会惊诧于这平凡中的美丽。

季节平凡，你会发现于这平凡中的永恒。

生命平凡，你会体味到这平凡中的珍贵。

在这种平凡的境界中，我们行得正、走得稳，高视稳步，坦坦荡荡，行进在生命的道路上，以凡人的追求、凡人的生活方式去感受世界，重新开拓生命的价值和意义。

平凡也是一种风度。

平凡的温暖，裹紧我们的饥寒。

平凡的文明，遮住我们的纯朴。

平凡的精神，支撑我们的灵魂。

生命的辉煌就在于这种风度之中。乐为平凡之辈而不落入平庸之流，不甘屈辱，不甘沉默。生命即使没有英名彪炳史册，为后世人所仰慕，却也无不让人感到一种生存的神圣与尊严，一种轰轰烈烈的大恨大爱。

只要拥有生命，就拥有与生命相连的爱、歌声、庄严、伟大……

林清玄

我常觉得，生命是一项奇迹。

一株微不足道的小草，竟开出像海洋一样湛蓝的花。

一双毫不起眼的鸟儿，在树头唱出远胜小提琴的夜曲。

在山里完全没有人看见的地方，一颗大树几千年自在地生长。

在冰雪封冻的大地，仍有许多生命在那里唱歌跳舞，保有永不枯竭的暖意。

当我们在星夜里，抬头望向无垠的天际，感于宇宙之大真要叫人落泪，这宇宙里有无数的星球，我们的地球在星球之中有如整个海岸沙滩的一粒沙，那样不可思议的渺小。

但在这样渺小的地方，有着生命、有着爱、有着动人的歌声，这样落实下来，就感到人是非常壮大而庄严的，生活在我们四周的生命也一样的庄严而壮大。

生命是短暂的，然而即使不断的生死，也带不走穿过意识的壮大与庄严之感。

今天在乡下的瓜棚看见几个绿色的瓜成熟了，我怀着感恩之心看着这几个瓜，看呀！一切都是现成的。这世界从不隐瞒我们，它是那样的简单和纯粹！

就是一个瓜，也是明明白白，感恩地来面对世界。

人不是可以注入任何液体的空瓶

崔鹤同

"人不是可以注入任何液体的空瓶"。这是俄国文学批评家皮萨列夫的一句名言。细细体味，此话看似波澜不惊，却寓意深远，振聋发聩。

人生就如一只空瓶，但不可随意向里注入任何液体。它如若装满了卑劣和庸俗，决然装不进伟大和崇高；一旦被虚伪和凶残所占据，纯真和善良便无法容身；有了自私和冷酷，便失去博爱和热情……

当我们为自己的房子、票子、位子整日忙忙碌碌，当我们的生活一天好似一天，但我们的神经却依然绷得紧紧的，我们的心情依然非常沉重，没有一天感到轻松，感到欢乐。这是为什么？

是的，我们的人生之瓶里，如若满装着欲望和为之奋争不息的操劳，当然无法容纳安宁与祥和，塞满了无穷无尽的浮躁与烦恼，宁静与欢愉当然被驱逐得无影无踪。

一个想献身于人类公益事业的人，他必将无暇去顾及自己物质上的私利。两次诺贝尔奖获得者居里夫人，她和比埃尔·居里新婚燕尔，搬进了五层楼上的三间小屋。他们的会客室里，只摆着一张简单的餐桌和两把椅子。后来，居里的父亲来信对他们说，他准备送给他们一套家具，问他们需要什么样的家具。看完信后，居里若有所思地说："有了沙发和软椅，就需要人去打扫，在这方面花费时间未免太可惜了。"

居里对新婚妻子说："不要沙发可以，我们只有两把椅子，再添一把怎么样？客人来了可以坐坐。"

"要是爱闲谈的客人坐下来，又怎么办呢？"居里夫人提出反对意见。

最后他俩决定，不再添置任何家具了。后来，客人来了，看见只有主人两把椅子而没有他的坐处也只好说完事就走。正如居里夫人后来所说："我在生活中，永远是追求安静的工作和简单的家庭生活。"正因为他们远离人事的侵扰和盛名的渲染，才在科学探索的道路上攀上了光辉的顶点。

淡泊明志，宁静致远。一个人要想在事业上有所建树，就必须潜心学问，心无旁骛，矢志不渝。钱钟书是个"名副其实"的大学者，他一生只钟情于书，博闻强识，学贯中西，辛勤探索，著作等身，饮誉海内外。他一生深居简出，甘于寂寞，淡泊名利。他拒绝美国普林斯顿大学的重金聘请并拒领法国政府授予的勋章，拒当"东方之子"。一次英国女王访问中国，国宴陪客名单上点名请钱钟书出席，他竟称病辞掉。事后，有人私下问及此事时，钱钟书道："不是一路人，没有什么可说的。"真是大智若愚，大音若稀。

人生之瓶，注入高尚与纯粹，人的一生将显得光明磊落，冰清玉洁。

感悟生命

王文根

生活中，我们在哀叹生命不幸，在等待希望的瞬间，时间像一只顽皮的小精灵窃笑着与我们擦肩而去。时间一天一天地过去，童年的无忧无虑早已如梦般散去，少年的浪漫往事，也伴随着日历，飘逸在岁月的风中……

时光飞逝，往事烟云如歌，也只能存在记忆的光盘中，而未来的时光又如一条无声的河流，在浩浩荡荡地、义无返顾地向身后延伸。岁月如梭，然而生命依然如苍穹的云朵那般轻盈，又如春天的原野般美丽而恬静……

打开人生的第一页日历，就如掀开一张崭新的图画，岁月的年轮在春天的脚步中增长，生命也在风的呼吸中升华。

在罗大佑的《童年》和朱自清的《时间》感悟中，我逐渐明白了：人生的真正含义，难道不是制定一个又一个生活的目标，然后去逐步实现吗？而有的目标不也将是我们一生的追求吗？

细细想来，人生中有许多困难和失败，只能算是岁月之歌中的一串不协调的颤音。通过勤奋和拼搏，仍然能奏出生命乐章的动听之音，同样会赢得热烈的喝彩！贫困、疾病，以致生命中更多劫难的降临，都是命运逼迫你去创造和珍惜重新开始的机会，让你有朝一日苦尽甘来，虽然曾经因为劫难，遭受到打击与嘲讽，但在一个美丽的春天，你最终还是会奏响生命乐章，唱出自己最美妙的歌！

生命是用关爱和拼搏
铺就的一段精彩旅程

曹雅丽

生命是什么？

是碧水青山之侧的精致庄园，是百万富翁餐桌上的如山美味，还是奢侈排场上的弹指万金？……

打开报纸，看看电视，洪水、地震、谋杀、疾病、贫困、轰炸、倾轧……，满眼都是愁苦中不屈挣扎的生命。

我们辛苦、忙碌、奔走、颠簸、殚精竭虑、惨淡经营、锱铢必较……

我们不惜青丝暮雪，换来无尽的食物，又用豪饮暴食换来气喘体衰和药瓶医罐；我们不顾手老茧黄摩挲过每一片砖瓦，精心搭建起壮美森严的壁垒，巨大的牢笼禁锢着我们，长年拖长我们孑立的身影，回荡着一双拖鞋踏地的余响……我们抢夺着权力之剑，把它攥得太紧，超过了持柄，错抓了剑身，被割得溅血刺骨，伤及了我们自身；我们争相戴上光芒四射的皇冠，难于移首旁观璀璨明媚的阳光、清脆宛转的鸟鸣，潺缓清澈的溪流和蓬勃的姹紫嫣红……我们更忘记了变幻斑斓的天穹，宁静神奇的雪峰，苍茫开阔的草原，空旷壮丽的沙漠，峥嵘巍峨的高山，雄浑澎湃的江海……

我们在走向繁华中走向贫困，走向簇拥中走向孤单，走向文明中走向野蛮，在无度掠取中无度失去……

生命到底是什么？

生命是初生的无知，少年的纯真，青年的朝气，成年的稳健，老年的不息。

生命是母亲的慈爱，父亲的保护，朋友的关怀，爱人的怜惜及一切感情的交织。

生命是落山的太阳，峭壁上的青松，行将熄灭的蜡烛，一闪即逝的流星。

生命是用关爱和拼搏铺就的一段精彩旅程。

山穷水尽的地方
往往会柳暗花明

刘　塘

赌场里有一种高手，他四处游走，专门注意那些已经守在同一架老虎机之前几个小时，却输多赢少的客人。

当那客人输光了手上的筹码，气得跳脚，终于自认倒霉，离开那架机器时，这高手就立刻取而代之。

令人吐血的是，常常前面的客人还走不到几步，突然听见背后的机器狂响，回头只见机器上的红灯直闪，他枯坐几个小时，赔下几百几千的那架老虎机，居然正在狂吐钱币。

大捞一票的，正是那位高手。

在香港的股市，有所谓跳楼指数。

当股市狂跌，许多投资人血本无归，绝望得跳楼自杀时，就有等待许久的高手入场。

往往他们进场没几天，股市就止跌回升了。

绝望的那一刻，往往是希望的开始。

危机的尽头，往往就是转机。

山穷水尽的地方，往往就会柳暗花明。

当你在人生的赌场已经绝望，打算离场的时候，注意，正有人兴致勃勃地打算入场。

只要你再坚持一刻，成功就是你的！

人生很简单，只要懂得"珍惜、 知足、感恩"就拥有生命的光彩

佚　名

有一个人去应征工作，随手将走廊上的纸屑捡起来，放进了垃圾桶，被路过的考官看到了，他因此得到了这份工作。

原来获得赏识很简单，养成好习惯就可以了。

有个小弟在脚踏车店当学徒。有人送来一部坏了的脚踏车，小弟除了将车修好，还把车子擦拭得光亮如新，其他学徒笑他多此一举，车主将脚踏车领回去的第二天，小弟被挖到他的公司上班。

原来出人头地很简单，吃点亏就可以了。

有个小孩对母亲说："妈妈，你今天好漂亮。"母亲问："为什么?"小孩说："因为妈妈今天没有生气。"

原来要拥有漂亮很简单，只要不生气就可以了。

有个牧场主人，叫他的孩子每天在牧场上辛勤工作，朋友对他说："你不需要让孩子如此辛苦，农作物一样会长得很好的。"牧场主人回答说："我不是在培养农作物，我是在培养我的孩子。"

原来培养孩子很简单，让他吃点苦头就可以了。

住在田里的青蛙对住在路边的青蛙说："你这里太危险，搬来跟我住吧!"路边的青蛙说："我已经习惯了，懒得搬了。"几天后，田里的青蛙

去探望路边的青蛙，却发现它已被车子轧死，暴尸在马路上。

原来掌握命运的方法很简单，远离懒惰就可以了。

有一只小鸡破壳而出的时候，刚好有只乌龟经过，从此以后小鸡就背着蛋壳过了一生。

原来脱离沉重的负荷很简单，放弃固执和成见就可以了。

有几个小孩很想当天使，上帝给他们一人一个烛台，叫他们保持烛台光亮。结果几天过去了，上帝都没来，几乎所有小孩都不再擦拭那烛台。有一天上帝突然造访，他们每个人的烛台上都蒙上了厚厚的灰尘。只有一个小孩大家都叫他笨小孩，因为上帝没来，他也每天都擦拭，结果这个笨小孩成了天使。

原来当天使很简单，只要实实在在去做就可以了。

有头小猪向神请求做他的门徒，神欣然答应。这时刚好有一头小牛由泥沼里爬出来，浑身都是泥，神对小猪说："去帮他洗洗身子吧!"小猪诧异地答道："我是神的门徒，怎么能去侍候那脏兮兮的小牛呢?"神说："你不去侍候别人，别人怎会知道你是我的门徒呢?"

原来要变成神很简单，只要真心付出就可以了。

有一支淘金队伍在沙漠中行走，大家都步履沉重，痛苦不堪，只有一个人快乐地走着。别人问："你为何如此惬意?"他笑着说："因为我带的东西最少。"

原来快乐很简单，拥有少一点就可以了。

人生的光彩在哪里?

早上醒来，光彩在脸上，充满笑容地迎接未来。

到了中午，光彩在腰上，挺直腰杆活在当下。

到了晚上，光彩在脚上，脚踏实地做好自己。

原来人生也很简单，只要懂得"珍惜、知足、感恩"，你就拥有了生命的光彩。

只要对自己的生命充满爱，任何沉重的打击也就显得无足轻重了

刘墉

住 33 号那会儿，左邻 32 号是个老人。

老人一生相当坎坷，多种不幸都降临到他的头上：年轻时由于战乱几乎失去了所有的亲人，一条腿也丢在空袭中；"文革"中，妻子经受不了无休止的折磨，最终和他划清界限，离他而去；不久，和他相依为命的儿子又丧生于车祸。

可是在我的印象之中，老人一直矍铄爽朗而随和。我终于不怕冒昧地问："你经受了那么多苦难和不幸，可是为什么看不出你有伤怀呢？"

老人无言地将我看了很久，然后，将一片树叶举到我的眼前："你瞧，它像什么？"

这是一片黄中透绿的叶子，这时候正是深秋。我想这也许是白杨树叶，至于像什么……

"你能说它不像一颗心吗？或者说就是一颗心？"

老人将树叶更近地向我凑凑。我清楚地看到，那上面有许多大小不等的孔洞，就像天空里的星月一样。

老人收回树叶，放到手掌中，用那厚重而舒缓的声音说："它在春风

中绽出，阳光中长大。从冰雪消融到寒冷的秋末，它走过了自己的一生。这期间，它经受了虫咬石击，以致千疮百孔，可是它并没有凋零。它之所以享尽天年，完全是因为对阳光、泥土、雨露充满了爱。对自己的生命充满了爱，相比之下，那些打击又算得了什么呢？"

老人最后把叶子放在了我的书桌上，他说："这答案交给你啦，这实在是一部历史，然而更是一部哲学啊。"

如今我仍完好无损地保存着这片树叶。每当我在人生际遇中突遭打击的时候，我总能从它那里吸取足够的冷静和力量，不论处在怎样的艰难之中，总能保持一份乐观向上的精神。

生命是一段行程，坚持和放弃是这一行程的真实与永恒

陈　旭

苏格拉底是古希腊的大哲学家，他曾经给他的学生出过两道考题。第一道考题是这样的：

一天，他对学生们说："今天咱们只学一件最简单也是最容易的事，即把你的手臂尽量往前甩，再尽量往后甩。"然后自己示范了一遍，"从现在开始，每天甩臂300下，大家能做到吗？"

学生们可能感到这个问题可笑，这么简单的事怎么能做不到呢？都齐刷刷地回答："能！"

过了一月，苏格拉底问道："每天甩臂300下，哪些同学坚持了？"有

90％以上的学生骄傲地举起了手。

两个月后，当他再次提到这个问题时，坚持下来的学生只有80％。

一年后，苏格拉底再次问道："请你们告诉我，最简单的甩臂运动，还有哪些同学坚持每天做？"这时候只有一个学生举起了手，这个学生叫柏拉图，他后来成了古希腊的另一位大哲学家。

还有一个故事讲道。苏格拉底曾经给他的学生们又出了一道难题，让他们每个人沿着一垅麦田向前走去，不能回头，摘一束麦穗，看能不能摘到最大最好的。

对苏格拉底的这道考题，答案不外乎两种：一种是学生们根据自己平时的经验，先在自己的心里定下一个大体的标准，走上一段特别是在走过一半或三分之一的路程后，遇见差不多的便摘下来。也许这就是最好的，也许后面还有比这更好的，但不能好高骛远，就这样"认了"。另一种答案是一直往前走，总觉得前面会有更好的麦穗。这时要么放弃选择，宁缺勿滥，要么委屈自己，凑合着摘一束，而心里却是万分懊悔。

苏氏的两道考题，第一道启发人们，成功在于坚持，坚持是最容易做到的事，只要愿意，人人都能做到；坚持又是最难的事，因为真正能做到的，终究是少数人，柏拉图坚持做到了，他后来就能成为古希腊的另一位大哲学家。也许正因为柏拉图做到了这一点，他给后人留下一句名言："耐心是一切聪明才智的基础。"这应当说是经验之谈，也是肺腑之言。

苏氏的第二道考题则告诉我们，在追求目标时要把握好选择度。我们在自己的奋斗和追求过程中，应为自己定好坐标，通盘审视，在适宜自己发展的情况时就要当机立断，莫要迟疑，选择出属于自己的那束"麦穗"。千万不要左挑右挑，挑花了眼，挑走了神，其结果事与愿违，高不成低不就。

　　凡事讲起道理来好说，真正办起来总有一定的距离。"坚持"和"选择"，看起来是两码事，实际上又有着协调统一的一面。坚持是对一个人意志和品德的考验，选择是对一个人洞察力的检验，选择离不开判断与比较，离不开对自身的定位。只有志向明确，深思熟虑，选择才可能正确，才有可能达到最佳效果。

　　一个人只要对自己和社会负责，谨慎为其定位，并能坚持不懈、持之以恒，要成就大业，就不会怎么难。

无论路途多么崎岖
让我们继续前进

杏林子

　　在《圣经·出埃及记》里，说到摩西带领以色列人出埃及，过红海来到旷野，走了三天都找不到水喝，好不容易到了玛拉，却发现那儿的水是苦的，百姓不由得大发怨言，诉苦不已。他们不知道，只要再走一段路程，紧接着就到了以琳，那里有泉水和棕树，可以让他们安安稳稳、舒舒服服地扎营休息。

　　"行百里，半九十"，最后一段路往往是最艰苦难行的。因为，开始的时候，人凭着一股冲劲，雄心万丈，希望无穷，然而，经过长途跋涉，精疲力竭，信心开始动摇，意志渐渐松懈，不免对自己怀疑，对前途绝望，许多人因此不能坚持到底，以致前功尽弃。

　　哥伦布在他每天的航海日志上最后一句总是写着："我们继续前进！"

这句话看似平凡，实则包含无比的信心和毅力。就凭着这一股大无畏的精神，他们向着茫茫不可知的前途挺进，横跨惊涛骇浪，历经蛮荒野地，克服了无限的艰难险阻，终于发现了新大陆，完成了历史上惊人的壮举。

真正的英雄，他遇到的是
全身的伤痕、孤单的长途
愈来愈真切的渺小感

佚 名

很久很久以前，在一个很远很远的地方，一位老酋长正病危。

他找来村中最优秀的三个年轻人。对他们说：

"这是我要离开你们的时候，我要你们为我做最后一件事。你们三个都是身强体壮而又智慧过人的好孩子，现在，请你们尽其可能的攀登那座我们一向奉为神圣的大山。你们要尽其可能爬到最高的、最凌越的地方，然后，折回头来告诉我你们的见闻。"

三天后，第一个年轻人回来，他笑生双靥，衣履光鲜："酋长，我到达山顶了，我看到繁花夹道，流泉淙淙，鸟鸣嘤嘤，那地方真不坏啊！"

老酋长微笑说："孩子，那段路我当年也走过。你说的鸟语花香的地方不是山顶，而是山麓。你回去吧。"

一周以后，第二个年轻人也回来了，他神情疲倦，满脸风霜：

"酋长，我到达山顶了。我看到高大的肃穆的松树林，我看到秃鹰盘旋，那是一个好地方。"

"可惜啊！孩子，那不是山顶，那是山腰。不过也难为你了，你回去吧！"

一个月过去了，大家都开始为第三位年轻人的安危担心，他却一步一蹭，衣不蔽体地回来了。他发枯唇燥，只剩下清炯的眼神。

"酋长，我终于到达山顶。但是，我该怎么说呢？那里只有高风悲旋，蓝天四垂。"

"你难道在那里一无所见吗？难道连蝴蝶也没有一只吗？"

"是的，酋长，高处一无所有。你所能看到的，只有你自己，只有'个人'被放在天地间的渺小感，只有想起千古英雄的悲激心情。"

"孩子，你到的是真正的山顶。按照我们的传统，天意要立你为新酋长，祝福你。"

真英雄何所遇？他遇到的是全身的伤痕，是孤单的长途，以及愈来愈真切的渺小感。

生命的美丽不在于怎样完美
而在于怎样完善

吴天明

离开意大利撒丁岛时，来自德国的莉娜把那件天蓝色的泳装扔进了大海，喷涌而出的泪水滑过脸颊。她赤裸着上身，任凭阳光和海风抚摩自己丰满而健美的乳房。而陪她来度假的姐姐，忧郁地按下了相机的快门，在胶片上留下了这惊艳的一瞬。

数个月前的一天，刚刚离婚不久的莉娜和女儿絮絮叨叨地通着电话，月光有些意味深长地从窗外透过来，女儿娇嗔的声音唤醒了她内心深处的母爱，她的手几乎是下意识地触摸了一下自己的乳房，她感觉到了异样，乳头下仿佛有个肿块。

第二天，她就去了一家诊所做检查，当一脸严肃的放射科医生说是"需要照一张更大的片子"时，她渐渐感到紧张，事情正如她预感的一样糟糕，刚刚 29 岁的她竟然得了可怕的乳腺癌。

莉娜在是不是做手术时犹豫了很久，她感到害怕，一想到医生要切掉她的一只乳房，她就不寒而栗。这段日子持续了差不多一年，直到在胳膊上又发现了另一个肿块，她才不敢掉以轻心了。在医院给她做检查的医生说："莉娜，你得珍惜自己的生命。"这句话震撼了莉娜，她下决心进行手术。而这次意大利之行，是她最后一次用完美的身躯与大海亲近。

当她从麻醉中醒来，看着纱布裹着的伤口，一种奇异的放松感涌上心头。令人难堪的夏天过去之后，莉娜终于习惯了人们注视她胸部的奇异目光。为了鼓励那些和她有同样经历的女性直面人生，她让《明星》杂志在封面刊登了自己赤裸着上身的照片。莉娜自信地微笑着，少了一只乳房的女人依然美丽。

因为恐惧而差点被死亡吞没的莉娜感到由衷的庆幸，病魔并没有想象的那么可怕，是信心和勇气让自己获得了再生。

在失去与得到之间，莉娜真正理解了生命的意义。

感悟生命的意义　从无心之过开始

（美）保罗·奥伦

华特是城市里出生的男孩，父亲是一名建筑商。他还未满 5 岁，父母就从芝加哥搬到密苏里州马塞林市附近的一座农场。在那里，华特第一次接触到了死亡。

华特 7 岁那年夏天的一个下午，正好是小伙子到外面去寻幽探胜的好时节。从一丛柳树过去，就是一座苹果园，华特看见那里一棵树的低枝上，正栖息着一只猫头鹰，显然是在熟睡。

这孩子愣住了。他记得父亲告诉过他，猫头鹰白天休息，夜晚才出去猎食。如果把这只好玩的小鸟拿回去作为宠物，那该多好啊！只要华特悄悄地走过去，不惊醒它，一把将它抓住就行了。

小华特逐渐走近，最后抓到了鸟的两条腿。但是猫头鹰突然惊醒，劲力比华特所见过的任何动物都大。它扑腾翅膀，眼露凶光，惊惶大叫，拼命想挣脱孩子的手。华特大吃一惊，但是仍紧抓着不放。

接着发生了什么事情以及是怎样发生的，现在很难想象。不过在某一个时间，这个仍然紧抓着那只惊惶小鸟的惊惶孩子，突然把它摔到地上踩死了。一场斗争过后，华特望着地上的一摊鲜血和一堆凌乱的羽毛，连自己也不能相信。于是他哭了。

华特跑出了果园，但是稍后又再回来，埋葬了这只他原先想当作宠物饲养的猫头鹰。此后数月中，这只猫头鹰常在他梦中出现。

他为此事感到惭愧，直到多年之后才肯将此事告诉别人。但是，这时世人已经饶恕他了。·因为在那个令他难过的夏天，华特已悟出了生命的意义——从此再也不肯戕害生灵了。

虽然那只小猫头鹰不能复活，可是它的死亡却使无数动物得到了永生。也许就是在那个时候，一位7岁男孩为了补偿他的无心之过，于是开始绘画各种动物，任由它们在森林中自由活动。这么一来，他也拥有它们。这些动物在华特无与伦比的不朽艺术中，得到了永生。

青春就是太阳

邓康延

中国的神话中，《夸父逐日》的故事最为悲壮。当他一路追到太阳入口处时，焦渴难耐，一口气喝干了黄、渭两条河水，最终仍渴死在路上，遗下的手杖变成了邓林。

后来，有两位诗人神游了邓林，各留下了一首气贯长虹的诗。

台湾壮年诗人余光中长吟道：

"……壮士的前途不在昨夜，在明晨

西奔是徒劳，奔回东方吧！既然是追不上了，就撞上"。

而大陆青年诗人杨炼对夸父的批评更是直截了当：

"他才一上路

便已老了

因为青春就是太阳。"

从茫然地追寻太阳，到聪明地撞上太阳，再到勇敢地成为太阳，实在是国人步步攀援向上的象征啊！

于是，超越昨天的自我，就成为当代青年的另一种逐日壮景，只因为——青春就是太阳。

回归到零
是生命质量的重要提升

刘燕敏

一切从零开始，最终还要回归到零。

早晨太阳从东方升起，一夜之后它又回归到东方。

巍峨的高山，顶着千年的积雪；沧桑的大地上奔流着古老的江河，回归到原来的地方去，沉睡着的冰雪，也是如此思索。

狡辩者无论怎么咆哮，强词夺理的人不论说得多么圆滑和机巧，平静之后，都会落入真实给他们设下的圈套。同样，谬误无论跳得多么高，都要回到真理在大地上给它挖好的那个槽。

天真烂漫的儿童，经过世事的风霜，变得稳重而刚强，更甚者成为风云人物，成了国家的栋梁。可是，有一天他们的孙子发现坐在花园躺椅上的爷爷正用礼帽捕捉着阳光，那笑容与神情和三岁时的照片上一样。

回归，温柔而有力；回归，仁慈而冷峻；回归，不知不觉又韧性十足。然而，回归的真正面目是圆满。

竞技场上，无论你跑五千还是一万，若不回到起点，你的成绩永远以零计算。

飞往其他星球的飞船，若不能返回地面，就被称为是一次失败的试验。

生命需要呵护，方能完成使命

么传说

春天，在刚从冬眠中醒来的大树下，一棵小草探出了鹅黄的头，他们从此成了邻居。

他们的日子很舒心很惬意。白天，他们听鸟儿欢歌，看花儿争艳；晚上，他们与星星谈心，同露珠交流。

后来，不幸降临了。这一年遇上了前所未有的大旱，野草、鲜花、树林都大片大片地死去。大树和小草也在痛苦里挣扎。

"大树，我……我不行了。"小草呻吟。

"不，我们要活下去。"

大树用半焦的身躯挡住了太阳毒辣辣的火舌，咬紧牙，忍受着她疯狂的噬咬。太阳落山了，大树顾不得抚抚自己淌血的伤口，舒展开斑痕累累的四肢，把一丝丝微薄的湿气聚成滴滴露珠，小心地注入小草的躯体，把她拉出死亡的边缘。

夏雨终于返回他们的家乡，危难过去了。小草无限感激地仰望着大树说："您为什么要牺牲自己来帮助我呢？我这么渺小卑微，对您能有什么回报呢！"

大树笑笑："我也曾是一棵小草。我有危机的时候，同样受过别人慷慨的赠予，若说回报，我怎么回报蓝天、大地、雨露、春风他们呢?"小草想了很多很多。

秋天，她走完了生命的旅程，化为一撮泥土，溶进了大地的血脉。

春风又起，大树周围，又泛起点点新绿。

美丽的人生从改变自己开始

朱 砂

1930年初秋的一天，东方刚刚破晓，一个只有1.45米的矮个子青年从位于日本东京目黑区神田桥不远处的公园的长凳上爬了起来，他用公园里的免费自来水洗了洗脸，然后从容地从这个"家"徒步去上班。在此之前，他因为拖欠了房东七个月的房租已经被迫在公园的长凳上睡了两个多月了。

他是一家保险公司的推销员，虽然每天都在勤奋地工作，但收入仍少得可怜，为了省钱，他甚至不吃午餐、不搭电车。

一天，年轻人来到一家名叫"村云别院"的佛教寺庙："请问有人在吗?""哪一位啊?""我是明治保险公司的推销员。""请进来吧!"

听到"请"这个字，年轻人喜出望外，因为在此之前，对方一听到敲门的是推销保险的，十个人中有九个会让来人吃闭门羹，有时即使有人会让推销员进门，态度也相当冷淡，更不要说"请"了。

年轻人被带进庙内，与寺庙住持吉田相对而坐。寒暄之后，他见住持无拒人之意，心中暗暗叫好，接下来便口若悬河、滔滔不绝地向这位老和尚介绍起投保的好处来。

老和尚一言不发，很有耐心地听他把话讲完。然后平静地说："听完你的介绍之后，丝毫引不起我投保的意愿。"年轻人愣住了，刚才还信心十足的他仿佛膨胀的气球突然被人扎了一针，一下子泄了气。

老和尚注视着他，良久，接着又说："人与人之间，像这样相对而坐的时候，一定要具备一种强烈吸引对方的魅力，如果你做不到这一点，将来就没什么前途可言了。"年轻人哑口无言。老和尚又说了一句："小伙子，先努力改造自己吧……"

从寺庙里出来，年轻人一路思索着老和尚的话，若有所悟。

接下来，他组织了专门针对自己的"批评会"，每月举行一次，每次请五个同事或投了保的客户吃饭，为此，他甚至不惜把衣物送去典当，目的只为让他们指出自己的缺点。

"你的个性太急躁了，常常沉不住气……""你有些自以为是，往往听不进别人的意见，这样很容易招致大家的反感……""你面对的是形形色色的人，你必须要有丰富的知识，你的常识不够丰富，所以必须加强进修，以便能很快与客户寻找到共同的话题，拉近彼此间的距离……"

年轻人把这些可贵的逆耳忠言一一记录下来，随时反省、勉励自己，努力扬长避短、发挥自己的潜能。

每一次"批评会"后，他都有被剥了一层皮的感觉。通过一次次的批评会，他把自己身上的缺点一点点剥落了下来。随着缺点的消除，他感觉到自己在逐渐进步、完善、成长、成熟。

与此同时，他总结出了自己含义不同的 39 种笑容，并一一列出各种笑容要表达的心情与意义，然后再对着镜子反复练习，直到镜中出现所需要的笑容为止。他甚至每个周日晚上都要跑到日本当时最著名的高僧伊藤道海那儿去学习坐禅。

一次次"批评"、一次次坐禅使这个年轻人开始像一条成长的蚕，随着时光的流逝悄悄地蜕变着。到了1939年，他的销售业绩荣膺全日本之最，并从1948年起，连续15年保持全日本销量第一的好成绩。

1968年，他成为了美国百万圆桌会议的终身会员。

这个人就是被日本国民誉为"练出值百万美金笑容的小个子"、美国著名作家奥格·曼狄诺称之为"世界上最伟大的推销员"的推销大师原一平。

"我们这一代最伟大的发现是，人类可以经由改变自己而改变生命。"原一平用自己的行动印证了这句话，那就是：有些时候，迫切应该改变的，或许不是环境，而是我们自己。

能破茧成蝶就能获得
生命的欢愉与快慰

单士兵

乡居年代，我曾在蚕房里住过两年。我洞悉蚕在其生命轮回过程中每一个隐秘的细节。由黑珍珠一般的子儿，到肉嘟嘟的蚕儿，到沉睡茧中的蛹，最后羽化成蛾，这个神秘的精灵就完成了一次生命的变异。

观察这样的过程是需要耐心的。不过，我愿意等，我始终认为这样的等待本身就是诗意的。当可爱的蚕儿吸取了充足的甘草润泽后，便用生命的丝线织茧而栖，沉沉而睡。生命被无尽期的黑暗覆盖，沉埋于寂静之中。其实，它是在做一个坚实的梦，蕴蓄着一次生命的复活。

终于，它咬破自己织制的茧子，出来了，由蛹化蛾，完成了生命本质的飞跃，给我惊喜的震颤。请原谅我的固执，让我称它为蝶。因为它让我想到化蝶的传说。我想，这个细小的生命，它短暂的沉睡，类似于一次死亡。而当它痛苦地咬破自己织制的茧、羽化成蝶，就完成了生命的复活。这个小精灵，在其短暂的一生中，是那么专注于自己的生命，用重生来拒绝死亡，穿越了生死的界限，让生命得以绚烂。透过它的生命过程。从某种性质上说，它接近于神话中槃涅的凤凰。

我感动于破茧成蝶所带来的美学意蕴。很多时候，我看着它振动透明的薄翼，时而以舞者的姿态翩飞于屋檐下，时而款款行走于墙壁之上。这只蝶使我心头的生命之弦得以穿过虚与实的空间。我在想，当初它的沉睡，就是在做着一个蝶梦，一个死与生相连在一起的梦。这个梦既洋溢着古典的气息，又充满着生命的哲思。

其实在生活中，很多时候，我们就如那小小的蚕儿，经常会陷于一种生存的窒息状态，或是处于绝望的境地。对于我们个体生命而言，有时心灵也会结上了一种"茧"。如果我们能用心去咬破自己构筑的外壳，尽管这一过程会很痛苦，但于生命的重生，它又实在是一种必须。包括面对死亡，一个能坦然面对死亡的人，也一定能坦然面对生活。

所以破茧成蝶，是人生的一种境界。能够破茧成蝶，就会重获生命的欢愉和快慰。

我能够得到任何想要的东西

佚　名

　　曾见识过这么一位人力三轮车师傅，50多岁，相貌堂堂，如果去唱歌，应该属偶像级的。问他为什么愿干这样的"活"，他笑着从车上跳下，并夸张地走了几步给我看，哦，原来是跛足，左腿长，右腿短，天生的。

　　我有点不忍。可他却很坦然，仍是笑着说，为了能不走路，踩三轮车，便是最好的伪装，这也算是"英雄有用武之地"。不时，他还转过头"告慰"我："我太太很漂亮，儿子也很帅！"

　　坐他的车，如沐春风。他说，自己没什么文化，有好体力，踩三轮车，很环保，也可养家糊口，一天可挣上百元，他有"人生三愿"，即吃得下饭，睡得着觉，笑得出来。

　　就因为这"三愿"，我多付了他一倍车钱，他非常高兴。他是真的快乐。这让我想起另一位微跛女子，她喜欢跳舞，因为微跛，一些弧步反而跳得更美丽、流畅，所以她成了舞厅皇后，她总结说："我利用了我的不足！"

　　而另一位女子喜欢自助旅行，一路上拍了许多照片，并积集出版发行。在采访她时，她很认真地说："因为我长得丑，所以很有安全感，如果换成杨钰莹或张柏芝等美女一个人自助旅行，那就很危险了，我得感谢我的丑！"

　　英国有位作家兼广播主持人，他叫汤姆·撒克，事业、爱情皆得意，但他只有1．3米，他不自卑，别人只会学"走"，他学会了"跳"，所以，他成功了，他有句豪言壮语："我能够得到任何想要的东西。"

在一切创造物中
没有比人的心灵更美的

向 琳

曾有朋友问我：两个少女，一美一丑，哪位更爱照镜子？我几乎是不假思索地回答：当然是漂亮的那一位。朋友笑着直摇头："不，她们是一样地喜爱。正如美和丑带给一个女人的烦恼同等地多一样。"

过后沉思，觉得朋友的话对，又不全对。对者，是因一个人的容貌是先天的，而爱美之心既是天性，却又受着后天的影响。一位作家曾如是说：人在镜子面前，最崇拜自己。不全对者，是因她们在方式方法上应该有种层次和程度的区别。模样好，不能叫美，顶多算漂亮；模样不好，不能简单地叫丑，而要结合她的内心世界、气质修养，给予中肯的评价。

谁都希望自己能出类拔萃，引人注目，但纪伯伦老先生说过的一席话更应引人深思：一个人的实质，不在于他所向你显露的那一面，而在于他所不能向你显露的那一面。看一个人不要听他说出来的话，而要了解他所没有讲出来的话。

曾熟悉一个友人，她模样极为标致可爱，初到科里，大伙儿给了她一个亲昵的称呼："可耐"，即人见人爱的意思。不料这个朋友在工作中常遇到一些难题不闻不问，人为地造成了许多差错不说，更可惜的是她弄破或丢失了公物拒不认账而连累他人。时间一长，大伙儿不但不觉得她"可耐"，而是非常地可恶。究其原因，她缺乏做人的基本原则：诚实。

又有一位女友，相貌平平，却温柔纯朴，因此交了一位高大英俊的男士为友。众人皆交口称赞，又不免为那位男士抱屈。过了一段时间，那女友有所察觉，便很自卑，趁着节假日跑到美容院垫了鼻梁，割了双眼皮，并做了酒窝。当她以姣美的容颜回到男朋友面前时，男朋友先是一愣，继而以遗憾的口吻说："你现在是漂亮，但我爱的那个人却死了。"说完挥手"拜拜"。究其原因，是她失去了那份真实和自然。

有一首歌唱得真好："平平淡淡从从容容是最真。"两性相爱，相信每个人爱的是心，而不是随意可以组装的模子。应该学会避免"美丽的误会"。

美丽、漂亮是用来形容人和事物的褒义词。美好的事物出自灵巧的手，潇洒的仪表也应来自美好的心灵，因为它是心灵美的自然流露。当然要学会在适当的时候，做一些相应的装饰与打扮，显其庄重、素雅。但也不能遗忘，在你独对镜子梳妆时，你所不能在镜前显露的那一面更需要梳理，只有它的日渐丰满，你才会长久地打动人心。

要知道，镜子中你的发型向左，而现实中你的发型是向右的。当你举右手对某个事物表示感兴趣时，镜子里却在举左手表示反对呢！

给自己一个笑脸，
让你的心房里永远都是春天

艾明波

那天，看到妻面对衣柜上的镜子微笑，无意中我感到妻的笑是那么妩媚那么动人。其实，我对妻的笑是再熟悉不过了，而今天看来却觉得有些陌生的美好。想来想去顿有所悟：原来，这一笑是妻子为她自己而笑的，是她自己给自己一个笑脸。于是，我也尝试着给自己一个笑脸，于是自己的笑便也灿烂起来。

是呵，当我们面对困惑面对无奈，是否该悄悄地给自己一个笑脸呢？

给自己一个笑脸，让自己拥有一份坦然；给自己一个笑脸，让自己勇敢地面对艰险。这是怎样的一种调解、怎样的一种豁达、怎样的一种鼓励啊！

独步人生，我们会遇到种种困难，甚至于举步维艰，甚至于悲观失望。征途茫茫有时看不到一丝星光，长路漫漫有时走得并不潇洒浪漫。这时，给自己一个笑脸好吗？让来自于心底的那份执著，鼓舞着自己插上长风的翅膀过尽千帆；让来自于远方的呼唤，激励着自己带着生命闯过难关。

不是我们生存的空间小了
而是我们的心墙加厚了

梅　姿

一位建筑设计大师一生杰作无数。在过完 65 岁寿诞之后，他向外界宣称：等完成封笔之作便归隐林泉。

一言方出，求他设计楼宇者便踏破门庭。

大师自有大师的想法。他一生学富五车，阅历无数，最大的遗憾就是时下人们批评的，把城市空间分割得支离破碎，楼房之间的绝对独立加速了都市人情的冷漠。他自己也深有感触。于是，灵感像火花一样迸射出来，一种崭新的创作理念也日趋成熟——他要打破传统的楼房设计形式，力求让住户之间开辟一条交流和交往的通道，使人们相互之间不再隔离而充满大家庭般的欢乐与温馨。

一位颇具胆识和超前意识的房地产商很赞同他的观点和理念，出巨资请他设计。经过数月苦战，图纸出来了。不但业内人士一致叫好，媒介与学术界也交口称赞，房地产商更是信心十足，立马投资施工。

令人惊异的是，大师的全新设计却叫好不叫座。楼盘成交额始终处于低迷状态。

房地产商急了，于是责成公司信息部门去做市场调研。调研结果出来了，原来人们不肯掏钱买房的原因，是嫌这样的设计虽然令人耳目一新，也觉得更舒爽，但邻里之间交往多了，不利于处理相互间的关系；孩子们在这样的环境里活动空间是大了，但又不好看管；还有，空间一大，人员复杂，于防盗之类人人担心的事十分不利……

设计大师听到了这个反馈，心中绞痛不已，他退还了所有的设计费，办理了退休手续，与老伴儿回乡下隐居去了。临行前，他对众人感慨道：我只识图纸不识人，这是我一生最大的败笔。我们可以拆除隔断空间的砖墙，而谁又能拆除人与人之间坚厚的心墙？

是的，心墙不除，空间恐怕越来越小。

一切与美丽、珍贵之相联者
具有同样的美丽珍贵

佚　名

在香港的中国百货公司买了一个台湾陶器，那陶器是一个赤身罗汉骑在一匹向前疾驰的犀牛上，气势雄浑，非常生动，很能象征修行者勇往直前的心境。

百货公司里有专门给陶瓷玻璃包装的房间，负责包装的是一位讲标准北京话的中年妇人。她从满地的纸箱中找来一个，体积大约有我的台湾陶器的四倍大。

接着她熟练地把破报纸和碎纸屑垫在箱底，陶器放在中间，四周都塞满碎纸，最后把几张报纸揉成团状，塞好，满意地说：

"好了，没问题了，就是从三楼丢下来也不会破了。"

我的台湾陶器本来有两尺大、一尺高、半尺宽，现在成为一个庞然的箱子了。好不容易提回旅馆，我立刻觉得烦恼，这样大的箱子要如何提回台北呢？它的体积早就超过了手提的规定了，如果用空运，破损率太大，还是不要冒险才好，一个再好的陶器，摔破就一文不值了。

后来，我做了一个决定，决定仍然用手提，舍弃纸箱、碎纸和破报纸，找来一个手提袋提着，从旅馆到飞机场一路无事。但是上飞机没走几步，一个踉跄，手提袋撞到身旁的椅子，只听到清脆的一声，我的心震了一下：完了！

惊魂未定地坐在自己的座位上，把陶器拿出来检查，果然犀牛的右前脚断裂，头上的角则完全断了。

我心里非常非常地后悔，后悔没有信任包装的妇人的话，更后悔把纸箱丢开。这时我心里浮起一个声音说：

"对一个珍贵的陶器，包装它的破报纸和碎纸屑是与它相同珍贵的！"

确实，我们不能只想保有珍贵的陶器而忽视那些看来无用、却能保护陶器的东西。

生命的历程也是如此，在珍贵的事物周围总是包着很多看似没有意义、随手可以舍弃的东西，但我们不能忽略其价值，因为没有了它们，我们的成长就不完整，就无法把珍贵的东西从少年带到中年，成为智慧的人。同样的，我们也不能忽视那些人生里的负面因素，没有负面因素的人，就得不到教训、启发锻炼、乃至于成长了。

生活不是缺少美
而是缺乏发现的眼睛

袁凤珠

傍晚，从东海岸驱车归返。在高速公路上奔驰的时候，总会看到通红着圆脸的落日。晚霞殷殷相随，心中涌起一股美感，有一丝温暖，一点诗意。

按日程表生活是乏味的。在时代齿轮的轨道上行走人生路，要负担责任，实践理想，完成目标，大自然虽然近在身边，几乎视而不见，少有心思与花草寒暄；马路两旁的九重葛花，不时地绽开又凋谢，也无暇睨望。

车子经过桥上，河水静静地流，丛林处处，落日徐下，搁在树梢间，如炯炯的眼眸凝视着，依然风度翩翩，壮观优雅。

这一轮夕阳斜倚，已不再如正午那么灼人，似乎经历了磨炼，蓄有几分温柔、伤感，或许是临近告别时刻吧！山水总有情，怎能不依依？而绚丽的晚霞如诗如画般飘随着，一路相伴，直到看不见影子才停止。

面对斜阳，细数自己的生命：是嵌着一幅幅的美景？还是乱草丛生？

还好，在平实的生活里，不时见到夕阳、晚霞带着灿烂的笑容，挥着手，能在枯燥日子中，得到暂时的慰藉。

眼前这一刹那的景色，却是心中永远最美丽的画，相映心中的愿望："保存一颗美丽的心，以及爱的生命。"

让自然做我们的老师

李 敖

昨天收到你的信。你写的看到秋天枯叶遍地，增添凄凉感伤一段，我另有不同的看法。自然对人的意义，既不该是迷信宗教式的敬畏，也不该是骚人墨客式的感伤。自然本身并没有任何种类的感情，更没有感伤。但有些人总错误地把感情赋予自然，认为自然有情，于是天地为愁，草木含悲，落花有意，流水无情……这些人先把自然变成一个"多情体"，于是悲从中来。这实在是一个很有问题的人生态度。至于黛玉葬花之类，那更是病态了。

自然对人的意义，应该只有两点：第一点，自然本身是变化无穷的壮观，不论是朝晖夕阳，不论是暴雨明霞，不论是飞絮满天或落叶满地……种种奇景，都值得人在恬静中或快乐中赏心悦目。第二点，自然应带给人对宇宙的远大看法，物转星移，时序代谢……都是使人了解宇宙真相的凭据。西方的诗人从一粒沙中看世界，从一朵花中看大气；东方的诗人从长江看逝者如斯，从明月中看盈虚者如彼……这种种观察都可在赏心悦目以外，别有妙语：人与自然本是一体，《圣经》上说"你是从土而出的，你本是尘土，仍要归于尘土"。但说这话的先知并不了解这一现象的科学原理。现在我们知道了"氮碳循环"等化学现象，知道了万物都要复归原始，人生只是过眼云烟，"自己乃是不断地在死亡中"。有了这种达观的心胸，再回过头来看人世，人才会觉悟到这辈子该怎么活才不虚此生，才会觉悟到此生已为错误的安排浪费许多，实在不应该再浪费下去。这时候会活得更积极起劲，肯定适合自己的，摆脱不适合自己的，使自己的生命越来越发光，而不是越来越黯淡。这种炉火纯青的人生看法与做法，人都可以从孤独地面对自然中学到。诗人华兹华斯说"让自然做你的老师"，我想就是这个意思。

感伤一类的情绪，是对短暂的生命的浪费，实在是没有必要的。

1973 年 11 月 18 日在台湾狱中作。

第三辑　送你一双慧眼

一位长者带领村民日夜兼程，要把盐运送到某地换成大麦过冬。有一天晚上，他们露宿于荒野，星空灿烂。长者依然用世代祖先所传下来的方法，取出3粒盐块投入营火，占卜山间天气的变化……

大家都在等待长者的"天气预报"：若听到火中盐块发出的"霹雳啪响"的声响，那就是好天的预兆；若是毫无信息，那就象征天气即将变坏，风雨随时来临。

长者神情严肃，因为盐块在火中毫无声息。他认为不吉，主张天亮后马上赶路。但族中另一位年轻人，认为"以盐窥天"是迷信，反对匆忙启程。

第二天下午，果然天气骤变，风雪交加，坚持晚走的年轻人这才领悟长者的睿智。其实，用今天的科学解释，老族长也是对的，盐块在火中是否发出声音与空气中的湿度相关。换句话说，当风雨接近，湿度高，盐块受潮，投入火中自然喑哑无声。年轻人往往看不起老人的哲学，片面认为他们都是过时的无用的。其实，一些人生理念如同海盐，它再老，仍然是一种结晶，并且有海的记忆。

给自己一双慧眼，世界在你面前才呈现出美丽

崔鹤同

150 年前的一个圣诞节，一位美国男孩到商店选中一双深蓝色袜子，作为礼物送给母亲。可是母亲接过礼物后，脸色突变并气愤地说："你太无礼了，你难道不知道清教徒禁忌这种颜色吗？"

"禁忌深蓝色？"小男孩奇怪地问。

"你买的明明是红色的！"母子二人争执起来。

小男孩去找哥哥做裁判，哥哥也说袜子是深蓝色的。于是母亲气冲冲地去问邻居，结果邻居们异口同声说袜子是红色的。这件事引起了小男孩的深思，最后，他得出结论：自己和哥哥的眼睛肯定有毛病——颜色辨别不出。小男孩进一步想，还有没有其他人的眼睛也有同样的毛病呢？

男孩长大以后，经过调查和研究，写出了《论色盲》的科学论文，根据视差原理，第一个提出了色盲问题。这个因眼疾而成名的人，就是对气象、物理和化学三科都曾做出不少贡献的美国科学家道尔顿。后来人们为了纪念他，以他的名字命名色盲症为"道尔顿症"。

道尔顿能将不幸变成幸运的最根本原因是，他虽然在生理上患上眼疾，但他却为自己的心灵安装了一双慧眼。

类似的故事还有一个。在美国西北部蒙大拿州比鲁特山的达比镇，人们好多年都习惯于以司空见惯的眼睛仰望那座晶山。晶山之所以获得这个

名称，是因为山上一条狭窄的部分暴露出微微发光的晶体。它看上去有点像岩盐，但又不是。多少年来，很少有人带着好奇心弯下身子去捡一块这种矿物质，认真地观察一下。

只有两个达比特人始终对这种晶体保持着好奇，他们名叫康顿和汤普生。直到1995年，他们才在一座城市的展览馆中看到了同一种晶体。他们看到矿物展品中的标本上附着一张卡片，说明此种晶体可用于原子能探索。他们十分激动，立刻在晶山上立柱，确立了发现权。最终，经专家检验分析，认定晶山是极有价值的世界最大的铍的储藏地之一，引起了不小的轰动，两个青年人就这样获得了成功。他们的成功看上去极容易，然而，他们之所以获得成功，却是他们不仅用生理眼睛观察，而且还把所观察到的东西记在心里的缘故。

是的，给自己一双慧眼吧。只有拥有了一双慧眼，世界才会在你的面前变得无比美好，你的人生才会变得灿烂。

属于灵魂的智慧才能属于自己

金　马

用肉眼看到的世界，往往并非是真实的世界，——虽然也含有某种真实的成分；用心灵看到的世界，虽非完整然而大多是真实的，——尽管往往失去形象威严。

香醇的葡萄酒，都是葡萄酿成的，尽管有的用夜光杯陪衬，有的用玉杯渲染，有的用陶罐装着，有的用粗瓷碗盛着……。肉眼过多地注视着装潢，心灵却更多地啜吸着琼液的芳香。

只有美好崇高的心灵，才能发现属于灵魂的智慧；只有属于灵魂的智慧，才能成为生命的一部分，属于自己。

这个，连狐狸都懂。有人问它，什么是使它聪颖的秘密？它说："……很简单：只有心灵才能洞察一切，肉眼是看不见事物本质的。"这是真的。真的智慧，属于灵魂的智慧，都是很朴素的，因为真的东西无须装点就很美丽，因为真的美丽无须矫饰就很动人。

惠特曼的《大地之歌》，深刻地揭示了智慧的这种本质的构成：

这里是智慧的考验

智慧不是最后在学校里受到考验

智慧不能从有智慧的人传给没有智慧的人

智慧是属于灵魂的，是不能证明的，

它本身便是自己的证明

应用于一切时期，一切事物，一切美德而无处不是

是一切事物之现实及不可灭的必然，是一切事物之精义

浮在一切事物的现象之中的一种东西，将它从灵魂里面引导出来

这是智慧本质的性格。智慧可以相互启迪，相互激励，相互活化，而不能相互"传递"。如果我们一定希望把自身的智慧"传"给他人，也只能提供他人和后人以再创造的素材或基质。因为智慧是心灵汲取物，是个体的再造物，是世间的"新产品"，是生存的新面貌。正因为如此，肉眼清明而缺乏心灵智慧的人，未必能看到事物的本质；而"肉眼丧失了视觉的人，能用他精神上的眼睛看得见别人所看不见的事物……"

用心灵观察世界，撷取属于灵魂的智慧，这不仅要锻炼自身力争透视事物的本质——现象之后的本相，还要注意观察事物进行的状态——关注事物发展的过程。譬如，对人，作家巴金曾深刻指出："我想，我们很少了解别人。我们常常凭自己的一点点不完备的观察，就断定某某是怎样的人，某件事情是如何如何。许多人都犯了这样的错误，有时连自己也不知道。"如果凭了这样的"视力"，生活在当今智慧日益增值的时代，是很难不处于被动局面的。

智慧若不与时俱进
便是导致失败的废器

馨 芳

从前，有一个卖草帽的人，每一天，他都很努力地卖着帽子。有一天，他叫卖得十分疲累，刚好路边有一棵大树，他就把帽子放下，坐在树下打起盹来。等他醒来的时候，发现身旁的帽子都不见了，抬头一看，树上有很多猴子，而每只猴子的头上，都有一顶草帽。他想到，猴子喜欢模仿人的动作，于是他赶紧把头上的帽子拿下来，丢在地上；猴子也学他，将帽子纷纷扔在地上。卖帽子的高高兴兴地捡起帽子，回家去了。回家之后，他将这件奇特的事，告诉他的儿子和孙子。

很多很多年后，他的孙子继承了家业。有一天，在他卖草帽的时候，也跟爷爷一样，在大树下睡着了，而帽子也同样地被猴子拿走了。孙子想到爷爷曾经告诉他的方法。他脱下帽子，丢在地上，可是，奇怪了，猴子竟然没有跟着他做，还直瞪着他，看个不停。不久之后，猴王出现了，捡起地上的帽子，说："开什么玩笑！你以为只有你有爷爷吗？"

在今天这个资讯爆炸、瞬息万变的时代里，过去成功的经验，往往就是导致此刻失败的最大累赘。

顿悟人生真谛，扣敲智慧之门

汪金友

1. 哲学家来到集市上。屠夫问："你会杀猪吗？"哲学家答："不会。"铁匠问："你会打铁吗？"哲学家答："不会。"商人问："你会经商吗？"哲学家答："不会。"他们又问："那你会什么？""我会思想。"众人大笑："思想值多少钱一斤？"哲学家说："我不能做你们所能做的事，但能思考你们所不能思考的问题。"说完他便开始思考，众则无语。

2. 有一天，俄国作家索洛古勒来看望列夫·托尔斯泰，说："您真幸福，您所爱的一切您都有了。"托尔斯泰说："不，我并不具有我所爱的一切，只是我所有的一切都是我所爱的。"人们都渴望"有我所爱"，岂不知，"爱我所有"才是最大的幸福。

3. 一位成果卓著的老科学家和一个年轻的歌星同机到达某市。他们走下飞机舷梯时，歌星被围得水泄不通，而老科学家则孑然一身，无人问候。事后有人为老科学家鸣不平，但他却说："歌星是面对面地为人们服务的，我们却是背对背地为大家服务的。面对人群，怎能思考和实验？"其实，我们更缺少的，就是这种"背对背地服务"。

4. 印度有一个古老的故事，说佛祖为了消除人们的疾苦，就从人间选了100个自以为最痛苦的人，让他们把自己的痛苦写在纸上。写完后，佛祖说："现在，请你们把手中的纸条相互交换一下。"结果，这100个人交换看了别人的纸条之后，个个都非常惊奇。过去，总以为自己是最"不幸"的人，现在才知道很多人比自己更痛苦，还有什么消沉的理由？

5. 一乘客上了出租车，并说出自己的目的地。司机问："先生，是走最短的路，还是走最快的路？"乘客不解："最短的路，难道不是最快的路？"司机回答："当然不是。现在是车流高峰，最短的路交通正拥挤，弄不好还要堵车，所以用的时间肯定要长。你要有急事，不妨绕一点道，多走些路，反而会早到。"生活，的确经常需要这样的"绕道"。

6. 有人问被称为希腊七贤之一的阿那哈斯："你说，什么样的船只最安全？"阿那哈斯回答："那些离开了大海的船只。""哦，我明白了，离开了道路的车辆，离开了战场的士兵，也都同样可以安全无比。""是的，但有多少人愿意这样做呢？"

7. 有一个富人，害怕死后财产再无用处，因此想送一些财富给穷人，条件是只送给那些对生活毫无希望的人。有一天，他看见一个衣衫褴褛的乞丐坐在一堆垃圾上，就走过去送给他100个金币。这乞丐不解，问富人为什么会送给自己这么多钱。当富人说明了原因后，这乞丐气愤地把金币掷还给他，说："只有死去的人才没有希望！"

生意场上，无论买卖
大小出卖的都是智慧

刘燕敏

越战期间，美国好莱坞举行过一次募捐晚会，由于当时的反战情绪比较强烈，募捐晚会以一美元的收获而收场，创下好莱坞的一个吉尼斯纪录。在这次晚会上，一个叫卡塞尔的小伙子一举成名，他是苏富比拍卖行的拍卖师，这唯一的一美元是他用智慧募集到的。

当时他让大家在晚会上选一位最漂亮的姑娘，然后由他来拍卖这位姑娘的一个亲吻，最后他募到了难得的一美元。当好莱坞把这一美元寄往越南前线的时候，美国的各大报纸都进行了报道。

人们看到这一消息，无不惊叹于卡塞尔对战争的嘲讽，然而德国的某一猎头公司却发现了这位天才，他们认为卡塞尔是棵摇钱树，谁能运用他的头脑，必将财源滚滚。于是建议日渐衰微的奥格斯堡啤酒厂用重金聘他为顾问。

1972年，卡塞尔移居德国，受聘于奥格斯堡啤酒厂。他果然不负众望，在那里异想天开地开发了美容啤酒和浴用啤酒，从而使奥格斯堡啤酒厂一夜之间成为全世界销量最大的啤酒厂。1990年，卡塞尔以德国政府顾问的身份主持拆除柏林墙。这一次，他使柏林墙的每一块砖以收藏品的形式进入了世界上二百多万个家庭和公司，创造了城墙砖售价的世界之最。

1998 年，卡塞尔返回美国，他下飞机的时候，美国大西洋赌城——拉斯维加斯正上演一出拳击喜剧，泰森咬掉了霍利菲尔德的半块耳朵。出人意料的是，第二天欧洲和美国的许多超市出现了"霍氏耳朵"巧克力，其生产厂家是卡塞尔所属的特尔尼公司。这一次，卡塞尔虽因霍利菲尔德的起诉输掉了盈利额的百分之八十，然而天才的商业洞察力却给他赢来年薪 3000 万的身价。

新世纪到来的那一天，他应休斯敦大学校长曼海姆的邀请，回母校做创业方面的演讲。在这次演讲会上，一个学生当众向他提了这么一个问题：卡塞尔先生，您能在我单腿站立的时间里，把您创业的精髓告诉我吗？那位学生正准备抬起一只脚，卡塞尔就答复完毕：生意场上，无论买卖大小，出卖的都是智慧。

这次他赢得的不仅是掌声，还有一个荣誉博士的头衔。

智慧的优长来自我们的静气

梁漱溟

人类顶大的长处是智慧。但什么是智慧呢？智慧有一个要点，就是要冷静。譬如：正在计算数目，思索道理的时候，如果心里气恼，或喜乐，或悲伤，必致错误或简直不能进行。这是大家都明白的事。但是一般人对于解决社会问题，偏不明此理。他们总是为感情所蔽，而不能静心体察事理，从事理中寻出解决的办法。

我想说一个猴子的故事给大家听。在汤姆孙科学大纲上叙说一个科学家研究动物心理，养着几只猩猩、猴子做实验。以一个高的玻璃瓶，拔去木塞，放两粒花生米进去，花生米自然落到瓶底，从玻璃外面可以看见，递给猴子。猴子接过，乱摇许久，偶然摇出花生米来，才得取食。此科学家又放进花生米如前，而指教它只需将瓶子一倒转，花生米立刻出来。但是猴子总不理会他的指教，每次总是乱摇，很费力气而不能必得。此时要研究猴子何以不能领受人的指教呢？没有旁的，只为它两眼看见花生米，一心急切求食，就再无余暇来理解与学习了。要学习，必须两眼不去看花生米，而移其视线来看人的手势与瓶子的倒转才行。要移转视线，必须平下心去，不为食欲冲动所蔽才行。然而它竟不会也。猴子智慧的贫乏，就在此等处。

人们不感觉问题，是麻痹；然为问题所刺激，辄耐不住，亦不行。要将问题放在意识深处，而游心于远，从容以察事理。天下事必先了解它，才能控制它。情急之人何以异于猴子耶？

还要注意：人的心思，每易从其要求之所指而思索办法；观察事理，亦顺着这一条线而观察。于是事理也，办法也，随着主观都有了。其实只是自欺，只是一种自圆其说。智慧的优长或贫乏，待看他真冷静与否。

真正的智慧总是与谦虚相连
真正的成功取决于行动的圆满
和措施的周全

（美）C·班纳德

那是在克尼斯纳，一个老林工正在解释如何伐树。他指出，要是你不知道那棵树砍了会落在哪里，就不要去砍它。"树总是朝支撑少的那一方落下，所以你如果想使树朝那个方向落下，只要削减那一方的支撑便成了。"他说。我半信半疑——稍有差错，我们就可能一边损坏一幢昂贵的小屋，另一边损坏一幢砖砌车库。

我满心焦虑，在两幢建筑物中间的地上划一条线。那时还没有链锯，伐树主要是靠腕劲和技巧。老林工朝双手啐口水，挥起斧头，向那棵巨松砍去。树身底处粗一米多。他的年纪看来已六十开外，但臂力十足。

约半小时后，那棵树果然不偏不倚地倒在线上，树梢离开房子很远。我恭贺他砍伐如此准确，他有点惊讶，但没说什么。不到一个下午，他已将那棵树伐成一堆整齐的圆木，又把树枝劈成柴薪。我告诉他我绝对不会忘记他的砍树心得。

他举起斧头扛在肩上，正要转身离去，却突然说："我们运气好，没有风。永远要提防风。"

老林工的言外之意，我在数年后接到关于一个心脏移植病人的验尸报告时才忽然明白。那次手术想象不到地顺利，病人的复原情况也极好。然而，忽然间一切都不对了，病人死掉。验尸报告指出病人腿部有一处微伤，伤口感染了肺导致整个肺丧失机能。

那老林工的脸蓦地在我脑海中浮现。他的声音也响起来："永远要提防风。"简单的事情，基本的真理，需要智慧才能了解。那个病人的死，惨痛地提醒我们为山九仞、功亏一篑这个道理。纵使那个伤口对健康的人是无关痛痒，但已夺了那个病人的命。

那老林工和他的斧子可能早已入土。然而，他却留下了一个训诫给我，待我得意之时用来警惕自己。人人都得意洋洋时，我会紧紧盯着镜里的影子，对自己说："我们这回运气好，没有风。"

一生中最有价值的不是拥有什么东西，而是拥有什么人

佚 名

我在梦中见到了上帝。

上帝问道："你想采访我吗？"

我说："我很想采访你，但不知道你是否有时间。"

上帝笑道："我的时间是永恒的。你有什么问题吗？"

"你感到人类最奇怪的是什么？"

上帝答道：

"他们厌倦童年生活，急于长大，而后又渴望返老还童。

"他们牺牲自己的健康来换取金钱，然后又牺牲金钱来恢复健康。"

"他们对未来充满忧虑，但却忘记了现在；于是，他们既不生活于现在之中，也不生活于未来之中。"

"他们活着的时候好像从不会死去，但是死去以后又好像从未活过……"

上帝握住我的手，我们沉默了片刻。

我问道："作为长辈，你有什么生活经验想要告诉子女的？"

上帝笑着答道：

"他们应该知道不可能取悦于所有人。他们所能做的只是让自己被人所爱。

"他们应该知道，一生中最有价值的不是拥有什么东西，而是拥有什么人。

"他们应该知道，与他人攀比是不好的。

"他们应该知道，富有的人并不拥有最多，而是需要最少。

"他们应该知道，要在所爱的人身上造成深度的创伤只要几秒钟，但是治疗创伤则要花几年的时间。

"他们应该学会宽恕别人。

"他们应该知道，有些人在深深地爱着他们，但却不知道如何表达自己的感情。

"他们应该知道，金钱可以买到任何东西，但却买不到幸福。

"他们应该知道，两个人看同一个事物，会看出不同的东西。

"他们应该知道，得到别人的宽恕是不够的，他们也应当宽恕自己。

"他们应该知道，我始终存在。"

大智慧是一种大涵养
做驾驭生活的高手
就必须拥有超人的智慧

姜　夔

　　谈到做人的智慧，我想起这样两则小故事。一次，德国柏林空军俱乐部举行盛宴招待空战英雄，一位年轻的士兵斟酒时不慎将酒泼到乌戴特将军的秃头上。顿时，士兵悚然，会场寂静，倒是这位将军悠悠然。他轻抚士兵肩头，说："老弟，你以为这种治疗能再生头发吗?"会场立即爆发出了笑声，人们紧绷的心弦松弛下来了，盛宴保持了热烈欢乐的气氛。

试想，乌戴特将军若认为酒泼头上有损尊严，严词训斥，大发雷霆之怒，将军在酒宴上将会给人们留下一个多么糟糕的形象！所以后人评点他不愧是一位"智慧将军"。

另一则故事讲的是英国王室为了招待印度当地居民的首领，在伦敦举行晚宴，身为皇太子的温莎公爵主持这次宴会。宴会上，达官贵人们觥筹交错，相与甚欢，气氛融洽。可就在宴会快要结束时，出了这么一件事：侍者为每一位客人端来了洗手盘，印度客人看到那精巧的银制器皿里盛着亮晶晶的水，以为是喝的水呢，就端起来一饮而尽。温莎公爵神色自若，一边与众人谈笑风生，一边也端起自己面前的洗手水，像客人那样自然而得体地一饮而尽。接着，大家也纷纷效仿，本来要造成的难堪与尴尬顷刻消弭，宴会取得了预期的成功，当然也就使英国国家的利益得到了进一步的保证。

倘若温莎公爵在宴会上纠正客人的错误而在银盘里优雅地洗手，整个宴会将会乌云密布。所以，一位陪酒大臣说，当温莎公爵拿起银盘饮水时，他看到了智慧闪光。

生活的大海丰富多彩又波光诡谲，做一个驾驶生活、创造生活、美化生活的高手，就必须拥有超人的智慧。超人的智慧往往孕育在开阔的思想、远大的目光和美好的情怀之中，所以，它能使月光生暖、岩石唱歌，使凶险咆哮的恶浪化为一江春水，使阴暗潮湿的环境变得色彩明亮。

我们的生活中，有一些人看似身居高位，睿智英明，才高八斗，机敏伶俐，然而，或鸡肠小肚、心胸狭窄，或恃才自傲、咄咄逼人。有的人处处显山露水，鸭群中伸长脖子当天鹅；有的人则时时不忘标榜自我，惟恐世人对己不尊。他们的聪明智慧之光只为自己的虚荣和私利而闪耀，如磷火般为世人所不屑。

纪伯伦说："大智慧是一种大涵养，有涵养的人才善于学习，我们从多话的人那里学到了静默，从偏狭的人那里学到了仁爱。"让我们在生活中学得更智慧、更洒脱一些，"做一个播种友谊和理想的大量君子"。

拥有经验又懂得如何利用
的人才是真正的智者

董保纲

有一年，一个登山队要攀登一座雪峰，想把足迹留在峰顶上。食品、药品及其他登山器材都备齐了，有一位专家提醒说，别忘了多带几根钢针，因为在高寒的雪山上面，燃气炉的喷嘴极易堵塞，需要用钢针疏通。负责这事的老登山队员并没有听从专家的忠告，只带了一根钢针，因为凭经验，他认为有一根钢针已经足够了。

遗憾的是，这支登山队最终没能把脚印留在山顶上，队员一个也没有再回来。问题就出在钢针上，那根钢针在使用时，不慎崩断了，由于仅仅带了一根钢针，燃气炉无法使用，队员们断了饮食，最后全部陷入了绝境。

对人生而言，经验确实是一笔财富。但是，笃信自己的经验，对他人的劝告不加选择一概拒绝，完全凭经验办事，有时非但不能成功，反而会把事情办得更糟，甚至造成无法挽回的损失。在许多事情上，我们失败的原因常常有两种：一种是因为经验不足，另一种则是因为经验过多。

拥有经验而又懂得如何利用经验的人才是真正的智者。

我们的未来
取决于我们现在的选择

佚　名

有三个人要被关进监狱三年，监狱长给他们一人一个要求。美国人爱抽雪茄，要了三箱雪茄。法国人最浪漫，要一个美丽的女子相伴。而犹太人说，他要一部与外界沟通的电话。

三年过后，第一个冲出来的美国人，嘴里鼻孔里塞满了雪茄，大喊道："给我火，给我火！"原来他忘了要火了；接着出来的是法国人，只见他手里抱着一个小孩子，美丽女子手里牵着一个小孩子，肚子里还怀着第三个，最后出来的是犹太人，他紧紧握住监狱长的手说："这三年来我每天与外界联系，我的生意不但没有停顿，反而增长了200％，为了表示感谢，我送你一辆劳斯莱斯！"

"取"是一种本事，"舍"是一门哲学。没有能力的人取不足；没有通悟的人，舍不得

刘　墉

"取"是一种本事，"舍"是一门哲学。没有能力的人取不足；没有通悟的人，舍不得。

舍之前，总要先取，才有得舍，取多了之后，常得舍弃，才能再取，所以"取""舍"虽是反义，却也是一物的两面。

人初生时，只知取。除了取得生命，更要取得食物，以求成长；取知识，以求内涵。

既然长大，则要有取有舍，或取熊掌而舍鱼，或取利禄而舍悠闲；或取权位而舍性命。

至于老来，则愈要懂得舍，仿佛登山履危，行舟遇险时，先得将不必要的行李抛弃；仍然嫌重时，次要的东西便得舍出；再有险境，则除了自身之外，一物也留不得。所以人到此时，绝对是舍多于取。不知舍、不服老的人，常不得不最先落水坠崖，把老本也赔了进去。

如此说来，人生是愈取愈少，愈舍愈多，怎么办呢？

答案是：

少年时取其丰；壮年时取其实；老年时取其精。

少年时舍其不能有；壮年时舍其不当有；老年时舍其不必有。

凡事不可刻意追求
反之欲速则不达

刘　墉

有位樵夫生性愚钝，有一天，他上山砍柴，不经意地看见一只从未见过的动物，于是他就上前问："你到底是谁啊？"

那动物开口说："我叫'领悟'。"

樵夫心想："我就是缺少领悟啊，把它捉回去算了。"

这时，领悟就说："你现在想捉我吗？"

樵夫吓了一跳："我心里想的事情它都知道！那么我不妨装出一副不在意的模样，趁它不注意的时候赶紧捉住它！"

结果，领悟又对他说："你现在又想假装成不在意的模样来骗我，等我不注意时，将我捉住。"

樵夫的心事都被领悟看穿，所以就很生气："真是可恶！为什么它都能知道我在想什么呢？"

谁知，这种想法马上被领悟发现，它又开口："你因为没有捉住我而生气吧！"

于是，樵夫从内心检讨："我心中所想的事，好像反映在镜子里一般，完全被领悟看清，我应该把它忘记，专心砍柴，我本来就是为了砍柴才来到山上的，实在不应该有太多的欲望。"

樵夫想到这里，就挥起斧头，用心地砍柴。一不小心，斧头掉了下来，却意外地压在领悟上面，领悟立刻被樵夫捉住了。

我们常想去悟出真理，却反而为了这种执著而迷惑、困扰。因此，只要恢复直率之心，彻底地顺从自然，道理就随手可得了。

生活的许多美都在于
我们多看了一眼之中

（美）马里杰·斯比勒·尼格

我年轻时自认为了不起，那时我打算写本书，为了在书中加点"地方色彩"就利用假期出去寻找。我要去那些穷途潦倒、懒懒散散混日子的人们当中找一个主人公，我相信在那儿可以找到这种人。

一点不差，有一天我找到了这么个地方，那儿到处都是荒凉破落的庄园、衣衫褴褛的男人和面色憔悴的女人。最令人激动的是，我想象中的那种懒惰混日子的人也找到了——一个满脸胡须的老人，穿着一件褐色的工作服，坐在一把椅子上为一小块马铃薯地锄草，在他的身后是一间没有油漆的小木棚。

我转回身来，恨不得立刻就坐在打字机前。而当我绕过木棚在泥泞的路上拐弯时，又从另一个角度朝老人望了一眼，这时我下意识地突然停住了脚步。原来，从这一边看去，我发现老人的椅边靠着一副残疾人的拐杖，有一条裤腿空荡荡地直垂到地面上，顿时，那位刚才我还认为是好吃懒做混日子的人物，一下子变成了一个百折不挠的英雄形象了。

从那以后，我再也不敢对一个只见过一面或聊上几句的人轻易下结论了。感谢上帝让我回头又多看了一眼。

生活的细节加起来就是人生
人的心灵是一扇窗，不知不觉
中就把细节泄露

林 夕

一家新建的酒店在报纸上打出招聘广告，因为待遇优厚，报名者踊跃。初试、面试后，数百名报名者只剩下 30 名。可是酒店只要 20 名员工，而酒店下星期就要开业，酒店主管需要尽快选出 20 人，培训一星期后上岗。主管把这 30 人都招集来，一一谈话，凭良心说，这些人条件都差不多，没什么差别。多出的 10 名不知道应该去掉谁。

主管想了想，灵机一动，就宣布说："为了庆祝开业，今天我代表酒店请大家吃顿饭。"

30 人围坐在一起，第一道菜上来了，是红烧鲤鱼。鱼很大，一条鱼铺满了整个盘子。开始的时候，大家都很拘谨，不好意思吃，主管就带头拿起筷子，在鱼背上夹了一块肉，说："大家随便点，以后我们就是一家人了，每天都要在一起工作，一起吃饭。不要客气。"

主管一发话，气氛就活跃起来，大家拿起筷子，开始吃鱼。有人夹鱼背，有人夹鱼头，有人夹鱼尾。有的人一次夹一大块，有的人一次只轻轻一点。一条鱼正面很快就吃完了。

第二道菜又上来了，是清炖黄鱼。鱼很小，十几条才装满盘子。有的人上来就夹条大的，吃得很快，鱼肉没吃净就连肉带刺吐出来，有的人只夹小的，吃得慢而细，把鱼肉吃净再吐出鱼刺。

接下来的菜有炒菜、凉拌菜、三鲜汤，大家各取所好，有的规规矩矩，只吃自己眼前的菜，有的毫不客气，伸长手夹别人眼前的菜，有的兼顾全席，桌上的菜每样都吃一点，有的挑挑拣拣，只夹自己喜欢的菜吃，有的吃饭静悄悄，有的喝汤"滋滋滋"，有的把碗里的饭吃得一粒不剩，有的把饭粒掉在饭桌上。真可谓百态众生，都被主管尽收眼底。

第二天，酒店把用人名单公布给大家。有一位落选者很不服气，就质问主管："大家条件差不多，你又没有加试，凭什么选人？"

"怎么没有加试？昨天晚上我请你们吃饭时，我对你们每个人都一一测试了。我选人的原则很简单：那些在餐桌上吃鱼头鱼尾、吃小鱼、不挑挑拣拣、不掉饭粒、知道兼顾别人的人，我相信他们会成为酒店的好员工。"

落选者想自己昨晚在饭桌上的表现，有些发窘，但又马上为自己辩解道："这都是些生活细节，怎么能用它来检验一个人呢？"

主管看着他，反问道："生活的细节，加起来不就是人生吗？我想，一个在饭桌上只顾自己的人，在工作中是不会首先想到别人的。"

耶稣和撒旦只一念之差
圣人和魔鬼只一步之遥

张纳新

有个画家很想画耶稣，但找不到一位纯真的人来做模特。于是他想到了修道院里的修士并得以如愿。圣像完成后，画家一夜成名，财源广进，那位修士也被酬以重金。

后来，有人对业已成为画圣的画家说："你画出圣人耶稣，就该再画出魔鬼撒旦才对。世上怎会只有圣人而不见魔鬼吧？"

画圣击掌称妙，并在监狱中寻到了原型。

谁知那位即将被画成魔鬼的犯人面对画圣失声痛哭道："你以前画的圣人就是我，想不到现在画魔鬼找的还是我！"

画圣大惊失色："这怎么可能呢？"

那人悲从中来："我得到了那笔钱后再也无心悟道，便一味地去寻欢作乐。钱用光了，欲望却已遏制不住，只好去偷、去抢、去骗……最后案发入狱。"

画圣弃笔长叹，无言而去。

其实，圣人之所以为圣人，是因其品质纯真行为高尚的缘故；而魔鬼之所以是魔鬼，则是因为其卑劣丑陋无恶不为的结果。

那位修士，潜心修习过，他的纯真甚至可以用来做耶稣的化身。但就是这个几近一尘不染的人，自从贪图享乐后竟也难以自持，被骄奢淫逸摧毁了多年修为的堤防，摇身一变，曾经的耶稣竟做了撒旦，过去的圣人倒成了魔鬼，这是多么耐人寻味的事情！

看来，耶稣和撒旦只是一念之差，圣人与魔鬼仅有一步之遥！

故事犹如一面镜子
可以让我们照见彼此的思想

张宪凯

有一个买酱油的故事。

乙是大批发商，甲搞的是小批发，甲自乙处购一批酱油，分三次取货。第一次到乙处拉货，乙早已算准了时候，先往桶里倒了半桶水，又注入酱油，甲也粗心，没有检查。待到拉回去后，他不由连呼上当。第二次到乙处拉货，甲便多了一个心眼，拿了探子去。而乙也偏偏早已料到了这一招，在头天晚上往桶里倒上水，摆在院中，由于时值寒冬，一夜之间桶里的水全都成了冰，又注入酱油。甲拿探子一试，提上来的果然是酱油，以为这次无事，便拉回去，待把酱油倒出来之后方知再次上当。第三次到乙处拉货，甲不免又多了一个心眼儿，在用探子探时，还要拉出来对照一下桶的深度，而乙又早已料到，在头一天晚上将桶倒水后放倒，使水在一侧冻住，又注入酱油，甲一试果然上当。

故事至此便结束了，并没有那种善恶有报的下场。

后来我把这个故事讲给一位教书的朋友听，事隔不久他就辞职下了海，不久便发了大财，买了别墅，有了汽车，好不令人羡慕。再后来我又把这个故事讲给一位经商的朋友听，不久他就上了岸，做了教师，教出了一批善良正直的学生。

其实故事犹如一面镜子，可以让我们照见彼此的思想。

请别小看那小事物，一只苍蝇
可以击倒所向无敌的世界冠军

佚 名

1965 年 9 月 7 日，世界台球冠军争夺赛在美国纽约举行。

路易斯·福克斯的得分一路遥遥领先，只要再得几分便可稳拿冠军了。就在这个时候，他发现一个苍蝇落在主球上，他挥手将苍蝇赶走了。可是，当他俯身击球的时候，那只苍蝇又飞回来了，他起身驱赶苍蝇。但苍蝇好像是有意跟他作对，他一回到球台，它就又飞回到主球上来，引得周围的观众哈哈大笑。路易斯·福克斯的情绪恶劣到了极点，终于失去理智，愤怒地用球杆去击打苍蝇，球杆碰动了主球，裁判判他击球，他因此失去了一轮机会。路易斯·福克斯方寸大乱，连连失利，而对手约翰·迪瑞则愈战愈勇，最后夺走了冠军桂冠。第二天早上，人们在河里发现了路易斯·福克斯的尸体，他投河自杀了！

与人共事，心直不可口快
理直不可气壮

佚　名

"小姐，你过来！你过来！"一位顾客高声喊，指着面前的杯子，满脸寒霜地说，"看看！你们的牛奶是坏的，把我一杯红茶都糟蹋了！"

"真对不起！"服务小姐赔着不是笑道，"我立刻给您换一杯。"

新红茶很快就准备好了，碟边跟前一杯一样，放着新鲜的柠檬和牛奶，小姐轻轻放在顾客面前，又轻声地说："我是不是能建议您，如果放柠檬，就不要加牛奶，因为有时候柠檬会造成牛奶结块。"

那位顾客的脸，一下子红了，匆匆喝完茶，走出去。有人笑问服务小姐："明明是他土，你为什么不直说他呢？他那么粗鲁地叫你，你为什么不还以颜色？"

"正因为他粗鲁，所以要用婉转的方式对待；正因为道理一说就明白，所以用不着大声！"小姐说，"理不直的人，常用气壮来压人。理直的人要用气和来交朋友！"

从魔鬼到天使
只一念之差一步之遥

林清玄

走过一家羊肉炉店的门口，突然有一个中年人的声音热情地叫住我。

回头一看，是一位完全陌生的中年人，我以为是一般的读者，打了招呼之后，正要继续往前走。

没想到中年人跑过来拉着我的手臂，说："林先生一定不记得我了。"

我尴尬地说："很对不起，真的想不起在什么地方见过你。"

中年人说起二十年前我们会面的情景，当时我在一家报馆担任记者，跑社会新闻。有一天，到固定跑线的分局去，他们正抓到一个小偷，这个小偷手法高明，自己偷过的次数也记不得了。据警方说，他犯的案件可能上千件，但是他才第一次被捉到。

有一些被偷的人家，经过几星期才发现家中失窃，也可见小偷的手法多么细腻了。

我听完警察的叙述，不禁对那小偷生起一点敬意，因为在这混乱的社会，像他这么细腻专业的小偷也是很罕见的。

当时，那小偷还很年轻，长相斯文，目光锐利，他自己拍着胸脯对警察说："大丈夫敢做敢当。凡是我做的我都承认。"

警方拿出一叠失窃案的照片给他指认，有几张他一看就说："是我做的，这正是我的风格。"有一些屋子被翻得凌乱的照片，他看了一眼就说：

· 162 ·

"这不是我做的，我的手法没有这么粗。"

二十年前，我刚当记者不久，面对了一个手法细腻、讲求风格的小偷，竟自百感交集，回来以后写了一篇特稿，忍不住感慨："像心思如此细密，手法这么灵巧，风格这样突出的小偷，又是这么斯文有气魄，如果不做小偷，做任何一行都会有成就吧"。

从时光跌回来，那个小偷正是我眼前的羊肉炉老板。

他很诚挚地对我说："林先生写的那篇特稿打破了我的盲点，使我想到：为什么除了做小偷，我没有想过做正当的事呢？在监狱里呆了几年，出来开了羊肉炉的小店，现在已经有几家分店了。林先生，哪一天由我请客吃羊肉呀！"

我们在人群熙攘的街头握手道别，连我自己都感动了起来，没想到二十年前无心写的一篇报导，竟使一个青年走向光明的所在。这使我对记者和作家的工作有了更深一层的思考，我们写的每一个字都是人格与风格的延伸，正如一个小偷偷东西的手法，也是他人格与风格的延伸，因此，每一次面对稿纸怎么能不庄严戒慎呢？

现在由我来为这个改邪归正的小偷写一个结局：

"像心思如此细密、手法这么灵巧、风格这样突出的小偷，又是这么斯文有气魄，现在改行卖羊肉炉，做的羊肉炉一定是非常好吃的。"

团结诞生希望，凝聚产生力量

阿 来

黄昏时候，洪水如暴虐的猛兽，最终撕开了江堤。一个小垸子成了一片汪洋泽国。清晨，受灾的人们三三两两聚在堤上，凝望着水中家园。

忽然，有人惊呼："看，那是什么？"

一个黑点正顺着波浪漂过来，一沉一浮，像一个人！有人嗖地跳下水去，很快就靠近了黑点，但见他只停了一下，就掉头回游，转瞬上了岸。

"一个蚁球。"那人说。"蚁球？"人们不解。

"蚁球这东西，很有灵性。"一个老者解释说，"1969年发大水，我也见过一个，有篮球那么大。洪水来时，一窝蚂蚁迅速抱成团，随波漂流。只要能靠岸，或者碰上一个漂流物，蚂蚁就能得救了。"

说话间蚁球已漂过来了，越来越近，看清了：一个小足球大的蚁球！黑乎乎的蚂蚁密匝匝地紧紧抱在一起。风起波涌，蚁球漂流，不断有小团蚂蚁被浪头打开，像铁器上的油漆片儿剥离开去。

人们看得惊心动魄。

蚁球靠岸了。蚁球一层层散开，像打开的登陆艇。蚁群迅速而秩序井然地一排排冲上堤岸，胜利登陆了。岸边水中仍留下了不小的一团蚁球，那是最底层英勇的牺牲者，它们再也爬不上来了，但他们的尸体，仍然紧紧地抱在一起。

你无法阻止鸟儿从你的
头顶飞过，但却可以阻止鸟儿
在你的头上筑巢

佚　名

很早的时候，有位猎人没有鞋子，他的脚经常被锋利的石子和荆棘刺破，弄得鲜血直流。他的妻子很心疼，一边给他包扎伤口一边说："要是给所有的路都铺上动物的毛皮那有多好。"

丈夫说："这怎么可能呢？那得需要多少张毛皮，得花多少钱啊？"

但丈夫从妻子的话中得到了启发，他高兴地对妻子说："脚受伤，是因为脚皮太薄，如果在脚上包上一块动物毛皮，那么，锋利的石子和荆棘就无法刺破我的脚了。"

妻子马上取来一块坚韧的毛皮，把它裹在丈夫的脚上。猎人感觉十分舒服、温暖，而且石块、荆棘也无法刺伤他的脚了。

有句谚语这样说："你无法阻止鸟儿从你的头顶飞过，但却可以阻止鸟儿在你的头上筑巢。"

生活处处讲原则
处处为你打开方便之门

佚　名

我曾经是一个漫不经心的人，对生活的态度是"不必太认真"，凡事过得去就行，无论对人还是对己。我一直把它看成优点，认为可以免生许多闲气。但那短短几分钟的经历，竟改变了我的这个看法。

那是 1993 年的除夕之夜，我在德国的明斯特参加留学生的春节晚会。晚会结束后，整个城市已经睡熟了，在这种时候，谁不想早点儿到家呢？我和先生走得飞快，只差跑起来了。

刚走到路口，红绿灯就变了。迎向我们的行人灯转成了"止步"：灯里那个小小的人影从绿色的、甩手迈步的形象变成了红色的、双臂悬垂的立正形象。

如果在另外的时候，我们肯定停下来等绿灯。可这会儿是深夜了，马路上没有一辆车，即使有车驶来，500米外就能看见。我们没有犹豫，走向马路……

"站住。"身后，飘过一个苍老的声音，打破了沉寂的黑暗。我的心悚然一惊，原来是一对老夫妻。

我们转过身，歉然地望着那对老人。

老先生说："现在是红灯，不能走，要等绿灯亮了才能走。"

我的脸忽地烧了起来。我喃喃地道："对不起，我们看现在没车……"

老先生说："交通规则就是原则，不是看有没有车。在任何情况下，都必须遵守原则。"

从那一刻起，我再没有闯过红灯。我也一直记着老先生的话："在任何情况下，都必须遵守原则。"

在以原则为准的社会里，你看见处处是方便之门；而在一个不大重视原则的社会里，生活却是一件相当累人的事。我的朋友老徐一家，在德国住了八年后举家回国，他最感叹的不是住房小、噪音大、空气污染严重等，而是——生活中没有原则。

学习是个循序渐进的过程
学好是这样，学坏也是这样

壮　丁

下面这个故事，是一位台湾医生讲述的：

有一次，我收治了一位病人。这位病人在台北开着一家餐馆，据说生意不错。在治病期间，他与我大谈自己的"酒店业经营理念"。谈着谈着，我忽然明白了，原来这人经营的是色情酒店。不但如此，他还得意地自夸旗下女将清一色是"大专以上文化程度"！

大学生怎么会去从事色情陪酒行业？我虽然厌恶，却也有些好奇。

"其实很简单，我在报上刊登广告，招聘大专以上学历的女会计。"

"啊，原来你刊登虚假广告，诱骗应征少女！"

"错。"这位病人神秘地笑道，"我确确实实是招会计，而且付给会计的薪水比其他酒店还要高。但是，每一位小姐来应聘时，我就很明白地告诉她：我们这里有色情陪酒，但不强迫——你拿会计的薪水，就只用做会计的工作。"

"那就领薪水，好好地做会计工作呀。"我说。

"不错，一开始她会只做会计。不过日子久了，与里面端盘子的小姐熟了，大家都一样是大专毕业的，好沟通。酒店生意忙的时候，帮着端个盘子，送送酒，也是常有的事。"

"这个时候，我就会告诉小姐：你看，当会计领一万两千元薪水，端盘子送酒的薪水是两万四。况且端盘子又不陪客人，不是什么坏事。反正你都常常端盘子了，为什么不干脆领两万四?！这样说几次，小姐就有些动摇了。是啊，同样都是工作，为什么不领两万四呢?

"酒店的规定是：端盘子的小姐不准坐下来陪客人喝酒，这样才和坐台小姐有区别。可是日子久了，客人都熟了，也会要求小姐意思意思，喝杯酒。开头，小姐总是不愿意，后来推托不掉，就喝两杯——当然，是站着喝。

"一开始喝酒就好办了！站着喝酒薪水是两万四，坐着喝是四万八——客人给的小费还不包括在内。同样都是大专毕业，为什么要比别人赚得少？这时，就会有人劝她：人都在里面了，外面的人谁知道你是端盘子的还是坐台的呢？再说，你要想真的保持清白，不跟客人出场就行了。陪客人喝喝酒，就算在社会上应酬交际，也是常有的事呀。

"于是就坐下来，当坐台小姐。刚开始的时候，肯定是规规矩矩喝酒，不会陪客人出场。但是这一行的竞争很厉害。慢慢地，小姐就觉得领四万八的薪水也不够多了。于是就挑看得顺眼的客人，跟着出去。

"时间长了，有时会被客人占便宜，哭哭啼啼的，但过一阵子就好了。毕竟是读过书的人，一旦狠下心来做，往往更敢做，做得更利落，客人喜欢，我也得意——这都是两厢情愿的事。

病人眯着眼，停了一下又说："我从来没有强迫过别人，也从来不担心找不到小姐——反正这个环境慢慢改变她们。直至她们根本忘记了自己原来的想法、原来的样子……"

我愈听，眼睛睁得愈大，从来没有想过在这不疾不徐的琐碎里，竟也有血肉飞溅的惊心动魄！

台湾医生最后说："渐渐"的可怕，就在于我们的不知不觉。

能意识到自己错过
是一种心灵的升华

刘心武

是的，回顾过去的一年，我们又错过了许多……

从在商场所看中的一件很适合自己，并且价钱也不算昂贵的衣衫，竟因不必要的犹豫，放弃了购买，而再次去那商场，满眼都只是不如那件的样式，这类小小的错过，到明明有一个很好的跳槽机会，不仅去了那里可以收入更丰，更重要的是能与自己的兴趣更贴近，却只是因为决心下得迟点，因而痛失良机，那样大大小小的贻误……总算起来，真是不少！

人生的路啊，为什么，为什么总是充满了这样多的错过？

然而细想，可有"万无一失"的人生？

错过一般来说，属于人生的常态，只要我们回顾来路，有所得，从在偶然路过的一家小小书店，意外地买到了久访不得的一本诗集，这类小小的收获，到自己积极参与的一项改革，果然取得了重大突破，那样的精神物质双丰收……算起来，也还不少，我们就应感到欣慰！

没错过，抓住了；错过，溜走了。这正是人生的经纬线，见证着我们斑斓多味的存活。

能意识到自己错过了什么，在追悔中产生出一种真切而细微、深入而丰厚的情愫，则意味着灵魂具备了升腾的能力。

有的所错过的，还有机会再次相遇，正因为对错过有了痛彻的感受，当机遇再次呈现时，你便会有高度的应变力与把握力，也许，那最后的结果，是与其在上次侥幸抓获，不如这回你冷静而成熟地驾驭……恰恰是因为你上次的错过，才导致了你这次的获得硕果！

有的所错过的，时不复返，机不再来，属于永远的错过，但因为你善于细细咀嚼这错过的苦果，竟能从调怅中升华出憬悟，乃至于酿出诗意与哲理……你的生命，或许反更有厚度；你的心灵，或许反更有虹彩。

一念之差中，失之交臂了么？有时我们虽然错过，只要我们立刻意识到了，并立刻追上前去，力挽狂澜于既倒，我们多半也还可以使错过转化为掌握；问题是我们往往在立即意识到了以后，竟滞涩、凝结住了我们的行动；这样的错过，则几近于过错。

人生如奔驰的列车，车窗外不断闪动着变幻不定的景色。错过观赏窗外的美景、奇景并不是多么不得了的事，关键是我们不能错过预定的到站。

我们预定的到站并不等于人生的终点。但在人生的终点上，我们最好能含笑地说：我虽然错过的很多很多，却毕竟把握住了最关键最美好的，这样，"错过"便仿佛是碧绿的叶片，把一生中"收获"的七彩鲜花映衬得格外明艳！

人的一生若把光阴虚度
便是抛下黄金未买一物

欧　阳

埃斯特买了一幢豪华的海滨别墅。他每天下班回来，总看见有个人从他的花园中扛走一只箱子，装上卡车运走。他还来不及喊，那卡车就开走了。这一天，他决定开车去追。那辆卡车走得很慢，最后停在一条峡谷边。陌生人把箱子从车上卸下来扔进了峡谷，埃斯特下车后才发现，峡谷中已经堆了不少同样大小的箱子。

他走过去问陌生人："你是谁？那些箱子又是哪儿来的？我每天见你从我家里扛箱子，这到底是怎么回事儿？箱子里装的究竟是什么？"

陌生人轻蔑地看了他一眼说："你家里的箱子还有很多要运走，难道您不知道吗？这些箱子装的都是您虚度的时光。"

"虚度的时光？"

"是的，您白白浪费掉的时光，虚度的年华。您曾经盼望美好的时光，但美好时光到来后，您又干了些什么呢？您自己瞧瞧吧，它们个个完美无缺，不过根本没有用过，可是现在……"

埃斯特走过去，顺手拉开了第一个箱子，箱子里有一间客厅，妈妈正在做家务，同时催促书房里的埃斯特好好做功课，可埃斯特早已从窗户里跳出去到花园玩儿去了。他又拉开了第二个箱子，埃斯特正和一群朋友在酒吧里喝得酩酊大醉。他又拉开了第三个箱子，他因为潦草了事，设计的产品质量不合格。他看到这些，心里难受极了，于是，他向陌生人恳求道："先生，求求您，让我取回这些箱子吧。"陌生人耸耸肩，意思是太迟了，然后和箱子一起消失了。

思维是世界上最美丽的花朵

马长山

人类与社会

历史是不会止步不前的，即使它偶尔停滞了，也是在以另一种方式前进。

经常议论别人的缺点，你就是一个道德水准低下者；经常议论人类的缺点，你就是一个思想家。

历史往往是这样前进的：人们用一些不易察觉的谬误纠正那些显而易见的谬误。

人类和狮子都吃小动物：狮子是极其残忍地杀害它们，人类却文明多了。

社会是一个奇怪的地方，你急于要找的人大都地址不详。

人类只有找到一颗更适合自己践踏的星星，才会把地球一脚踢开。

人生与修养

儿童之所以幼稚可笑，是因为他们总是在不该说实话的时候说了实话。

当一个人不想再等运气的时候，他的运气也快要到了。

一个人在一生中至少要生几次气，因为你不可能对别人的好运气完全无动于衷。

我们大家都在朝坟墓走去，一路上却吵个不停。

人若是像一块耕地就好了——总是默默地奉献，所要的不过是几勺大粪和污水。

既然很多人都同意生活是一本书，那么里面出几个错别字就没有什么大惊小怪的。

规规矩矩走路的人也有不舒服的时候，因为规矩常常比他们的脚走得快。

有些动物主要是皮值钱，譬如狐狸；有些动物主要是肉值钱，譬如猪；有些动物主要是骨头值钱，譬如人。

老实人和不老实的人都会把头弄得青一块紫一块的；老实人经常碰壁；不老实的人经常跌跟头。

抛弃习惯是一件很痛苦的事情，因为它们是我们一点点看着长大的。

令人不舒服的消息，几乎总是真的。

交往与处世

棱角来自碰撞，失落于抚摸。

幕后人物更需要舞台。

真诚并不意味着一定要指责别人的缺点，但却意味着一定不恭维别人的缺点。

如同零是一个有效的数字一样，沉默是一种明确的意见。

狡猾与聪明的差距不是在智力上，而是在道德上。

恰到好处地说一点过头话，可以使别人更精确地了解你的意思。

上级应该了解下级，下级必须了解上级。

你只有经常睁一只眼闭一只眼，才有可能发现更多的秘密。

去除嘈杂与浮躁，平静
才显出最本质的美

（美）詹姆斯·E·艾伦

心灵的平静是智慧美丽的珍宝，它来自于长期、耐心的自我控制。心灵的安宁意味着一种成熟的经历以及对于事物规律的不同寻常的了解。

一个人能够保持镇静的程度与他对自己的了解息息相关。人是一种思想不断发展变化的动物，了解自己，首先必须通过思考了解他人。当他对人对己有了正确的理解，并越来越清楚事物内部存在的相互间的因果关系时，他就会停止大惊小怪、勃然大怒、忐忑不安或是悲伤忧愁，他会永远保持处变不惊、泰然处事的态度。

镇静的人知道如何控制自己，在与他人相处时能够适应他人，别人反过来会尊重他的精神力量，并且会以他为楷模，依靠他的力量。一个人越是处变不惊，他的成就、影响力和号召力就越是巨大。即使是一个普通的商人，如果能够提高自我控制和保持沉着的能力，那他会发现自己的生意蒸蒸日上，因为人们一般都更愿意和一个沉着冷静的人做生意。

坚强、冷静的人总是受到人们的爱戴和尊敬。他像是烈日下一棵浓荫片片的树，或是暴风雨中抵挡风雨的岩石。"谁会不爱一个安静的心灵，一个温柔敦厚、不愠不火的生命？"

无论是狂风暴雨还是艳阳高照，无论是沧桑巨变还是命运逆转，一切都没有关系，因为这样的人永远安静、沉着、待人友善。我们称之为"静稳"的可爱的性格是人生修养的最后一课，是生命盛开的鲜花，是灵魂成熟的果实。静稳和智慧一样宝贵，其价值胜于黄金——是的，比足赤真金还要昂贵。与宁静的生活相比，追逐名利的生活是多么不值一提。宁静的生活是在真理的海洋中，在急流波涛之下，不受风暴的侵扰，保持永恒的安宁。

我们都曾结识过许多人，他们因为火爆激烈的性格使自己的生活变得一团糟，他们毁灭了一切真与美的事物，同时也葬送了自己平稳安宁的性格，并将坏影响四处传播。大多数人都因缺少自我控制破坏了自己的生活，损害了原有的幸福。在生活中，我们碰到的真正能够沉着、冷静、保持平稳安宁的人真是寥若晨星。

是的，人性因为毫无节制的狂热而骚动不安，因不加控制的悲伤而浮沉波动，因为焦虑和怀疑而饱受摧残。只有明智的人，能够控制和引导自己思想的人，才能够控制心灵所经历的风风雨雨。

经历了暴风骤雨的人们，无论你们身处何方，无论你们身处何境，你们都知道——在生活的海洋中，幸福的岛屿在微笑挥手，理想的充满阳光的彼岸在等待着你们的到来。将你们的手牢牢地放在思想之舵上。在你们的灵魂深处有一个发号施令的主人，他可能在沉睡，唤醒他吧！自我控制是力量，正确的思想是优势，冷静是权力。请对你的心说："平和、安静！"

优雅是一种教养、一种从容、一种自信、一种境界

阿　利

第一次感受到优雅，是很久以前的事儿了。那天，我骑车路过使馆区，要横穿一个没有红绿灯的街口的时候，看见一辆小轿车疾驶而来，我捏住闸，单腿支地，等它过去。

出乎我意料的是，那车也减速停了下来，车里一个胖胖的老外，微笑着冲我挥手——让我先过。

现在回想起来，我当时有些失礼，可能是正处在第一次与外国人交流的局促中，我竟没有任何表示，低头匆匆而去。

哪怕笑一下也好，我后来想。

但那一次，我真真切切地感到了什么是优雅。

后来，学会开车以后，也曾有几次在人行道前把车刹住，然后优雅地微笑、挥手。然而，我看到的是无表情的人流，听到的是身后哇声一片。被我挡住的司机们，不许我优雅，鸣笛的时候肯定在说：这人真面。

优雅，有时真的很难，在别人眼里，那是另外的事情。

还有一次，参加一个公司的宴会。组织者可能是怕说完了就吃太没品位，事先准备了几个小节目，想给食客们添些丝竹之乐。领导致辞后，公司的一位小姐走上台，演奏《梁祝》。我当时就想：完了。

果然，小姐优雅的琴声很快便淹没在觥筹交错之中，虽然其间服务员几次调大麦克风的音量，但仍一次次地被鼎沸的人声盖住。小姐后来草草地结了尾，红着小脸下台。

这时，席间才传出稀落的掌声。是组织者太天真了，听众们暂时还没有达到双重享受的阶段。他所期待的台上台下交相辉映的场面只会出现在德国或奥地利的电影中，我想。

前几天在某公司的演示会上，我再次看到了这种人文的反差。

那次演示会中间有个休息，百十来位听众三五成群地挤在大厅里喧哗，摩肩接踵，像一个集市。

这时，一个西服笔挺一头金发的外国人（对不起，又是一个外国人）出现在会议室门口，他看了一眼熙攘的人群，略一迟疑，但还是走了出来。

他小心翼翼地左右躲闪着，脸上挂着淡淡微笑，在人缝中慢慢地前行。他冲每一个与他目光接触的人点头致意，如果谁在前边挡住了他的去路，他就停下来，等着，而决不像我们所习惯的那样分开众人。

最后，在走了许多的曲线，几乎绕了一个大弯之后，他向我站的大门口走来。我侧侧身，让开通道。他看见我后，点了点头，经过我身边的时候，还轻声说了一句"Thank you!"。

这个洋人，在腾挪间，把他的教养解释得一清二楚。

我真的服了。

这种与世无争的优雅，已经比较接近本意，而不是我们所刻意的那种，比如装束，比如动作，比如在宴会上拉拉小提琴。

那不是真优雅。

不觉得自己在忍耐
是忍耐的最好方法

刘 墉

我有一位朋友，以耐性强、脾气好出名，许多别人遭遇到会焦躁不安或无法忍受的事情，他却能毫不在意、泰然处之。

"你能不能教我如何训练自己的耐性?"有一天我问这位朋友。

未料他摇摇头讲："我不觉得自己曾经忍耐什么，又如何教你呢?"

"你已经教我了!"我说，"原来学习忍耐的最好方法，是不要让自己觉得在忍耐，这就好比'解忧'最好的方法是'忘忧'一般。"

学会忘却是人心灵的释荷
人生的升华

钟镜坤

著名画家张大千先生是个大胡子，浓密的胡须铺垂近腹。据说有一人见此，顿生好奇，问："张先生，睡觉时，您的胡子是放在被子上面还是搁在里头的？"

大千先生一愣："这……我也不清楚。是啊，我怎么没在意这个呢？这样吧，明天再告诉你。"

晚上就寝，大千先生将胡子撂在被子外头，好像不太对头；收进被子里面，又觉不自然。折腾了半宿，都不妥当。这一下他自己也犯愁了，以前这可不是什么问题呀，现在怎么成了件头痛的事呢？

大千先生的烦恼源于平常熟视无睹的小事引起了他的关注。生活中，心累通常是人为地在自己的思想上加压造成的。我们凡事太在意了，太在意邻里无意的评足，太在意同事间的小摩擦，太在意上司偶尔的责骂，太在意爱人一时的赌气。人生总会有烦心事，睁开两眼历历在目，闭上双眸空无一物，倘若凡事都记取，怎能不让人负重前行！

世上没有废弃的人和物
只是运用不得当，妙用劣势，
废物变宝贝

蒋光宇

　　杨格是美国新墨西哥州高原地区苹果园的经营者，是一位创新意识很强的人。每年的收获季节，杨格将上好的苹果装箱发往各地时，苹果箱上都印有与众不同的广告："如果您对收到的苹果不满意，请您函告本人。苹果不必退回，货款照退不误。"这种广告具有巨大的吸引力，加上高原苹果味道佳美，很少污染，深受顾客的青睐，每年都吸引大批买主。

　　可是，有一年高原上突然下了一次特大的冰雹，把结满枝桠的大红苹果打得遍体鳞伤。这时候，苹果已经订出了 9000 吨。面对这伤痕累累、创伤严重的满园苹果，怎样才能避免惨重损失，走出绝境呢？

　　杨格来到苹果园，心事重重地踱着步子，踩得落叶沙沙作响。他俯下身来拾起一个打落在地的苹果，揩了揩粘上的泥，咬了一口，意外地发现，被冰雹打击后的苹果，味道变得格外清香扑鼻，酣浓爽口。一个绝妙的主意油然而生。他果断命令手下集中力量，立即把苹果发运出去，同时在每一个苹果箱里都附上一个简短的说明："这批苹果个个带伤，但请看好，这是冰雹打出的疤痕，是高原地区出产的苹果的特有标记。这种苹果，果紧肉实，具有妙不可言的果糖味道。"

　　收到苹果的买主们半信半疑，尝了带有伤疤的苹果，发现味道特棒，真是高原苹果特有的味道。从此，人们更青睐高原苹果，甚至还专门要求提供带疤痕的苹果。

同善用物者无弃物一样，善用人者无废人。

美国柯达公司在制造感光材料时，需要有人在暗室工作。但视力正常的人一进入暗室，犹如司机驾驶着失控的车辆一样不知所措。针对这种情况有人建议：盲人习惯于黑暗中生活，如果让盲人来干这种工作，定能提高工作效率。于是，柯达公司经理下令：将暗室的工作人员全部换成盲人。

在暗室里工作，盲人远远胜过正常人，真可谓善于用人短变长。柯达公司巧用盲人这一行动，不仅提高了劳动生产率，给公司增加了利润，而且给公众留下了不拘一格重用人才的良好印象。很多高素质的大学生、研究生和专业人才，都争先恐后地到柯达公司效力。现在，柯达公司的产品在一百多个国家和地区畅销无阻。这与柯达公司善于不拘一格重用人才是分不开的。

利用好废物，废物就变成宝贝；利用好劣势，劣势就变成优势。

不做金钱的奴隶
还要把金钱当奴隶来使

佚 名

石油大王约翰·洛克菲勒，是美国 19 世纪的三大富翁之一。

洛克菲勒享有 98 岁高寿，他一生至少赚进了十亿美元，捐出的就有七亿五千万。

他平时花钱却十分节俭。有一次，他下班想搭公车回家，缺一毛零钱，就向他秘书借，并说："你一定要提醒我还，免得我忘了。"

秘书说："请别介意，一毛钱算不了什么。"洛克菲勒听了正色说："你怎能说算不了什么，把一块钱存在银行里，要整整两年才有一毛钱的利息啊！"

还有一件事。洛克菲勒习惯到一家熟识的餐厅用餐，餐后，给服务生一毛五分钱的小费。有一天，不知何故，他只给了五分。

服务生不禁埋怨说："如果我像你那么有钱的话，我绝不吝惜那一毛钱。"

洛克菲勒笑了笑说："这就是你为何一辈子当服务生的缘故。"

这位亿万富翁对金钱的看法是：我非但不做钱财的奴隶，而且要把钱财当作奴隶来使用。

借钱是把人放在天平上过称

佚　名

台湾名作家刘墉某日到一位教授家拜访，适逢教授的一位朋友去还钱。那人走了之后，教授就拿着钱感叹说："失而复得的钱，失而复得的朋友。"

刘墉听了，不解地问后一句话的意思。

教授说："我把钱借给朋友，从来不指望他们还。因为我想，如果他没钱而不能还，一定不好意思来；如果他有钱而想赖账，也一定不好意思再来，那么我吃亏也就一次，等于花点钱，认清了一个坏朋友。谈到朋友借钱，只要数目不太大，我总是会答应的，因为朋友应该有通财之谊。至于借出去之后，我从不去催讨，因为这难免伤了和气。因此每当我把钱借出去时，总有既借出钱又借出朋友的感觉；而每当他们把钱还回来时，我便有金钱与朋友一起失而复得的感觉。"

凡事不求享受权利
但求履行好义务

（俄）列夫·托尔斯泰

在大海的中央有个小岛，一只乌鸦就在这里筑巢。小岛很小很小，在雏鸦破壳而出后不久，乌鸦便无法为自己和雏儿觅得足够的食物。于是老乌鸦便决定回到大陆。

乌鸦用爪子抓住一个雏儿，带着他飞越大海。然而，路途遥远，老乌鸦飞得很疲倦了，他慢慢下降，翅膀拍打得也越来越慢。

老乌鸦问小乌鸦道："要是我变得衰老不堪，而你却长大成人，强壮有力，你会不会照顾我，把我带来带去？你把实话告诉我！"

小乌鸦很快地回答道："我会照顾你的，爸爸。"因为他怕老乌鸦会把自己丢在大海里。

乌鸦继续飞行，可他越来越累。

"我的儿子没说实话，"他想，于是松开爪子，使雏儿跌落下来。小乌鸦跌落于波涛之中，立即淹死。老乌鸦又飞回小岛。

在他养精蓄锐、重又感到强壮之时，又携带他的第二只雏鸦飞越大海。可他又飞累了，累得几乎无法振翅飞翔了。

他又对第二个雏儿提出同样的问题，而这第二个雏儿也由于怕被淹死而不假思索地回答道："我会照顾你的，爸爸！"

可他的爸爸不相信他。在老乌鸦筋疲力尽之际又松开了爪子，他的第二个孩子也葬身于大海之中。这样在小岛的窝中只剩下一只小乌鸦了。老乌鸦携带起他的最后一个雏儿飞越大海。

"儿子，"他问道，"我老了，你会喂我照顾我吗？"

"不，爸爸，我不会这样做的。"小乌鸦回答说。

"那为什么呢？"老乌鸦问。

"要是你老了，我长大了，我会有自己的窝，要养活和照顾自己的雏儿。"

"他说的是实话，"老乌鸦想，"他要筑自己的窝，养育自己的孩子。"

老乌鸦用尽最后的气力往高处飞翔，拍打着翅膀，带自己的雏儿飞越波涛汹涌的大海，稳妥地来到了陆地。

从小细节里看大景观
从小故事里悟深道理

涵　子

芝加哥郊外小城有对华裔夫妇，吉屋出售脱手的那一天，终于如释重负，长嘘了一口气。老婆说："买房卖屋、买车卖车，折腾久了真折寿啊！"老公一边伸腰捶背，一边点头称是。

可是现在，这对华裔夫妇居然被传讯到民事法庭，成了"卖房有欺"的被告。而且万万没有想到，这桩案子竟是由几只蚂蚁引起的。

依照美国规矩，他们请了个律师。不料自己的律师和对方的律师联系了以后，严肃地说："这个问题还不简单呢，因为你们在签约时已经声明，没有隐瞒任何问题，现在他们发现，厨房和客厅里有许多蚂蚁。它们不是一脚碾死就完事的小蚂蚁。据说蚂蚁数量不少，个头也不小。新房主有过敏病，他们再去卖房买房，时间金钱都经受不起，他们因此提出索取赔偿金 10 万美元。"

夫妇俩听了"10 万美元"这个数字，一阵惊呼，险些背过气去。他们的房子，总价值不过十几万美元，卖房时他们还有一半的房债没有付清。这场官司若是输了，他们就要倾家荡产。

后来听说，他们虽然没有倾家荡产，但是法庭前后一共花去三万多美元，其中一万多是律师费，两万多是赔偿费。而那等待宣判的煎熬，以及随之而来的懊悔感叹，更不知道让他们损失了多少元气，日后且要花费一番加以调养呢。

所以事后夫妇俩只要听说有华人朋友要卖房子，就立即劝告：千万不要隐瞒什么啊！可不能为了占小便宜而吃大亏。美国的法律和律师，我们绝对惹不起。

不仅是房子这件事情，夫妇俩从今以后对各种可能和警察、法律扯上的事物都特别小心。每年报税的时候，每笔账目都仔细核算了，相关的发票、证据分门别类地放进有标签的口袋，再锁进保险柜。而且他们变得耳聪目明起来，周围什么地方可以停车多久，哪个路口黄灯特别短暂，晚上

11 点以后电视、收音机能够开多大的音量，他们都了如指掌。深更半夜马路上没有一个人影，他们的车子开过路口停止牌的时候，也老老实实地停足了时间。

区区蚂蚁们浑然不知，它们从此造就了两个遵纪守法的公民。

赞美是最有效的激励生长素

苏小凯

在电视上看到这样一个画面：记者请一位资深的老花农谈经验，他于是一边给一枝花示范施肥、浇水，一边讲解管理要领。末了，他抬起头看看镜头，以为节目结束，便俯下身子，轻轻抚摸着花枝，说："你今天好漂亮、好精神啊！"记者觉得奇怪，问："你每天都这样赞美它们吗？""不。但还是常有的，"老花农解释说，"花跟人一样，它能听懂你的话，及时得到表扬，一高兴长劲就大了，明天你来看，小家伙会长得更好呢！"

赞美一枝花，原来也是管理的经验之一。但与其说是技巧，倒不如说是一种爱心。植物不可能真正听懂人的话，但真正的爱心，却每时每刻感受得到的。它来自平常的琐碎，却超越了琐碎的平常，一肥一水，一笑一语，无不涵盖其中。

曾看到一个小女孩和一个小男孩在公园里追逐玩耍，小男孩不小心把一朵鲜花扯了下来。小女孩停下来，急得大叫："你弄痛它了！"

花的感觉，小女孩是如何体验到的？可是，那种痛，经她那么一说，却分明在我们心中轻轻的蜇了一下，竟如此真切！有些疼痛，也许我们一辈子也体验不到；有些赞美，也许我们一辈子也来不及说出。但是，要知道，"人生一世，草木一秋"，好好爱一遭，也只不过短短一个"秋天"啊！

一片叶子拥有树之前
首先拥有阳光和信心

邓康延

一片叶子在拥有一棵树之前，先拥有着阳光和信心。

一位美国大学毕业生疾奔进加州报馆问经理："你们需要一个好编辑吗？""不需要。""记者呢？""也不。""那么排字工、校对员呢？""不，我们现在什么空缺也没有。""那么你们一定需要它了。"大学生从包里掏出一块精致的牌子，上面写着："额满暂不雇佣。"

结果，这位年轻人被留下来干该报馆的宣传工作。他从未怀疑他这片叶子最能风光大树。

在深圳人才市场门口，有一位来自江西的大学毕业生，长而蓬乱的头发透露出求职谋生的不顺。可他达观："来这儿的好些知识分子对人才市场位置设在肉菜市场上，心理不平衡。为什么要那么看重形式呢？人才也是特殊商品，就得让买卖双方挑挑拣拣，让大家都有机会选择最佳契合。为了适合环境，我已调整了择业方向，今天也已找到了一份工作，先干起来再说。"这位小伙子明白，要想绿满枝头，先要萌生枝头。在当今深圳，有许多建基立业的青年，在初闯特区时，除了激情，曾是不名一文。

与西方青年相比，中国青年在求职、创业方面，似乎还缺少些自信与变通。可喜的是，飞速发展的商品经济社会正教会我们所缺少的东西。这一过程会布满痛苦，但也不乏幽默。我们何妨好运时揶揄自己一下，厄运时调侃自己一番，只是不要无为地静候下一个伤口。一片叶子只有一个季节，在这一个季节里，它完全可以是树的主人。所谓年轮便是由季节的叶子填写的。

"人生下来不是为了被打败的。"海明威隔着两万海里重洋说；"天生我材必有用"，李白隔着一千年的山丘说。

不只是一种精神状态，也是一种生存实践——一片叶子拥有树。

生存本身就是一种幸运，一种对不公平命运的挑战和蔑视

佚　名

沙漠玫瑰，生活在热带沙漠的一种矮草，虽然普通，却具有一种超凡的生命力：你可以把它拔起，随便扔到一个地方，任它在那里呆上几个星期甚至几个月。当你再次看到它时，它或许早已成了一把枯黄的野草，死去一般。可当你把它放到水中时，就可以看到它的复苏，几个星期后，它甚至会比你第一次见到它时美丽千倍。

真地感谢大自然的恩赐，当我知道上面那一切的刹那，我完全被震撼了，我甚至感到那股透着浓绿色彩的生命力，在我心中涌动。

我在想：沙漠玫瑰这样执著地追求，是因为生命本能的使然？还是一

种强烈意识的觉醒，想在创造中使自己的生命得以延伸，保存一份永恒？

我曾不止一次地读过类似于这样的消息：某校大学生，不堪学习、生活的压力，跳楼自杀。难道真的有一种东西能使一个大活人放弃生命吗？

在大自然的感悟下，我意识到了执著的重要，也知道了不言放弃是一个多重的话题。

真的，不说放弃，眼中必定有泪；不说放弃，心中必定有伤；不说放弃，追求必受到挫折。不说放弃，因为苦苦攀登的山峰即将踩在脚下，却一跤滚入山谷。奋斗多年的目标即将实现，却失之交臂。于是，不说放弃，从头再来，重走过的路是多么艰难。

不说放弃，就如同在漫漫荒漠中独行的探险者，为征服暴风和狂沙，宁可付出生命也不回头。不说放弃，即使爬不上光辉的巅峰，但"精卫填海"般的信心亦可载入自己的史册；即使结果不能如愿，但那也是自己一路风雨兼程的结果。

由此我们没有理由不对生命投以虔诚的谢意和崇高的敬畏。毕竟生命属于每个人只有一次。生存本身就是一种资本，一种幸运，一种对不公平命运勇敢地挑战和蔑视！

感谢生命，赋予我们异常珍贵而不懈追求的存在。

为了事业我们可以处心积虑
但为了挣钱不可不择手段

佚 名

市场里，经常看见一个乞丐，他坐在轮椅上，腰部以下覆盖一块脏污的毛巾，上半身歪斜，松软地瘫在椅子上。表情哀伤而茫然。

他那哀伤茫然的表情最令人伤痛，因此有许多人施舍给他。

今天中午，我穿过市场，看见一个眼熟的人站在西瓜摊旁吃便当，和卖西瓜的人有说有笑。我心里一惊：这个人怎么长得如此面熟，难道会是我的朋友？

我不敢确定，又走回去，站在屋檐下看他，并搜寻记忆。

呀！原来是坐在轮椅上的那个乞丐！

他原来是可以站着走路，他原来可以吃便当，他原来可以高声谈笑，他原来是假的！

当我又看见他破旧的轮椅和毛巾被弃置在西瓜摊旁，证明了我的所见。

这一惊非同小可，使我整个下午心绪不宁，好像被好朋友欺骗一样。

一直到夜里，我的心才平静下来，因为我想到一个好好的青年，要整天歪斜，伪装瘫痪，是多么辛苦的事，而且他哀伤茫然的表情表演得多么传神，胜过一般的演员。

世上之事，该放手时就放手，该争取的就别放弃

流　沙

智者有两个徒弟。一次，他们看到屋里飞进一只蜜蜂，蜜蜂努力地朝窗外飞，却被窗上厚厚的玻璃挡住了，一次次徒劳地摔下来。

徒弟甲说；"这只蜜蜂真是愚蠢啊，既然知道这个方法行不通，为什么还要做努力呢？它这样做即使飞一辈子也不可能成功。"

他从中得到领悟：世上有些事，不能强求，该放手时就放手。

徒弟乙说："这只蜜蜂真顽强，它那么勇敢，失败了也不屈服。"

他也从中得到启示：做人就应该像蜜蜂那样，锲而不舍，败而不馁，百折不回。

于是，两人争执起来，谁也说服不了谁。

最后，他们只好去找智者来评理："我们的观点，究竟谁的才是正确的呢？"

智者说："你们谁都没错。"

两个徒弟不解，心想：怎么可能两种观点都对呢？难道师傅是故意做好人，不让我们再争执了？

智者早就看出他们的心思，他微笑着，拿出一块大饼，吩咐他们把大饼居中切开。徒弟二人照做了。

智者问："两个半块饼，你们说哪半块好，哪半块不好？"

他们回答不出。

智者说："你们总是看到相异的地方，而没有看到相同的地方，形式上的差异，掩盖了质的相同。"

徒弟二人一下醒悟过来了：一个事物的两个方面，本来没有绝对的是非问题。

世上万物也是如此，许多表面看似相同的，可能是相殊甚远，而表面相殊的，倒可能有质的相同。生活中的不少错误，有时就是因为看不到这一点而产生的。

以出世的态度做人
以入世的态度做事

谢　冕

好像是朱光潜先生说过："以出世的态度做人，以入世的态度做事。"我很信服这话，以为朱先生是用极简单的语言，说出了人生极复杂的道理。人生一世，如草生一秋，是匆匆而麻烦的短暂。所有的人上自帝王显贵，下至黎民苍生，都是这个匆匆舞台的演员和看客。常言浮生若梦，过去把这话是当做消极的思想来批判的，其实，谁都明白，人生到底是一出悲剧。无论是天才还是愚钝，到头来都摆脱不了一个毫无二致的结局。有了这样的洞察，人们就会在不免有些苍茫的悲凉中，获得某种顿悟。参透一切苦厄，把身外之物看淡，豁达、潇洒，了无牵挂，无忧而有喜。我理解，这就是"出世"的思想，是指从总体上看，要把世事看淡。

但若只停留在这一层面上，那就确实有点"消极"的味道了。只讲"出世"而不讲"入世"，则对人生的体悟还说不上全面深刻。有了"入世"对于"出世"的加入和融会，就把人的高低、不同的境界区分了出来。

从具体上看，人活着要谋生，要做事，不论是为自己，还是为社会，都来不得半点虚妄。太阳每日升起，每日落下，一个人的一生能看到几次日出日落的景致？因此就要珍惜，决不虚度光阴。春花秋月，赏心乐事，酷暑严冬，黾勉苦辛。要每日都过得充实、有意义，有益于人，也有益于自己。积极，有效，把眼前做的每一件事，都看成盛大的庆典，既轰轰烈烈，又扎扎实实。不悲观，不厌世，一步一步坚定地向前走去。明知愈走愈接近那谁也无法逃避的终点，却始终是坚定地前行。这样的人生，是摆脱了大悲苦而拥有大欢喜的人生。

一句抚慰的话语
会温暖你一辈子的心灵

董保钢

有这么一个寓言故事。在茂密的山林里，一位樵夫救了一只小熊，老熊对樵夫感激不尽。有一天樵夫迷路了，遇见了母熊，母熊安排他住宿，还以丰盛的晚宴款待了他，翌日晨，樵夫对母熊说："你招待得很好，但我唯一不喜欢的地方就是你身上的那股臭味。"母熊心里怏怏不乐，说："作为补偿，你用斧头砍我的头吧。"樵夫按要求做了。若干年后，樵夫遇到了母熊，他问："你头上的伤口好了吗?"母熊说："噢，那次疼了一阵子，伤口愈合后我就忘了。不过那次你说过的话，我一辈子也忘不了。"

真正伤害人心的不是刀子，而是比刀子更厉害的东西——语言。古人说："口能吐玫瑰，也能吐蒺藜。"通过一个人的谈吐，最能看出其学识和修养。善良智慧或者温厚博学的语言，能融冰化雪，排除障碍直抵对方心岸。

读中学的时候，语文老师给我们讲过一个故事：

二次世界大战后期，盟军准备发动一次大攻势，盟军统帅艾森豪威尔在一天傍晚来到莱茵河畔散步，看见一个神情沮丧的士兵迎面走来。艾森豪威尔打招呼道："你还好吗？孩子？"那青年士兵回答："我烦得要命！"老师讲到这里，让我们猜猜艾森豪威尔将如何回答。

同学们纷纷举手，一个同学说："他是盟军统帅，一定会说战争就要打响，你为什么萎靡不振？"另一个同学说："你沮丧什么？是不是贪生怕死？"

后面发言的几位同学大都是差不多的说法。

老师摇了摇头："艾森豪威尔说，嗨，你跟我真是难兄难弟，因为我也心烦得很，这样吧，我们一起散步，这对你我会有好处。"

艾森豪威尔没有打任何官腔，他那平等、亲切的人情味，让那个士兵受到感动，并以有这样的统帅而振奋，后来在战场上表现得十分英勇，多次立功。

一句抚慰人心的话，能够照亮你的心灵，甚至会影响你一辈子的生活态度。因为一句话，总有一些身影让我们感动，总有一些面孔将我们暗淡的心重新点亮。

记得那个灰色的七月，高考落榜的我黯然神伤，无法面对现实。我的老师对我说："人生就是这样。快乐自然令人向往，痛苦也得承受，这是真实的人生之途。你不必为一次的失败而烦恼。其实人生的每一种经历都是一笔财富，就看你如何去体会，如何去理解。"最后他语重心长地对我说："摔倒了就要爬起来，别忘了再抓一把沙子。"如今，将近 8 年了，老师的话还不时的在我的耳边响起。每当我遇到挫折时，我就会想起老师的话，吸取教训，鼓起勇气，迈向一个新的目标。

山不过来，我就过去

佚　名

有这样一则故事：一天，有人找到一位移山大法的大师，央其当众表演一下。大师在一座山的对面坐了一会儿，就起身跑到山的另一面，然后说表演完毕。众人大惑不解，大师道：这世上根本就没有移山大法，唯一能够移动山的方法就是：山不过来，我就过去。

我的一个朋友非常适合经商，但他却立志成为画家。他辞去公职，躲在家里，一心画画。几年过去却毫无长进。

经过痛苦反思，他决定暂时放弃画家梦，下海经商，没几年他便跻身富人行列。闲时与书画家们在一起切磋技艺。几年后，他的画竟获得行家好评，挂在宾馆和画廊出售，出了画集，圆了当初的画家梦。

学会用眼睛寻出金来

栖　云

事情是这样的：一名中文系的学生苦心撰写了一篇小说，请作家批评。因为作家正患眼疾，学生便将作品读给作家。读到最后一个字，学生停顿下来。作家问："结束了吗？"听语气似乎意犹未尽，渴望下文。这一问，煽起学生无比激情，他立刻灵感喷发，马上回答说："没有啊，下部分更精彩。"他以自己都难以置信的构思叙述下去。

到达一个段落，作家又似乎难以割舍地问："结束了吗？"

小说一定勾魂摄魄，叫人欲罢不能！学生更兴奋，更激昂，更富于创作激情。他不可遏止地一而再再而三地接续、接续……最后，电话铃声骤然响起，打断了学生的思绪。

电话找作家，急事。作家匆匆准备出门。"那么，没读完的小说呢？"学生问。

作家莞尔："其实你的小说早该收笔，在我第一次询问你是否结束的时候，就应该结束。何必画蛇添足、狗尾续貂？该停则止，看来，你还没能把握情节脉络，尤其是，缺少决断。"

决断是当作家的根本，否则绵延逶迤，拖泥带水，如何打动读者？

学生追悔莫及，自认性格过于受外界左右，作品难以把握，恐不是当作家的料。

很久以后，这名年轻人遇到另一位作家，羞愧地谈及往事，谁知作家惊呼："你的反应如此迅捷，思维如此敏锐，编造故事的能力如此强盛，这些正是成为作家的天赋呀！假如正确运用，作品一定脱颖而出。"

当止不止不好，但想象丰富非常重要。两位作家，两种认定方式，各有千秋。

就像倒着走路的小恐龙，有一天也派上了用场，倒着走的脚印会麻痹敌人。转过身来，谁都有大吃一惊的一面，重要的，是要学会用眼睛寻出金来。

善于抓住机遇
是伟人与凡人的最大分野

玉 梦

斐塞司博士悠闲地站在窗前。他似乎在凝望着什么，思考着什么。但是从神态看，又好像什么也没有思考，就是工作之后漫无目的地遐想，即所谓神游。

四周静静的，阳光从天空直射下来，照射在窗前的空地上。

一只母猫躺在阳光下。它懒懒的，很舒适的样子。母猫安详地打着盹，那种舒展的姿态与四周的宁静是那样吻合。

树影开始移动，猫身上的阳光失去了。这只猫站起来，重新走到阳光下。这一切，是那么自然而然，仿佛一切都事先安排好了，又好像母猫接到阳光的通知似的。

这一景象唤起了斐塞司博士的好奇。

究竟是什么引得这只猫呆在阳光下？

是光与热？

对，是光与热。

那么，如果光与热对猫有益，那对人呢？为什么不会对人有益？

这个思想在脑子里一闪。

这个一闪的思想，成为闻名世界的日光治疗法的引发点。

之后不久，日光治疗法在世界上诞生了。

斐塞司由"想"到了猫对光和热的追寻，进而想光与热对人的益处，再与人类的健康事业联系在一起；我们呢？

最平凡的生活里
蕴涵着最奇绝的睿智

林清玄

为了这绝望的爱情，我已经过了很长时间沮丧、疲倦、像行尸走肉的日子。昨夜从矿坑灾变中采访回来，因疼惜生命的脆弱与无助，躺在床上不能入睡。清晨，当第一道阳光照入，我决心为那已经奄奄一息的爱情做最后的努力。我想，第一件该做的事是到我常去的花店买一束玫瑰花，要鹅黄色的，因为我的女友最喜欢黄色的玫瑰。

刮好胡子，勉强拍拍自己的胸膛说："振作起来。"想到昨天在矿坑灾变前那些沉默哀伤但坚强的面孔，就出门了。

往市场的花店前去，想到在一起5年的女朋友，竟为了一个其貌不扬，既没有情趣又没有才气的人而离开，而我又为这样的女人去买玫瑰花，既心痛又心碎，生气又悲哀得想流泪。

到了花店，一桶桶美艳的、生气昂扬的花正迎着朝阳开放。

找了半天，才找到放黄玫瑰的桶子，只剩下9朵，每一朵都垂头丧气，"真衰，人在倒霉的时候，想买的花都垂头丧气的。"我在心里咒骂。

"老板，"我粗声地问，"还有没有黄玫瑰？"

老先生从屋里走出来，和气地说："没有了，只剩下你看见的那几朵啦。"

"每一朵的头都垂下来了，我怎么买？"

"喔，这个容易，你去市场里逛逛，半个小时后回来，我包给你一束新鲜的，有精神的黄玫瑰。"老板赔着笑，很有信心地说。

"好吧。"我心里虽然不信，但想到说不定他要向别的花店调，也就转进市场逛去了。心情沮丧时看见的市场简直是尸横遍野，那些被分解的动物尸体，使我更深刻感受到悲苦的世界，小贩刀俎的声音，使我的心更烦乱。

好不容易在市场里熬了半个小时，再转回花店时，老板已把一束元气淋漓的黄玫瑰用紫色的丝带包好了，放在玻璃柜上。

我不敢相信自己的眼睛，我说："这就是刚刚那一些黄玫瑰吗？"——它们垂头丧气的样子还映在我的眼前。

"是呀，就是刚刚那一些黄玫瑰。"老板还是笑眯眯地说。

"你是怎样做到的，刚刚明明已经谢了。"我听到自己发出惊奇的声音。

花店老板说："这非常简单，刚刚这玫瑰不是凋谢，只是缺水，我把它整株泡在水里，才20分钟，它们全又挺起胸膛了。"

"缺水？你不是把它插在水桶里吗？怎么可能缺水呢？"

"少年仔，玫瑰花整株都需要水呀，泡在水桶里的是它的根茎，就好像人吃饭一样。但人不能光吃饭，人要有脑筋、有思想、有智慧，才能活得抬头挺胸。玫瑰花的花朵也需要水，在田野里，它们有雨水露水，但是剪下来后就很少有人注意它的头也需要水了，整株泡在水里，很快就恢复精神了。"

我听了非常感动，愣在那里：呀，原来人要活得抬头挺胸，需要更多智慧，应当把干枯的头脑泡在冷静的智慧水里。

当我告辞的时候，老板拍拍我的肩膀说："少年仔，要振作呀！"这句话差点使我流泪走回家，原来他早就看清我是一朵即将枯萎的黄玫瑰。

回到家，我放了一缸水，把自己整个人埋在水里，体会着一朵黄玫瑰的心，起来后通身舒泰，决定不把那束玫瑰送给离去的女友。

那一束黄玫瑰每天都会泡一下水，一星期以后才凋落花瓣，但却是抬头挺胸凋谢的。

这是在十几年前，我写在笔记上的一个真实的事。从那一次以后，我就知道了一些买回来的花朵垂头丧气的秘密。最近找到这一段笔记，感触和当时一样深，更确实地体会到，人只要有细腻的心去体会万象万法，到处都有启发的智慧。

一朵花里，就能看到宇宙庄严，看到美，以及不屈服的意志。

有一位花贩告诉我，几乎是所有的白花都很香，愈是颜色艳丽的花愈是缺乏芬芳，他的结论是："人也是一样，愈朴素单纯的人，愈有内在的芳香。"

有一位花贩告诉我，夜来香，其实白天也很香，但是很少人闻得到，他的结论是："因为白天人的心太浮了，闻不到夜来香的香气，如果在白天人的心也很静，就会发现夜来香、桂花、七里香，连酷热的中午也是香的。"

有一位花贩告诉我，清晨莲花一定要挑那些盛开的，结论是："早上是莲花开放最好的时间，如果一朵莲花早上不开，可能中午和晚上都不会开了。我们看人也是一样，一个人在年轻的时候没有志气，中年或晚年是很难有志气的。"

有一位花贩告诉我，愈是昂贵的花愈容易凋谢，那是为了要向买花的人说明："要珍惜青春呀，因为青春是最名贵的花，最容易凋谢。"

有一位花贩告诉我……

让我们为体会这有情世界的一切展现吧，原来在最近最平凡的一切里，就有最深最奇绝的睿智呀。

冒险犯难的人虽然常遭挫折
但总能有惊人的收获

佚 名

有些蜘蛛喜欢在树木间织网，但是风雨一来，它的网就会破损，而不得不重新织。有些蜘蛛喜欢在屋檐下张网，由于屋檐的遮蔽，除非有大的风暴，那网是不易损坏的。更有些蜘蛛爱在室内织网，它们选择人们不太注意到的角落，织起小小的网，尽管外面风狂雨骤，它总是无忧无虑。

在树木间织网的，常能抓到蜻蜓、蝉、天牛等大的昆虫；在檐下织网的，常能捕到飞蛾、苍蝇等中型的昆虫；在屋里织网的，则只能碰上两个倒霉的蚊子而已。

冒险犯难的人，虽然常会遭遇严重的挫折，但是总能有惊人的收获；力求安逸的人，虽然过得平稳，但也难有大的创造。

不论人，抑或昆虫，都是一样的。

想要富"钱袋" 先要富"脑袋"

董艳丽

在一次关于财富与成功问题的讨论会上，有人问一个成功人士如何才能获取财富。成功人士没做正面回答，讲了一个故事：

某地发现了金矿，人们蜂拥而至，却被一条大河挡住了去路……

说到这，成功人士问，如果你也是一个想开矿赚大钱的人，会怎么办？

人们七嘴八舌，各抒己见，成功人士摇摇头说：

"买一条船搞航运哪！你就是把坐船的人宰得只剩一条短裤，他们也心甘情愿，因为前面是金矿！"

这个故事能给你什么启示呢？

美国加州曾出现一股淘金热，农夫亚默尔也跑去碰运气。矿山上气候干燥，水源奇缺，淘金者个个口渴难忍，常有人抱怨："要是有人给我一杯水喝，老子愿出一个金币！"亚默尔听在心里，便打起了主意。他毅然放弃了找金矿转而去找水源，并制作了一个简易的过滤装置，接着把水源隐蔽了起来。他背着水陪同找金矿的人翻山越岭，开始大赚水钱。亚默尔迅速发了财，鼓起了钱袋。

同样，"牛仔裤"的发明人利惠·史特劳斯，也是赚淘金人的钱成为巨富的。他由德国移居美国时，恰巧当地掀起了一股"寻金热"，人们蜂拥而至。利惠·史特劳斯也在这支队伍中，他时常听到矿工们抱怨穿细布衣服下矿，既不耐磨，也不方便，他脑子一转，便开起了制衣厂，以做帐篷的厚帆布为料，用金属钉子钉裤袋，使裤袋便于装工具，既耐磨又便利，"淘金者"纷纷抢购，利惠·史特劳斯赚了大钱；接着扩大了规模，将产品推向了更广阔的市场，直至风靡整个世界。他的公司年营业额达10亿美元之巨。自然，利惠·史特劳斯的腰包也鼓得厉害。

同是淘金人，亚默尔，利惠·史特劳斯却大赚了淘金人的钱，他们是用智慧淘到了绝妙创意的真金。热什么追什么，往往追不到；独辟蹊径，用冷门去赚热门的钱，确是生财之大道。

"钱袋"鼓的前提是"脑袋"富，"脑袋"富的条件是多学习，多实践。"脑袋"富了，思维敏捷开阔，才能生发出绝妙的赚钱创意，没有谁不羡慕财富与成功，那么请你记住——想要富"钱袋"，先要富"脑袋"。

朋友从陌生人开始

王　强

一个叫大卫吉萨的人拥有很多朋友，而且这其中的很多竟是他或者在散步时，或者外出购物时搭话认识的人。他的一个朋友问他为什么那么自然地跟陌生人搭话，他说："一开始我也是对于跟陌生人说话心怀不安，但是每当我回忆起我最好的朋友当初都是陌生人时，我的畏惧感就消失了。因为我想：在我开口与他们说话之前，他们都是陌生人；而我一旦跟他们说话，他们就可能成为我的朋友甚至知己。""那么，你不怕被别人误解吗？""一开始我确实也担心被别人误解，但是经过一段时间后我发现：

如果你怀着一颗真诚而热情的心，同时又有着对友谊的渴望，对方一般不会误解你的动机。我遇见过不少表面上自负而冷若冰霜的人，他们给人的第一感觉都是拒人千里。但跟他们搭话之后我发现：麻木不仁的只是他的外表，他们在内心深处同我一样热切地需要友情。所以，如果你也想交到更多的朋友，就不要让畏惧成为规避的借口。"

我们每一个人活着都需要友情的滋润，而友情的获得终究只能靠自己去把握。防人之心应该有，但不要让提防成为阻塞友情发展的堤坝，因为你要明白：朋友都是从陌生人开始的。

真正伟大的人往往在对待别人的错误中才显示出伟大的人格

陆勇强

美国空军的著名战斗机试飞员鲍伯·胡佛经验丰富，技术高超。在漫长的试飞生涯中，十分顺利地试飞了许多机型。

有一次，他在接受命令参加完飞行表演后飞回洛杉矶，在途中，飞机突然发生故障，问题十分严重，飞机的两个引擎同时失灵。他临危不惧，果断、沉着地采取了措施，奇迹般地把飞机迫降在机场。

飞机降落后，他和安全人员检查飞机，发现造成事故的原因是用油不对，他驾驶的螺旋式飞机，用的却是喷气式用油。

负责加油的机械工吓得面如土色，见了胡佛便痛哭不已。因为他一时的疏忽可能会造成机毁人亡。胡佛并没有对他大发雷霆，而是上前轻轻抱住那位内疚的机械工，真诚地对他说："为了证明你干得好，我想请你明天帮我干飞机的维修工作。"

这位机械工后来一直跟着胡佛，负责他的飞机维修。以后，胡佛的飞机维修从来没有发生任何差错。

让一个人保住面子是多么的重要。而我们却往往很少想到这一点。自尊是一个人的力量源泉，如果能为别人考虑，在任何时候都不伤害别人的自尊，这是我们应该把握的最后底线。

在丰子恺先生的回忆录里，记载着一段关于他的恩师李叔同的轶事。上音乐课时，有一个学生在下面看闲书，另一个学生则随地吐痰。李先生是个极其严肃的人，他当场看到了却不出声，下课后，李先生请那两位学生留下来，李先生用很缓和的声音对他们说，下次上课时不要看闲书也不要随地吐痰。然后，只见这位德高望重的先生向他们鞠了一躬，两个学生顿时满脸通红。

一个人一味地贬低别人并不能显示其伟大，真正高尚的人往往是在对待别人的错误中，显示出他们的伟大人格。你守住了自己最后的底线，也就减少了对别人的伤害，事情的结果就会发生根本的变化。

做事求精明，做人要厚道

刘诚龙

厚道有如参天的大树，给你遮挡暑热炎凉；厚道有如坚实的舞台，容你演绎生旦末丑；厚道有如母性的怀抱，替你抚慰喜怒哀乐；厚道有如宽广的大海，载你搏击风雨浪涛。

地基愈厚，愈能载高；础石愈厚，愈能负重；湖床愈厚，愈能纳深；人性愈厚，愈能爱众。

想要纪念碑高高耸天，首先要夯实底座；想要赞美诗远远传播，首先要充实内涵；想要伊甸园四季如春，首先要气候温厚；想让友谊之树常青不谢，首先要土地肥沃。

土地不厚，承不了山川海岳；人心不厚，得不到道义情谊。

厚道，就要心地单纯，化复杂的人生为简单处世；厚道，就要心胸宽广，化恩怨干戈为真情玉帛；厚道，就要心存善良，人负我，我不负人；厚道，就要心向美好，少栽刺，多栽花。

别人的心也许深不可测，而我清澈见底，是谓厚道；别人的心也许变化多端，而我常处恒态，是谓厚道；人家看人，以待己为是非，我看人，以对他为对错，是谓厚道；人家待人，以利己为恩怨，我待人，以利人为取舍，是谓厚道；人以地位升浮为亲疏，我以感情真假为远近，是谓厚道；人以得失为得失，我以善恶为善恶，是谓厚道。

人给我自尊，我还他高尚；人给我快乐，我还他幸福；人给我宽容，我还他真诚；人给我抚慰，我还他热情；人给我希望，我还他感激；人给我亲切，我还他尊敬。

人给我一道横眉，我给他一张笑脸；人给我一枝暗箭，我给他一束鲜花；人给我一个陷阱，我给他一双肩膀；人给我一句坏话，我给他一曲赞歌；人给我一回屈辱，我给他一顶桂冠。

厚道，既是以心换心，以情还情；也是以德报怨，以善报恶。

给别人一个生存的权利
为自己开拓生存的空间

（德）阿·叔本华

在这世界上生存，具备一定的预见能力和宽恕能力合乎我们争取幸福的目的：前者帮助我们避免受到伤害和损失，后者则为我们免除了人事纷争和吵闹。

谁要是生活在人群当中，那他就绝对不应该摒弃任何人——只要这个人是大自然安排和产生的作品，哪怕这个人是一个最卑劣、最可笑的人。我们应该把这样一个人视为既成的事实和无法改变：这个人遵循一条永恒的、形而上的规律，只能表现出他的这个样子。如果我们碰到一些糟糕透顶的人，那就要记住这一句话："林子里总少不了一些怪鸟。"如果我们不这样做，那我们就是不公正的，我们也就等于向这个人发出了生死决斗的挑战。原因在于没有一个人能够改变自己的真实个性，这包括道德气质、认识能力、长相脾气，等等。如果我们完全彻底地谴责一个人的本质，那么，这个人除了把我们视为他的仇敌，别无其他选择，因为我们只在这个人必须脱胎换骨、成为一个与那永远不可改变的他截然不同的人的前提下，才肯承认这个人的生存权利。

为此原因，要在人群当中生存，我们就必须容许别人以既定的自身个性存在，不管这种个性是什么。我们关心的只是如何使一个人以本性的内容和特质所允许的方式发挥他的本性的作用，既不应该希望改变，也不可以干脆谴责别人的本性，这就是"生活，也让别人生活"这条格言的含义。这种做法虽然合乎理性，但具体实施却并不容易。谁要是能够一劳永逸地躲开那许许多多的人，那他就是幸福的。

要学会容忍别人，我们不妨先利用死物锻炼我们的耐性。物件由于机械和物理的必然性顽固地妨碍着我们。每天我们都有这样练习的机会。在这之后，我们就可以把在这种练习中获得的耐性应用在人的身上了。我们让自己习惯于这样的看法：别人拂逆我们的心意，妨碍我们的行动，但他们这样做完全是出于一种严格的发自本性的必然性，它与物体活动所根据的必然性一般无异。所以，针对别人的行为动怒，就跟向一块横在我们前进路上的石头大发脾气同等的愚蠢。对于许多人，我们最聪明的想法就是：我不准备改变他们，我要利用他们。

睁开眼睛，你的脚边就有钻石

白　浪

印度流传着一位生活殷实的农夫阿利·哈费特的故事。

一天，一位老僧拜访阿利·哈费特，这么说道：

"倘若您能得到拇指大的钻石，就能买下附近全部的土地；倘若能得到钻石矿，因为其富有的威力，甚至还能够让自己的儿子坐上王位。"

钻石的价值深深地印在了阿利·哈费特的心里。从此，他对什么都不感到满足了。

那天晚上，他彻夜未眠。第二天一早，他便叫起那位僧侣，请他指教在哪里能够找到钻石。僧侣想打消他那些念头，但无奈阿利·哈费特听不进去，执迷不悟，仍死皮赖脸地缠着他，最后他只好告诉他："您去很高很高的山里寻找淌着白沙的河。倘若能够找到，那白沙里一定埋着钻石。"

于是，阿利·哈费特变卖了自己所有的地产，把家人寄放在街坊家里，自己出门去寻找钻石，但他走啊走，始终没有找到要找的宝藏。他终于失望了，在西班牙尽头的大海边投海死了。

可是，这故事并没有结束，可以说还只是刚刚开始。

一天，买下阿利·哈费特的房子的人，把骆驼牵进后院，想让骆驼喝水。后院里有条小河。骆驼把鼻子凑到河里时，他发现河沙中有块发着奇光的东西。他立即挖出那块闪闪发光的石头，把那块珍奇的石头带回家，放在炉架上。

不多会儿，那位老僧又来拜访这户人家。老僧走进门就发现炉架上那块闪着光的石头，不由奔跑上前。

"这是钻石！"他惊奇地嚷道，"阿利·哈费特回来了！"

"不！阿利·哈费特还没有回来。这块石头是在后院小河里发现的呀。"向阿利·哈费特买房的人这样答道。

"不！您在骗我！"僧侣不相信，"我一走进这房间，就知道这是钻石啊。别看我有些念念叨叨，但我还是认得出这是块真正的钻石！"

于是，两人跑出房间，到那条小河边挖掘起来，接着便露出了比第一块更光泽的石头，而且以后又从这块土地上挖掘出许多钻石。献给维多利亚女王的有名的钻石也是出自那里，净重达 100 克拉。

如果阿利·哈费特不离开家，挖掘自家的后院或麦田，这埋有钻石的土地自然就是他所拥有了。

事实不正是如此吗？在生活中我们常常会舍近求远，到别处去寻找自己身边有的东西。而往往，机遇就在您的脚边，正确地讲，是在您的心里。

那是由掌握蕴藏着巨大潜力的内心——您的思考方式带来的。

只有无知的人才轻易满足

刘 墉

徒弟学艺多年，出山心切，就去向师傅辞行："师傅，我已经学够了，可以独闯天下了。""什么叫够了?"师傅问。"就是满了，装不下了。"徒弟答。"那么你装一大碗石子来。"徒弟照办。"满了吗?"师傅问。"满了。"徒弟十分自信。师傅抓起一把细沙，掺入石中，沙一点没溢出来。"满了吗?"师傅又问。"这回满了。"徒弟面有愧色。师傅又抓来一把石灰，轻轻洒下，还是没有溢出来。"满了吗?"师傅再问。"满了。"徒弟似有所悟。师傅又倒了一盅水下去，仍然滴水没有溢出。"满了吗?"师傅笑问。徒弟无言以对。

忍住一份甜，让自己成为
心中伟大的人

熊　伟

美国著名的心理学家瓦尔特·米歇尔曾经在一群幼儿身上做过一个有趣的实验。他给每个孩子发一块软糖，然后告诉他们说他有事要离开一会儿。他希望孩子们都不要吃掉那块软糖，他允诺说："假如你们能将这块软糖留到我办完事情回来，我会奖励给你们两块糖。"他出去了，寂寞的孩子们守着那诱人的软糖等啊等。终于有人熬不住，吃掉了那块软糖。接着，又有人做同样的事……20分钟后，米歇尔回来了。实验远远没有结束。心理学家继续追踪研究那一群接受实验的孩子。多年以后，他发现，那些不能等待的孩子大多一事无成，而日后创出了一番辉煌业绩的全都是当年愿意等待的孩子。

吞下一份苦，需要的是勇敢与坚强；忍住一份甜，需要的是信念和毅力。但是，真的不是所有可以舍生的人都可以"舍甜"。

甜在生活中幻化成种种美丽的影像来撩拨我们。一道秋波，一句蜜语，一席佳肴，一樽醇醪……我们在"舌甘"的允诺中有一点恍惚。在娱身的"痛快"与娱心的"愉快"面前，我们常常做出错误的抉择。甜是那么粘，一旦粘在我们凡辈的身体就不肯脱离，并且甜知道人又都有一个与生俱来的弱点，那就是容易对幸福上瘾。甜深谙这一点，所以它永远不愁找不到爱它的人。

甜诱惑着我们。这潘多拉盒中释放的魔鬼一刻不停地念着魔咒，预备将你在心中塑成的那个完美自我掠走。

——克服一些甜，让自己成为一个高大的人。

——忍住那份甜，让自己成为一个伟大的人。

懂得宽恕的心灵是伟大的
懂得感恩的人生活是幸福的

李家同

我们做大学生的，常被抓去参加校方的各种典礼，有时候有大人物来演讲，校方怕听众不多，也会来动员我们这些学生。

前些日子，我又去参加了一个典礼，有一位极有声望的人要捐一大笔钱给我们医学院。院长叫我们去捧场，我们当然愿意，一来可以一睹这位大人物的风采，二来在典礼结束的时候，照例可以有一大堆好吃的点心吃。

典礼开始，校长首先致词，他一再地赞扬这位捐钱的大人物，也保证校方会善用这笔钱，这次的捐款高达5000万，所以他也告诉大家，这是本校有史以来收到的最大一笔捐款。

大人物接着致词，他说他40年前出过一次车祸，就是在我们医学院附设医院里医好的，他还记得当年替他脑部开刀的陆医生，一直感激他，他一直感激我们医院。他说他现在已经70岁了，儿女都已长大成人，不想再猛赚钱，捐这笔钱只是聊表心意而已，而且这仅仅是开始，他很可能再捐钱给大家。

校长发现陆医生正好也在场，就请他致词。当年陆医生只有 30 岁，今年已是 70 岁了。当年他只是一个普通的医生，现在已是医学院的名教授了。

陆医生说，那天晚上下大雨，他在家里对太太说，这种下大雨的晚上一定会有人出车祸，一出车祸就会送到急诊室来，他也一定会被抓去开刀。果真电话铃响了，他赶快去医院，立刻进行脑部开刀手术。

开刀的时候，他并不知道病人的来头，第二天才发现，原来昨天的伤者是一位"黑道老大"。陆医生有个弟弟，这个弟弟很倒霉，有一天，黑道火拼，他骑自行车回家，被流弹打中，自行车倒下来的时候，他的头重重的撞到了电线杆。虽然后来恢复了健康，但从此有了学习障碍，原来功课非常好，现在根本不能念书了。陆医生的兄弟都有很高的学历，惟有这个小弟弟，连高中毕业都非常辛苦。其他兄弟都有相当好的工作，惟有这个小弟弟，找工作一直很困难，可以说这一辈子都被那一枪毁了。但他们不敢向肇事者求偿，谁敢向黑道索赔呢？

当时火拼的帮派之一，就是由这位大人物统领的。陆医生知道伤者身份以后，真是五味杂陈，他弟弟被这位黑道大哥所害，而他的任务却是要尽一切所能将这位仇人医好。医生是不可报仇的，他中规中矩地将这位大哥医好了。

他在致词中，承认自己虽然从未做任何不对的事，但在替"大人物"注射某种药物的时候，却有种复仇的快感。因为他知道，这种药可以防止血液过度凝固，但后遗症是反应变得非常不灵敏，思路虽然清楚，却要想很久才能得到答案。注射这种药物并非陆医生一人的决定，而是医生集体决定，也是标准的做法，当时他悄悄地对伤者说："这一下，看你还能不能做黑道?"陆医生这番话使我们大吃一惊。40 年前我还没出生,我一直以为"大人物"是个大好人,没有想到他曾经做过黑道大哥。

　　陆医生讲完,大人物又发言了。他说他出院后知道了陆医生弟弟的事,担心不已。他之所以如此感激陆医生,就是因为他发现手术非常成功,开刀后他的反应仍然很敏捷,一点后遗症也没有。大人物愈说愈起劲,又告诉大家一件怪事。他说他回家以后,有一天在床上看电视,看到一只野羊被豹子捕杀的镜头,过去他对这种事完全无动于衷,可是现在不同了,他丝毫不能忍受这种残忍的镜头,他发现他忽然间有了悲天悯人的情怀。他不能看任何打打杀杀的电影,更不能看到弱者被欺侮。他对陆医生说:"陆教授,试问在这种情况下,我还能做黑道吗? 你的愿望实现了。"

　　"大人物"解散了他所带领的帮派,一开始很辛苦,想不到的是,他也可以在白道上出人头地。现在几乎已经没有人记得他有黑道背景了。

第四辑 人生因梦想而伟大

古老的阿拉比国坐落在大漠深处，多年的风沙肆虐，使城堡变得满目疮痍；国王对四个王子说，他打算将国都迁往，据说美丽而富饶的卡伦。

卡伦距这里很远很远，要翻过许多崇山峻岭，要穿过草地、沼泽、还要涉过很多的江河，但究竟有多远，没有人知道。

于是，国王决定让四个儿子分头前往探路。

大王子乘车走了七天，翻过三座大山，来到一望无际的草地边。一问当地人，得知过了草地，还要过沼泽，还要过大河、雪山……便调转马头往回走。

二王子策马穿过了一片沼泽后，被那条宽阔的大河挡了回来。

三王子漂过了两条大河，却被又一片辽远的大漠吓退返回。

一个月后，三个王子陆陆续续回到了国王那里，将各自沿途所见报告给国王，并都再三特别强调，他们在路上问过很多人，都告诉他们去卡伦的路很远很远。

又过了五天，小王子风尘仆仆地回来了，兴奋地报告父亲——到卡伦只需18天的路程。

国王满意地笑了："孩子，你说得很对，其实我早就去过卡伦。"

几个王子不解地望着国王——"那为什么还要派我们去探路？"

国王一脸郑重道："那是因为我只想告诉你们四个字——脚比路长。"

是的，脚比路长，远方无论多远，只怕没有追寻的双足抵达。人生亦是如此，我们不怕目标的高远，只怕没有追寻的勇气、热情、执着……只要心头时时燃烧着坚定的信念，一往无前地行进下去，就会惊讶地发现——很多所谓的远方，其实真的并不遥远。

我们要开花，因为我们知道自己
有最美丽的花，有最庄严的使命

林清玄

在一个偏僻遥远的山谷里，有一个高达数千尺的断崖。不知道什么时候，断崖边上长出了一株小小的百合。

百合刚刚诞生的时候，长得和杂草一模一样。但是，它心里知道自己并不是一株野草。

它的内心深处，有一个内在的纯洁的念头："我是一株百合，不是一株野草。惟一能证明我是百合的方法，就是开出美丽的花朵。"

有了这个念头，百合努力地吸收水分和阳光，深深地扎根，直直地挺着胸膛。

终于在一个春天的清晨，百合的顶部结出了第一个花苞。

百合的心里很高兴，附近的杂草却很不屑，它们在私底下嘲笑着百合："这家伙明明是一株草，偏偏说自己是一株花，还真以为自己是一株花，我看它顶上结的不是花苞，而是头脑长瘤了。"

公开场合，它们则讥讽百合："你不要做梦了，即使你真的会开花，在这荒郊野外，你的价值还不是跟我们一样。"

偶尔也有飞过的蜂蝶鸟雀，它们也会劝百合不用那么努力开花："在这断崖边上，纵然开出世界上最美的花，也不会有人来欣赏呀！"

百合说："我要开花，是因为我知道自己有美丽的花；我要开花，是为了完成作为一株花的庄严使命；我要开花，是由于自己喜欢以花来证明自己的存在。不管有没有人欣赏，不管你们怎么看我，我都要开花！"

在野草与蜂蝶的鄙夷下，野百合努力地释放内心的能量。有一天，它终于开花了，它那灵性的白和秀挺的风姿，成为断崖上最美丽的颜色。

这时候，野草和蜂蝶再也不敢嘲笑它了。

百合花一朵一朵地盛开着，花朵上每天都有晶莹的水珠，野草们以为那是昨夜的露水，只有百合自己知道，那是极深沉的欢喜所结的泪滴。

年年春天，野百合努力地开花、结籽。它的种子随着风，落在山谷、草原和悬崖边上，到处都开满洁白的野百合。

几十年后，远在百里外的人，从城市，从乡村，千里迢迢赶来欣赏百合花。许多孩童跪下来，闻嗅百合花的芬芳；许多情侣互相拥抱，许下了"百年好合"的誓言；无数的人看到这从未见过的美，感动得落泪，触动内心那纯净温柔的一角。

那里，被人称为"百合谷地"。

不管别人怎么欣赏，满山的百合花都谨记着第一株百合的教导：

"我们要全心全意默默地开花，以花来证明自己的存在。"

太阳总是在有梦的地方升起
没有美丽的梦想　就没有灿烂的人生

罗　西

雪野茫茫，你知道一棵小草的梦吗？寒冷孤寂中，她怀抱一个信念取暖，等到春归大地时，她就会以两片绿叶问候春天，而那两片绿叶，就是曾经在雪地下轻轻的梦呓。

候鸟南飞，征途迢迢。她的梦呢？在远方，在视野里，那是南方湛蓝的大海。她很累很累，但依然往前奋飞，因为梦又赐给她另一对翅膀。

窗前托腮凝思的少女，你是想做一朵云的诗，还是做一只蝶的画？

风中奔跑的翩翩少年，你是想做一只鹰，与天比高？还是做一条壮阔的长河，为大地抒怀？

我喜欢做梦。梦让我看到窗外的阳光，梦让我看到天边的彩霞；梦给我不变的召唤与步伐，梦引领我去追逐一个又一个的目标。

1952年，一个叫查克·贝瑞的美国青年，做了这么一个梦：超越贝多芬！并把这个消息告诉柴可夫斯基。

多年以后，他成功了，成为摇滚音乐的奠基人之一。梦赋予他豪迈的宣言，梦也引领他走向光明的大道。梦启发了他的初心，他则用成功证明了梦的真实与壮美——因为有了梦才有梦想；有了梦想，才有了理想；有了理想，才有为理想而奋斗的人生历程。

没有泪水的人，他的眼睛是干涸的；

没有梦的人，他的夜晚是黑暗的。

太阳总在有梦的地方升起；月亮也总在有梦的地方朦胧。梦是永恒的微笑，使你的心灵永远充满激情，使你的双眼永远澄澈明亮。

世界的万花筒散发着诱人的清香，未来的天空下也传来迷人的歌唱。我们整装待发，用美梦打扮，从实干开始。等到我们抵达秋天的果园，轻轻地擦去夏天留在我们脸上的汗水与灰尘时，我们就可以听得见曾经对春天说过的那句话：美梦成真！

人生的希望长在信念的沃土里
好好培植我们自己的沃土

杨立平

曾经去过一个远近闻名的贫困山村。四面被大山环绕着，至今没有通上电，村里没有人坐过也没见过火车是什么样子，村民穿着家织布的衣服，家家户户的房子是用泥土垛成的。

贫穷以致如此，人们的脸上该是哀戚的吧？以前曾目睹过太多被贫穷毁掉的东西，如被贫穷毁掉的幸福，被贫穷毁掉的欢乐，以及爱情，以及友情，以及人格、高尚，等等。我几乎相信这贫穷是无坚不摧的了，以为这世上真的没有比贫穷更坚硬的东西了。

那天，在那个贫穷的山村里，在一家同样贫穷的泥屋里，我的眼睛被火一样的东西燃着了。那是一片片烂漫地开着的小花，那火红的、嫩黄的、雪白的、粉色的小花，热烈地环绕着低矮的泥屋盛开着，是的，它们被种在同样低矮破旧的院子的泥墙上。

我结结巴巴地问房主人："花是可以这么种的么？"粗布衣衫的主人安详地回答说："花不这样种又怎样种呢？花本来就是开在泥土中的么。"

是的，在现代人的心目中，以鲜花之尊、之贵、之美、之芬芳，它该被高高地供奉到殿堂上，应握在初恋的少女的手心里，应开在整洁美丽的花园里。它应当是人精心培养呵护的结果。现代人几乎忘了，无论是多么尊贵的花，都是来自泥土，来自那平常又平常、卑贱又卑贱的泥土啊！

然而，若要花朵在贫穷的泥墙上吐露芬芳，除了那平常又平常的泥土外，还要有一种至尊无比的东西做这鲜花的必不可少的养分，那就是屋主人的超越贫穷的信念。一个被贫穷压垮了的人，一个被贫穷的洪水冲刷掉心中的信念的人是没有勇气再去栽植鲜花的。那么信念该是比贫穷坚硬又坚硬的东西吧？

握住生活的信念，把它变成广大的沃土。在上面，栽植上幸福和欢乐，栽植上爱情和友情，培植出高尚和人格，这样的人生，不是同样会芳香四溢、美丽无比么！

有时人生只需一捧土。

心灵里点一盏灯
黑暗也无法拘限她

林清玄

我认识一个朋友，被医师检查出罹患胃痛，只剩下 3 个月到 6 个月的寿命。

朋友是公家机关的高级主管，事业蒸蒸日上，家庭幸福美满，突然知道自己得了癌症，一时万念俱灰，决定不告诉家人，独力承担生病的痛苦，并利用仅存的时间安排后事。

"说来非常奇怪，从检查出癌症的那一天开始，平常兢兢业业耗尽心力经营的事业，变得一点都不重要了。平常被疏忽的亲人朋友，突然变得非常重要，几乎一天也舍不得和他们分开。思考的空间也突然从现实的世界跳出，会想到死亡，想到死后的世界，想到如何迎接死的来临。"朋友说。

朋友饱受了许多心灵与肉体的折磨，一个半月之后，在另一家医院精确地检查，发现根本是误诊，他的胃一点毛病也没有。

"真奇怪，从医师告诉我胃癌的那一天开始，我的胃每天都疼痛不堪，要吃很多药来止疼；确定是误诊以后，胃病就霍然痊愈了。"朋友说。可见心灵的力量是非常巨大的。

知道误诊之后，他把一个半月的身心煎熬告诉妻子。妻子说："怪不得这一个半月你对我特别体贴，从来没生过气，原来是这样呀。"

他把事情经过告诉朋友，朋友都义愤填膺，问他是哪一家医院，哪个医师，应该控告，请求赔偿。他说："事实上，我很感激那个医师，他完全打开我的心眼，想到了从前没有想到过的问题；他也使我像死过一回，许多事都不再介意执著了。"

但是，最使他震动的是他读国中的女儿。当他把误诊的经过告诉女儿，女儿问他："爸爸，你不会只活 3 个月，那么，你究竟还可以活多久呢？"

女儿又追问他："爸爸，如果你不知道可以活多久，你也没什么改变，那和被误诊又有什么不同呢？"

朋友受到女儿的刺激，生活的态度完全改变了。他说："用心地努力工作，这是此岸；更用心地疼惜亲人，这是彼岸。处理紧急的事情，这是此岸；着力于重要的事情，这是彼岸。经营人世的事业，这是此岸；经营生死的解脱，这是彼岸……那个医师是我的老师，把我从此岸带到彼岸；我的女儿也是我的老师，帮我打破了两岸的界限。"

我开玩笑地说："这就好像打通了任督二脉啊。"

朋友说："不是，这是'两岸猿声啼不住，轻舟已过万重山'。身心都感到泰然轻松了。"

与朋友道别后，在返家的路上，我想到平常我们确实很少思考生死的问题，而且我们花了太多的时间在无谓的事情上，生命是如此短暂，我们又有多少时间思考关于这有限的生命呢？

回到家，我把灯开亮，看见黑暗与光明是同一个空间，点了灯就大有不同。黑暗的心与光明的心又有什么不同？只是心里点了灯罢了，对心中点灯的人，黑暗也无法拘限他了，何况是情感的风波呢？

生命因为梦想而美丽
因为实现了梦想而伟大

林清玄

要写我的母亲是写不完的，我们家五个兄弟姊妹，只有大哥侍奉母亲，其他的都高飞远扬了，但一想到母亲，好像她就站在我们身边。

这一世我觉得没有白来，因为会见了母亲，我如今想起母亲的种种因缘，也想到小时候她说的一个故事：

有两个朋友，一个叫阿呆，一个叫阿土，他们一起去旅行。

有一天来到海边，看到海中有一个岛，他们一起看着那座岛因疲累而睡着了。夜里阿土做了一个梦，梦见对岸的岛上住了一位大富翁，在富翁的院子里有一株白茶花，白茶花树根旁下有一坛黄金，然后阿土就醒了。

第二天，阿土把梦告诉阿呆，说完后叹一口气说："可惜只是个梦！"

阿呆听了信以为真，说："可不可以把你的梦卖给我？"阿土高兴极了就把梦的权利卖给阿呆。

阿呆买到梦以后就往那个岛出发，阿土卖了梦就回家了。

到了岛上，阿呆发现果然住了一个大富翁，富翁院子里果然种了许多茶树，他高兴极了就留下做富翁的佣人，做了一年，只为了等待院子里的茶花开。第二年春天，茶花开了，可惜，所有的茶花都是红色，没有一株是白茶花。阿呆就在富翁家里住了下来，等待一年又一年。许多年过去了，有一年春天，院子里终于开出一棵白茶花。阿呆在白茶花树根旁掘下去，果然掘出一坛黄金，第二天他辞工回到故乡，成为故乡最富有的人。

卖了梦的阿土还是个穷光蛋。

这是一个日本童话，母亲常说："有很多梦是遥不可及的，但只要坚持，就可能实现。"她自己是个保守传统的乡村妇女，和一般乡村妇女没有两样，不过她鼓励我们要有梦想，并且懂得坚持，光是这一点，使我后来成为作家。

即使我的青春正在消逝，
可是我的心仍富有好奇，富有激情，富有梦想

罗　西

一位忘年交 60 岁生日时，在他要吹灭 2 根红蜡烛前，我们请他许个愿，他朗声念道：让我一切从头开始！

年老的他，原来所向往的还是开始。确实，一切能从头再来，凡事一定会比第一次做得更好。

而每一年的新春之际，在我们仰头聆听元旦的钟声时，每个人心中总会涌动一个新的祈愿、新的希望。岁月终又赐给年轻的我们一个机会，一个全新的开始——

有人祈愿天下太平，让和平的鸽子衔来祥云朵朵。

有人祈愿心想事成，万事如意，每一天都笑口常开。

有人祈愿，爱神垂青，花期如潮。

有人祈愿，财神赐福，吉星高照。

有人祈愿，天下的苍蝇死光，天上的月亮不残缺。

有人祈愿，风过双肩，心火常驻；雨掠发际，微笑依然……

青春年华，每一个新年都可以拥有一个传奇的开始，一个故事的起点……

没有愿望的燕子叫什么？

没有祈祷的人又叫什么？

人们都说，一切随缘，但我更相信缘是随愿而生的。缘起，暗喻一种未了，去存续遥远前的一个愿，或补叙一个曾经不很完美的情节。有愿就会有缘，没有愿望，就是有缘，也会错过。

在元旦的钟声中，在狂欢的歌舞后，朋友，你许了什么愿？我的祈愿是：美梦成真，缘随愿来！

青少年励志文库

送你一双慧眼

谷心光　何红波　编

下

每个人都是最优秀的，差别就在于你如何
认识自己，善待自己，拔高自己，展示自己

新疆美术摄影出版社
新疆电子音像出版社

目　录

第四辑　人生因梦想而伟大（续）

第五辑　人格就是力量

目　　录

第六辑　爱,被爱,分享爱

第七辑　快乐是一种感觉

1. 幸福生活三个秘诀:一是希望。二是有事做。三是能

目　录

第八辑　出色的工作是高贵的荣衔

成功的花儿，只有用泪血
和汗水浇灌才能绽放

佚　名

海伦在没有认识车的时候就认识了船，11 岁的时候她已经是一个划船高手，她太迷恋那种驾一叶孤舟纵横于水上的感觉了。

海伦的父亲拉罕姆是一个优秀的弄潮儿，他的人生理想就是以最快的速度横渡大西洋。在海伦 23 岁那年，拉罕姆实现了自己伟大的计划，但他拒绝带着爱女去那儿，担心巨浪会吞噬了心爱的女儿；就这样，一项新的纪录在他手中诞生了。

海伦的心始终在那一片蔚蓝的海上摇曳，当一个叫约翰的青年驾着一艘自己设计的帆船向她驶来时，她毅然嫁给了他，她开始寄希望于爱侣，希望他们两人一道去领略那片蔚蓝。然而甜美的日子像水草般羁绊了两人的手脚，在那条帆船上两人做起了与水无关的梦。

后来，拉罕姆走了，约翰走了，有 11 个孩子喊海伦为祖母。

海伦终于鼓足勇气走向那条闲置已久的帆船；在能够携手的亲人相继辞世之后，她才顿然明了——有一种灵魂深处的焦躁只有自己的双手才能安妥。

2000 年，一个阳光灿烂的日子，89 岁的海伦只身开始了她的大西洋之旅。

她在这一片蔚蓝之中无比欣慰，仿佛看到了她的父亲当年年轻的身影，在这波浪横空的死神海上，年迈的海伦没有太多恐惧，因为那与她体内生长了几乎一辈子的渴望相比，风浪显得实在微不足道，白发苍苍的海伦好像一下子年轻了。

最后海伦成功了，她以"最年迈的老人驾舟横渡大西洋"刷新了一项世界记录。

理想的花，包孕了太久，惟其如此，绽放时，才惹得我们泪沾襟。

人生的价值在于觉醒
而不在于生存

高喜伟

"知足知不足，有为有弗为"。这两句话，我把它作为自己人生航程上的路线。尽管最后到达的地方尚未可知，但我相信，沿着这条航线前进，无疑是明智的。

人生在世，面临着许多选择。在哪些方面知足，在哪些方面又应该不知足，这是一项决定一个人前途命运的选择。对于我来说，衣食住行方面自己很知足：布鞋布衣，只要不会太冷也不至太热，那就不错；粗茶淡饭，只要一日三餐天天不断，这就很好；寒窗陋室，只要能遮风挡雨，也不嫌寒酸。我不在物质生活上斤斤计较，因为我觉得人生应该有更高、更远的追求。只有这样，人在白头时才能无怨无悔，才会觉得对得起自己，未虚此生。在学识方面，我又很不知足，总是贪得无厌，常常企望自己能有李杜之才华、司马迁之史笔、庄生之达观。思而不得，孜孜求之；生无所息，死而后已。对于我来说，人生更高更远的追求即在于此。

知足，然后能无为；知不足，方能有所为。领悟了这一点，人活着就能清醒而不会盲目，奋发有为而不至于碌碌无为。世界上的事情太多了，知道哪些是应该做的，并且自己也确有能力去做，确有兴趣去做，便不懈努力，持之以恒，这是一种智慧，也是一种幸福。有些事虽然也是应该做的，但自己的能力有限或者兴趣不在这里，也应知足，也应舍去。有所不为才能有所为。若无论巨细事必躬亲，结果就会事事无成。

勇于舍弃与勇于追求，这都是明智的表现。西哲亚里士多德尝言："人生的价值在于觉醒而不是生存。"是啊，人是该对自己、对社会有个清醒的认识，然后作出明智的选择。

在你的土地上和心灵里
都播下绿色的希望吧，
你的青春是永恒的

王源碑

天快亮的时候，有一个人在我家门前栽树。我睡得像块石头，没有听到刨土的声音。

呵，一棵小枫树！

"是谁带你来的呀？"

树调皮地笑着："我不说。这是秘密。"

每一天，我给小树浇灌清泉。

小树，长得和我一样高了。

小树，渐渐长得像一个巨人了，而我还是那么矮小。

她撑开一把绿色的大伞。从此，我有了一片绿色的天空。

我的天空有着淡淡的香味。无论我离开她多远、多远，无论遇到什么风雨，她那兰草般的气息，总是固执地萦绕着我，给我无尽的希望和微笑……

不知是怎么的，忽然，我发现自己已经很老很老了。于是，我赶回故乡，想看看那棵树。

呵，阔别多年的枫树！她和我一样，仿佛来到世上只有一瞬间，却已跨进人生的深秋。可是，她却显得很年轻，好像生命刚刚开始。迎着霜风、白露，那些绿的叶子，已经不是纯粹的绿色，渐渐地现出鹅黄色的、水红色的花纹，每片树叶，都像一幅无题的图画，渐渐地，它们又变成一色的深红，在艳艳阳光下，赠我一片红宝石般的天空！

呵，我的天空默默地对我说：

美是忘我。

美是奉献。

美是无限的、无休无止的创造……

我不能忘记那个栽树的人，尽管我不认识他。

最近，故乡一个老人来信告诉我："在四十年前，一个冬日的夜晚，一个追求真理的植物学家，在逃亡途中，曾走过我们的荒村，他背着雨伞，也背着绿色的树苗，他一路走，一路栽树……你家门前那枫树，一定是他栽的了……"

可敬的播种者呵，如今，你在哪里呢？

我想：衰老和死亡都不属于你，你的青春是永恒的。

当你沮丧时有比一米还长的
希望在等着你实现

张小娴

夜里，翻看很多年前写的日记，其中一天，我抄下了这个句子："人有多悲观看他肯失去多少，人有几许希望看他要得到些什么。"

这句话，不知是在哪里看到的。当时为什么会抄下来，我已经不记得了。时隔多年，这两句话依然给我留下了深刻的印象。

悲观者常感怀身世，认为自己拥有的太少。他们拥有的那么少，其实是因为从来不珍惜。

不珍惜的结果便是失去。

开始了第一步，失去的便越来越多，先是斗志，然后是时间、梦想、快乐、朋友、幸福和希望。

绝境未必是绝境，当你无论如何也不肯失去时，你才有机会得到。

这一刻，什么是你最想得到的？

你的答案排列起来，比一米还要长。那恭喜你，你是个充满希望的人。

若有人说你妄想，说你贪婪，不用理会他。

在达到希望的过程里，你会愈来愈清楚自己，知道哪些才是你最想得到的。

有了目标，便有希望。失望沮丧时不妨想想，你那比一米还要长的希望在等着你去实现。

把命运交给自己
自己的梦应该自己去圆

叶剑虎

"不必守候，不必为谁停留"小马怀着这种信念，毅然决然地迈出第一步，第二步，第三步……河水不太深，也不太浅，小马最终还是过去了，昂首阔步的，宛如一个凯旋的战士。它成功了，尽管也曾为牛大伯和小松鼠的话困惑过，尽管也曾踟蹰徘徊于河边，但它毕竟理智地握住了自己的缰绳，获得了胜利。

也许你会问，这年轻美好的生命究竟是否值得为此去"孤注一掷"，那么我要告诉你，既然人生赐予我们搏的本能，搏的机会，既然不想养就鸡的钝羽而想铸成鹰的力翅，何不放开手脚去搏击风云？更何况，这又哪里是"孤注一掷"呢？

有人说，多数人凭经验生活，只有少数人靠思想驾驭。也许每一个人都渴望自己是生活中的强者，但强者必须有强者的素质。只有那些用思想驾驭人生的人才能成为真正的强者。

对于《命运》交响曲这部阔大雄奇堪与宇宙媲美的作品，竟由一位完全耳聋的人写成之众所周知的事实，直至今天，我们仍有无从想象之感。对于贝多芬，一位音乐家，耳聋给他带来的绝境，我想就如失明之于梵高，断腿之于罗纳尔多一样不可思议。然而更不可思议的是，那势在必然的绝境居然没有出现，取而代之的却是他达到并永远立于人类音乐史的峰巅。这种奇迹，对一个没有真正感悟人生真谛的人来说，简直是天方夜谭。然而贝多芬却听到命运的敲门声，并且扼住了命运的咽喉。我想，这也许才是他真正的伟大之处吧！

"奋斗者未必都能成功，但成功者没有一个不经过奋斗。"不知是谁说过这么一句话。前面的路就像河水一样总也看不清楚深浅，不知道属于自己的将是泥沼断壁还是金光大道。但是，我坚信命运掌握在自己手中。虽然一次次失败，一次次痛苦，一次次迷惘，却依然豪气万丈；拍拍身上的灰尘，继续我们的征程，抱着一份刘禹锡"直与天地争春田"的豁达上路。幸福不是毛毛雨，梦也不是红蜻蜓。自己的梦应该自己去圆。

勇往直前吧，小马！不必守候，不必为谁停留，前面将是片一望无垠的、绿绿的草原……

美丽的人生
是带着希望上路的人生

（日）池田大作

亚历山大大帝给希腊世界和东方的世界带来了文化的融合，开辟了一直影响到现在的丝绸之路的丰饶世界。据说他投入了全部青春的活力，出发远征波斯之际，曾将他所有的财产分给了臣下。

为了登上征伐波斯的漫长征途，他必须买进种种军需品和粮食等物，为此他需要巨额的资金。但他把从珍爱的财宝到他领有的土地，几乎全部都给臣下分配光了。

群臣之一的庇尔狄迦斯，深以为怪，便问亚历山大大帝：

"陛下带什么启程呢？"

对此，亚历山大回答说：

"我只有一个财宝，那就是'希望'。"

据说，庇尔狄迦斯听了这个回答以后说："那么请允许我们也来分享它吧。"于是他谢绝了分配给他的财产，而且臣下中许多人也仿效了他的做法。

我的恩师，户田城圣创价学会第二代会长，经常向我们青年说："人生不能无希望，所有的人都是生活在希望当中的。假如真的有人是生活在无望的人生当中，那么他只能是失败者。"人很容易遇到些失败或障碍，于是悲观失望，挫折下去，或在严酷的现实面前，失掉活下去的勇气；或恨怨他人，结果落得个唉声叹气、牢骚满腹。其实，身处逆境而不丢掉希望的人，肯定会打开一条活路，在内心里也会体会到真正的人生欢乐。

保持"希望"的人生是有力的。失掉"希望"的人生，则通向失败之路。"希望"是人生的力量，在心里一直抱着美"梦"的人是幸福的。也可以说抱着"希望"活下去，是只有人类才被赋予的特权。只有人，才由其自身产生出面向未来的希望之"光"，才能创造自己的人生。

在走向人生这个征途中，最重要的既不是财产，也不是地位。而是在自己胸中像火焰一般熊熊燃起的一念，即"希望"。因为那种毫不计较得失、为了巨大希望而活下去的人，肯定会生出勇气，不以困难为事，肯定会激发出巨大的激情，开始闪烁出洞察现实的睿智之光。只有睿智之光与时俱增、终生怀有希望的人，才是具有最高信念的人，才会成为人生的胜利者。

人，因为梦想而伟大

曹　勇

1994 年 1 月 14 日下午，美国总统克林顿在访问莫斯科期间，在奥斯坦金诺电视台大厅接见俄罗斯新闻工作者和各界代表，当场发表演说并回答听众的各种提问。

电视屏幕上出现了这样一组镜头：

克林顿总统对听众说：

"现在我请最年轻的与会者提问题。"一个虎头虎脑的小男孩，不慌不忙地在大厅后排站了起来。

克林顿问："你今年多大了？"

小男孩用英语回答说："13 岁。"

克林顿惊讶地笑了笑，说："你提问吧。"

小男孩用英语问道，"总统先生，请您谈谈您是怎样当上美国总统的。"

话音刚落，满座听众哄然大笑。

克林顿十分高兴地对他说："请你到我面前来。"

小男孩穿过人群，走到克林顿总统的跟前。

克林顿微笑着把他拉到自己的身边，爱抚地摸着身高只及自己胸口的小男孩的双肩，亲切告诉他：

"我 16 岁时，就下决心要为国家服务。我以林肯总统为榜样，不断地学习、准备，抓紧各种机会不懈地追求奋斗，终于有一天，我问鼎白宫，实现了自己当初的梦想。"

这时，大厅里爆发出了热烈的掌声。听众们以这样的形式，祝贺小男孩的殊荣，感谢克林顿总统的回答。

伟大的理想之所以伟大，就在于它是常人难以实现的。想要做一个与众不同或是成就非凡事业的人，就要在起步时下定决心，锲而不舍始终如一地坚持到底，才能够达到目的，实现理想。小男孩如果不曾梦想成为未来的总统，就不会向已登上了总统宝座的克林顿提出这样的问题；而克林顿总统假如不是当初就下定了决心，为了成为世界上最强大的美利坚合众国的领袖而努力奋斗，那么，也许不仅仅是他个人的历史要改写，恐怕整个美国的历史也将要因此而改写了。所以，年轻的朋友们，请不要让自己年轻的心空无梦想，现在就为自己的将来设计一个伟大的理想吧，用自己不懈奋斗的青春，让这个梦在我们的生命中开出一簇簇艳丽绚烂的花朵！

不要把目光定格太远
这样你会高不可攀

陈　彤

几年前我的状态糟透了。当时一个朋友跟我说，高处有月亮，但是假如你的目标是苹果，就不必飞得那么高。因为，如果你的目标是苹果，而你飞到1万米高空，那么你既得不到月亮也看不见苹果。对于月亮来说，1万米和0米没有什么区别，而对于苹果来说，没有那么高的苹果树。

正是那时我总结出过好日子的重要方法之一，就是适当地降低飞行高度。我见过很多人把自己的人生目标定得非常高，总是实现不了，于是越来越灰心，最终连目标也没有了。

说一个真实的故事吧。一个女人一直"待价而沽"，她有体面的职业、良好的教育背景，而且人也很能干，一段锦绣前程展现在她的眼前。但是她一直没有找到合适的男朋友，这让她很不满意，她觉得至少应该有男人来爱她——她有那么多的可取之处。她等了很久，以致后来开始抱怨自己"曲高和寡"。一个听她抱怨的人说："既然你觉得高处不胜寒，为什么不下来一点呢？"于是，这个女人就稍微降低了一点自己的"飞行高度"，也就是说她不再像展翅高飞的雄鹰一般，对男人一律采取"鸟瞰"的态度——于是立刻发现自己有好多选择对象。

英雄之举在于敢于打破
阻隔自己的重重大门

边淑芳

有一位青年人，经过三个月的跋山涉水，终于找到了日思夜想的智者——在深山里的一间小木屋里。

青年人走上前去敲门："我不远万里而来，就是想弄明白一个问题：怎样才能成为真正的英雄？"智者在屋里面说："现在晚了，你明天再来吧！"

第二天一早，年轻人又去敲门。智者说："现在太早了，我还没到起床的时候，你明天再来吧！"

第三天一早，年轻人又去敲门。智者说："现在你来得太迟了，我要去晨运，你明天再来吧！"

青年人第六次去敲智者的门时，智者又说："我要休息了，你明天再来吧！"

青年人怒从心起，大声说："每次你都这样推三推四，我何时才能成为真正的英雄?"青年人说完踢开了智者的门，直冲进屋里去。

智者笑眯眯地看着怒发冲冠的青年人，说："我等了六天，就等你是否敢打开我的门。要成为真正的英雄，首先要敢于打破和自己隔开的种种门，世间万物就藏于一门之隔。这次你的举动，足已证明你向英雄迈进了第一步。"

门是我们的梦想和期待

鲍尔吉·原野

如果说，摇篮是童年的象征，一杯热茶是温暖的象征，启动的车窗上握紧的手是友情的象征，那么，家的象征就是——门。

门的朴素的脸上，写着我们的寄托、欢喜和庇护。在心底抹不去的记忆里面，清晰地记得门的表情。

当受了委屈的孩子，从外边跑回家，双手刚刚拍到门上时，便开始大哭。在这里，门划分了"他们"和"我们"。从门开始，生活呈现的是另外的世界。

儿童初窥世事的时候，用肩膀倚在自家的门上往外张望，仿佛那边是海，这边是岸。

在暗夜里回家，推开门，先看到母亲在油灯下抬起的脸，她咬断缝衣的线，从锅里端出温热的饭菜。后来，我想到母亲时，白发、端碗的浮筋的手，和门上木纹的肌理叠印在一起。在乡愁的心海上幻化。

靠在家的门上，可以痛哭；可以蹲在它的脚下，以指尖蘸唾沫翻小人书；可以用粉笔在上面划线，看自己长了多高。推开门之后，传来"吱呀"的回应，这是家的歌声。站在门边，如同站在父兄的脚下。

"文革"中，父亲被拘押。母亲被"办班"，每天深夜返回。那时，我和姐姐常常夜深了还不敢睡觉，在被窝里等待敲门声。轻轻的拍门的声音，使我们在无数夜晚一跃而起，抢着给妈妈开门。那时候，开门就有妈妈。

有一年，我们全家从"五七干校"返回。使我眼湿的，是看到了我家的门。它淳厚，蓝漆里面隐约透出涟漪似的木纹，像老友一般蔼然。我感到，对家的渴念，包含秘密与惊喜，都包含在见到门的最初一眼里面。

离家远行时，回首，目光流连的地方包括家里那扇门。我们从外面所能看到的家，只有门。

如果回家，阔别之后的柔情会在抚到门的那一刻激发。拍一拍它，它里装满期待。门的后面，包括门，是我们的家。

每天给自己一个希望
我们的未来就是丰富多彩的人生

王虎林

有位医生，素以医术高明享誉医学界。他的事业蒸蒸日上，但不幸的是，就在某一天，他被诊断患有癌症。这对他不啻当头一棒。一度，他曾情绪低落，但后来他不但接受了这个事实，而且他的心态也为之一变，变得更宽容、更谦和、更懂得珍惜他所拥有的一切。在勤奋工作之余，他从没有放弃与病魔搏斗。就这样，他平安地度过了好几个年头，到现在，他依然活得很快乐。有人惊讶于他的事迹，问是什么神奇的力量在支撑着他。这位医生笑盈盈地答道：是希望，几乎每天早晨，我都给自己一个希望，希望我能多救治一个病人，希望我的笑容能温暖每个人。

这位医生不但医术高明，他做人的境界也很高。在这个世界上，有许多事情是我们难以预料的。但是，我们不能控制机遇，却可以掌握自己；我们无法预知未来，却可以把握现在；我们不知道我们的生命到底有多长，却知道自己该怎样选择生活；我们左右不了变化无常的天气，却可以适时调整我们的心态。只要活着，就有希望；只要每天给自己一个希望，我们的人生就一定不会失色。

每天给自己一个希望，哪怕这个希望小得不能再小，只要我们有信心有恒心去求它去实现它，我们就不但会收获快乐，而且会让人生不断丰盈。每天给自己一个希望，就是给自己一个目标，给自己一点信心，给自己一点战胜自我的勇气。希望是什么？是引爆生命潜能的导火索，是激发生命激情的催化剂。每天给自己一个希望，我们将活得生气勃勃，激情澎湃，哪里还有时间去叹息去悲哀，将生命浪费在一些无聊的事情上？

生命是有限的，但希望是无限的。只要我们不忘记每天给自己一个希望，我们就一定能够拥有一个丰富多彩的人生。

第五辑　人格就是力量

　　巴黎公社失败后，反动军队开始屠杀起义者。某处刑场，人犯被一名名押至一堵山墙前，在监刑官监督下，由12名枪手执行枪决。轮到一名16岁的少年时，他忽然对监刑官恳求道：

　　"先生，我母亲就住在附近，她很穷，我这里有块金表，能不能先让我把表送给她，回来再杀我？"

　　监刑官恰巧也有个年少的儿子，于是他动了恻隐之心，答应了孩子的请求。心想：一个毛孩子，放就放了吧。

　　望着少年跑走的背影，所有人都坚信：他肯定一去不复返。

　　谁知，一刻钟后，那位少年回来了！他气喘吁吁、汗流浃背地站到墙前枕藉的尸堆前，对监刑官说：

　　"谢谢您，先生，表送到了。现在可以了，来吧！"整个杀人的刑场一片死寂。监刑官愣了很久很久，才缓缓地艰难地抬起手臂——

　　12支步枪颤抖着举起……

暴力能摧毁有形的躯体
但在伟大的人格面前
他是无力的

南　北

二战时期，在一座纳粹集中营里，关押着很多犹太人，他们大多是妇女和儿童。他们遭受着纳粹无情的折磨和杀害，人数在不断减少。

有一个天真活泼的小女孩，和她的母亲一起被关押在集中营里。一天，她的母亲和另一些妇女被纳粹士兵带走了，从此，再也没有回到她的身边。人们知道，她们肯定是被杀害了。因为每天都有人被杀害，死亡的阴影笼罩着每一个人，人们谁也不知道自己是否能活到第二天。但当小女孩问大人们她的妈妈哪里去了，为什么这么久了还不回来时，大人们沉默着流泪了，后来实在不能不回答时，就对小女孩说，你的妈妈去寻找你的爸爸了，不久就会回来的。小女孩相信了，她不再哭泣和询问，而是唱起妈妈教给她的许多儿歌，一首接一首地唱着，像轻风一样在阴沉的集中营里吹拂。她还不时爬上囚室的小窗，向外张望着，希望看到妈妈从远处走来。

小女孩没有等到妈妈回来，就在一天清晨，纳粹士兵用刺刀驱赶着，将她和数万名犹太人逼上了刑场。刑场上早就挖好了很大的深坑，他们将一起被活活埋葬在这里。人们沉默着，死亡是如此真实地逼近着每一个生命。面对死亡，人们在恐惧中发不出任何声音。

人们一个接一个地被纳粹士兵残酷地推下深坑。当一个纳粹士兵走到这个小女孩跟前，伸手要将她推进深坑中去的时候，小女孩睁大漂亮的眼睛对纳粹士兵说："刽子手叔叔，请你把我埋得浅一点好吗？要不，等我妈妈来找我的时候，就找不到了。"纳粹士兵伸出的手僵在那里，刑场上顿时响起一片抽泣声，接着是一阵愤怒的呼喊……

人们最后谁也没能逃出纳粹的魔掌。但小女孩纯真无邪的话语却撞痛了人们的心，让人们在死亡之前找回了人性的尊严和力量。

暴力真的能摧毁一切？不，在天真无邪的爱和人性面前，暴力让暴力者看到了自己的丑恶和渺小。刽子手们在这颗爱的童心面前颤抖着，因为他们也看到了自己的结局。

一个人的品格决定着他的出路和归宿

黄　乾

瑞士的冬天太冷了，寒气几乎呛得人喘不过气来。他希望在圣诞节到来之前，能在这里找一间房子，开一家专门销售中国五金产品的商店。

"喂，你好，孩子。请问你是日本人吗？"忽然，身后一位老者叫住了他。

他停下脚步，转过身去。老人一脸银须，头上戴着一顶样式古怪的皮棉帽，样子很和蔼。

"不，我是中国人。"他答道。

"喔，神秘的中国人！我猜你到这儿的时间一定不太长吧。"

他点点头。

"你看上去被冻坏了，是吗？要知道在这样的天气出门，你必须穿得厚实些，不然……"他做出一个痛苦的表情，"你会被冻病的。"

他疑惑地望着这位陌生的老头儿，猜不出他想干什么。

"我想你大概需要一顶棉帽子，这样你就不会感到冷了。"说着，老人从头上摘下自己的帽子，然后递给他。

"戴上它，孩子，你会很暖和的！"

"你……是在向我出售吗？"

"我不卖，孩子。这可是我祖父留下来的，我只想把它借给你。你瞧——"

老人用手指了指街对面的一栋大房子。"我到家了，而你可能还要在街上呆一会儿。我只是希望你别冻着。"

老人看了看表，告诉他明天这个时间再到这儿把帽子还给他，并嘱咐他一定要买一顶帽子，因为这样寒冷的天气，在这里还将持续一阵子。

他执意不肯，但老人坚持要他戴，他只好戴上了。他询问老人的姓名，老人很有礼貌地告诉他，自己叫劳伦斯，曾经是这个小镇历史上第一位男性妇产科医生。

老人走了，他一时有些鼻酸。在这遥远而又陌生的国度，在这冰冷的隆冬季节，竟然有一位陌生的老人，送给他一顶祖传的帽子，这有多么不可思议呀！

一股暖流开始在他体内涌动，他立刻感觉好多了。想到明天还得把帽子还回去，他进而生出一丝淡淡的沮丧。

路过一家帽子商店，他走了进去。一看标签，暗自一惊，最便宜的一顶帽子也要三百瑞士法郎！乖乖！他转身又出去了。

第二天，老人如约等在了那里，准备取回自己的帽子。可是左等右等，就是不见那个中国人！第三天、第四天……中国人始终没出现。

"这简直太荒唐了！有个中国人竟然骗走了劳伦斯先生家祖传的帽子。"这件事很快就在小镇上传开了。

小镇上的人很淳朴，他们评判事物的标准一向简单而明了，并且马上就能反映在他们的行动中。于是，他们毫不客气地给镇上所有中国人——甚至日本人、越南人——贴上了"有色标签"，认为他们都是不可信赖的人。不再与他们为友，不再买他们的东西，不再吃中国饭馆的食品，毅然决然地将中国人从他们的生活中剔除了！

当然，他也未能幸免。他租不到房子，房东们都拒绝把房子租给中国人；他没有朋友，人们都对他敬而远之；他更不敢戴劳伦斯的帽子在街上走，甚至还买不到一顶新帽子，因为所有的商店几乎都拒绝把帽子卖给像他这样的东方人。

他被这里的天气冻坏了，最后，他真的病倒了。医生说他染上了伤寒，而且病得很严重。

"竟然都是因为一顶皮棉帽?!"他感到震惊和恐慌，灵魂深处正遭受着前所未有的煎熬，他也从未像现在这样，感到自己竟是如此地虚弱和乏力，孤独和凄凉！

"一顶皮棉帽!!"他哭了，而且哭得很伤心……

有一个比自由更加强有力
的词，那就是良心

陆勇强

乡里的一个医生疯了。

他从地方医专毕业，分到了地处偏僻山村的一个医院。方圆几十里地，只有这么一家医院。

他待人热情，性格十分开朗，医术也不错。几年后，他找到了一个在信用社当会计的爱人，工作、生活都十分顺利，为什么会突然之间疯了？

他的爱人也很迷惑。她记得那天他和她一起看电视，是一部关于医疗事故的片子，一个女大学生因为喉管发炎，在医院里得不到及时救治而窒息死亡。

看完后，他就呆在那儿，她叫他也不应。突然间他冲出屋外，又哭又笑。

他被送到了精神病院，医生要求家属找出刺激源，这样更容易得到医治，家属对此束手无策。

她则想到了那部关于医疗事故的电视剧，又找到了他锁在抽屉里的日记本。

没有想到的是，厚厚的一本日记记载的都是忏悔，其中有这么一段：

1999 年 6 月 25 日下午，一个妇女急匆匆抱着一个五岁左右的女孩前来医治，说她的女儿吃了拌有老鼠药的西瓜皮。

我问她小孩吃了那块西瓜皮多长时间了。

妇女说："大概有五个小时了。"

按照常识，如果小孩吃了老鼠药应该发作了。可是，这个小女孩没有中毒迹象。她还会叫妈妈，神志清醒。看到我拿针筒她一个劲地哭。

我判断小女孩没有吃那块西瓜皮。于是安慰她，不会有事的。

妇女千恩万谢地走了。到了下班时分，那个妇女又回来了，她哭喊着叫："医生，快救救她！"

我见妇女怀中的小女孩嘴边残留着白沫，再翻看孩子的眼皮，瞳孔已经散了。

女孩死了，她真的误食了老鼠药。

我应该给小女孩洗胃的，但我心存侥幸，结果害了她。

有人记起来了，三年前的确有一个误食老鼠药的小女孩死在医院里，却不知道其中的原因。

她把那日记本交给了医生。突然间，她大吃一惊，他疯的那天不也是6月25日吗？

难道这一切都是上苍安排好的？

维护尊严的思想比枪炮更有力量

（菲律宾）罗慕洛

有一次，巴黎举行联合国会议席间，我和苏联代表团团长维辛斯基激辩。我讥刺他提出的建议是"开玩笑"。突然之间，维辛斯基把他所有轻蔑别人的天赋都向我发挥出来。他说："你不过是个小国家的小人罢了。"

在他看来，这就是辩论了。我的国家和他的国家相比，不过是地图上一点而已。我自己穿着鞋子，身高只有 1. 63 米。

即使在我家中，我也是矮子。我的四个儿子全比我高七八厘米。就是我的太太穿上高跟鞋的时候，也要比我高寸把。我们婚后，有一次她接受访问，曾谦虚地说："我情愿躲在丈夫的影子里，沾他的光。"一个熟朋友就打趣地说，这样的话，就没有多少地方好躲了。

我身材矮小，和鼎鼎大名的人物在一起，常常特别惹人注意。第二次世界大战期间，我是麦克阿瑟将军的副官，他比我高 20 厘米。那次登陆雷伊泰岛，我们一同上岸，新闻报道说："麦克阿瑟将军在深及腰部的水中走上了岸，罗慕洛将军和他在一起。"一位专栏作家立即拍电报调查真相。他认为如果水深到麦克阿瑟将军的腰部，我就要淹死了。

我一生当中，常常想到高矮的问题。我但愿生生世世都做矮子。

这句话可能会使你诧异。许多矮子都因为身材自惭形秽。我得承认，年轻的时候也穿过高底鞋。但用这个法子把身材加高实在不舒服，并不是身体上的，而是精神上的不舒服，这种鞋子使我感到，我在自欺欺人，于是我再也不穿了。

其实这种鞋子剥夺了我天赋的一大便宜。因为：矮小的人起初总被人轻视；后来，他有了表现，别人就觉得出乎意料，不由得不佩服起来，在他们心目中，他的成就就格外出色。

有一年，我在哥伦比亚大学参加辩论小组，初次明白了这个道理。我因为矮小，所以样子不像大学生，就像小学生。一开始，听众就为我鼓掌助威。在他们看来，我已经居于下风，大多数人都喜欢看居下风的人得胜。

我一生的遭遇都是如此。平平常常的事经我一做，往往就似乎成了惊天动地之举，因为大家对我毫不寄以希望。

1945年，联合国创立会议在旧金山举行，我以无足轻重的菲律宾代表团团长身份，应邀发表演说。讲台差不多和我一样高。等到大家静下来，我庄严地说出这一句话："我们就把这个会场当做最后的战场吧。"全场登时寂然，接着爆发出一阵掌声。我放弃了预先准备好的演讲稿，畅所欲言，思如泉涌。后来，我在报上看到当时我说了这样一段话："维护尊严、言辞和思想比枪炮更有力量……惟一牢不可破的防线是互助互谅的防线！"

这些话如果是大个子说的，听众可能客客气气地鼓一下掌。但菲律宾那时离独立还有一年，我又是个矮子，由我来说，就有意想不到的效果。从那天起，小小的菲律宾在联合国大会中就被各国当作资格十足的国家了。

君子的高尚是可以写出来的座右铭

丁家桐

君子喻于义

君子坦荡荡

君子之交淡如水

君子一言，快马一鞭

谦谦君子

君子的说法，我们久违了。这绝不是说，这些年中国没有君子了，而是对于道德行为的评价，时代不同，说法也不同了。说法尽管不同，人心总有一杆秤，谁是君子，谁离君子还差那么一点点，心里总有个谱。用中华文化雨露灌溉的土地上，君子是个客观存在。

君子喻于义。君子不是不明白利的重要，物质是基础。只是，在物质利益面前伸手不伸手，君子比别人多一层思考。普通人首先想到的是合法不合法，不合法的利益得到了可能还要加倍吐出来。但法这东西不等于义，法不治众，合法的未必都合情合理。所以，君子在物质利益面前他还要问问良心，问问天理。油锅里的钱他不会捞，于良心不安的利益他不会沾。俗说是君子爱财，取之有道。时髦派看来这就是大傻瓜了，事实上君子就是这个样子。

君子坦荡荡。君子有错，自责甚严，不攀张攀李。君子不欺人，不夺人之所爱，办不到的事也不会把糖涂在你鼻子上，吊你的胃口。君子与你不睦，他不会否定你的长处，关键时踩你一脚。君子不媚人，不注意看人家的眼色，更不习惯夜深人静时悄悄敲门，悄悄送礼。君子不害人，别人五分错，他不会说七分八分，别人落了井，他不会再丢块石头，表示和自己没关系。

君子之交淡如水。君子有朋友，但大都是来来往往一杯茶。君子之家也有种种为难的事，因为怕找人，孩子叽咕归他叽咕，老婆埋怨归她埋怨，亲戚咒骂归他咒骂，只是相信天无绝人之路。君子未尝不想有成就，但是不靠帮，不靠派，出不了头，也就天不怪，地不怪。

君子一言，快马一鞭。君子约你七点钟见面，一般他不会七点一刻才到。君子答应你的事，不需要你再说第二遍。

谦谦君子。君子廉洁，不会到处哭穷；君子做善事，不会到处张扬；

君子勤恳，不会到处叫苦；君子和人家一起拍电视、拍照片，不会到处抢镜头。只有"君子动口不动手"，这话说对了一半。人家刀子捅来了，总得自卫。君子吃点小亏就算了，亏吃大了，总得讨个公道，讨个说法。还有"先君子后小人"说法也未必完全。真君子不能总是为小人制服，一旦发了脾气，火上来了，"君子来了劲，小人没得命"，闹得小人目瞪口呆。君子还是君子。

人之一生，沉沉浮浮，认识不少人，其中颇多君子，值得奉为楷模，长久怀念。只是现在商品经济，假冒伪劣甚多，君子也有假货。识别君子，有一条重要标准，那就是真君子往往不自夸，不卖弄，不以君子自诩。昔人云："积丘山之善，未为君子"，君子总是觉得自己不够。至于那些天天标榜如何高大、完美、廉洁、侠义、善良、劳苦的人，倒是要提防一下，看看货色真假，动动脑子鉴别鉴别。

伟大的品格造就伟大的人生

蒋光宇

大流士和亚历山大在伊萨斯大战，大流士一败涂地、落荒而逃。

一个忠实的内侍不辞千辛万苦找到了大流士。大流士一看到这位内侍，首先问自己的母亲、妻子和孩子是否还活着？内侍回答说，他们还活着，而且受到的殷勤礼遇跟您在位时一模一样。大流士听完之后，又问自己的妻子是否仍忠贞？回答仍是肯定的。于是大流士又问亚历山大是否曾对自己的妻子强施无礼？这位内侍先发了誓，随后说："大王陛下，您的王后跟离开您的时候一样。亚历山大是最高尚的人，最能控制自己的人。"

大流士一听这话，举起双手，对着苍天祈祷说："啊！宙斯大王！您掌握着人间帝王的兴衰大事。既然你把波斯和米地亚的主权交给了我，我祈求您，如果可能，就保佑这个主权天长地久。但如果我不能在亚洲继续称王了，我祈求您千万别把这个主权交给别人，只交给亚历山大，因为他的行为高尚无比，对敌人也不例外。"

看来，使大流士能够情愿交出主权的原因，主要的并不是亚历山大以力服人的战绩，而是亚历山大以德服人的品格。

心底无私，才能保持自身的高贵

李雪峰

一个精明的荷兰花草商人，千里迢迢从遥远的非洲引进了一种名贵的花卉，培育在自己的花圃里，准备到时候卖上个好价钱。对这种名贵的花卉，商人爱护备至，许多亲朋好友向他索要，一向慷慨大方的他却连一粒种子也不给。他计划繁育三年，等拥有上万株后再开始出售和馈赠。

第一年的春天，他的花开了，花圃里万紫千红，那种名贵的花开得尤其漂亮，就像一缕缕明媚的阳光。第二年的春天，他的这种名贵的花已繁育出了五六千株，但他和朋友们发现，今年的花没有去年开得好，花朵略小不说，还有一点点的杂色。到了第三年的春天，他的名贵的花已经繁育出了上万株，令这位商人沮丧的是，那些名贵的花的花朵已经变得更小，花色也差多了，完全没有了它在非洲时的那种雍容和高贵。当然，他也没能靠这些花赚上一大笔。

难道这些花退化了吗？可非洲人年年种养这种花，大面积、年复一年地种植，并没有见过这种花会退化呀。百思不得其解，他便去请教一位植物学家，植物学家拄着拐杖来到他的花圃看了看，问他："你这花圃隔壁是什么？"

他说："隔壁是别人的花圃。"

植物学家又问他："他们种植的也是这种花吗？"

他摇摇头说："这种花在全荷兰，甚至整个欧洲也只有我一个人有，他们的花圃里都是些郁金香、玫瑰、金盏菊之类的普通花卉。"

植物学家沉吟了半天说："我知道你这名贵之花不再名贵的致命秘密了。"植物学家接着说："尽管你的花圃里种满了这种名贵之花，但和你的花圃毗邻的花圃却种植着其他花卉，你的这种名贵之花被风传授了花粉后，又染上了毗邻花圃里的其他品种的花粉，所以你的名贵之花一年不如一年，越来越不雍容华贵了。"

商人问植物学家该怎么办，植物学家说："谁能阻挡住风传授花粉呢？要想使你的名贵之花不失本色，只有一种办法，那就是让你邻居的花圃里也都种上你的这种花。"

于是商人把自己的花种分给了自己的邻居。次年春天花开的时候，商人和邻居的花圃几乎成了这种名贵之花的海洋——花朵又肥又大，花色典雅，朵朵流光溢彩，雍容华贵。这些花一上市，便被抢购一空，商人和他的邻居都发了大财。

近朱者赤，近墨者黑。高贵也是这样，没有一种高贵可以遗世独立。要想保持自己的高贵，就必须拥有高贵的"邻居"；要想拥有一片高贵的花的海洋，就必须与人分享美丽，同大家共同培植美丽。只有这样，我们才能保持自身的纯洁和华贵。

心灵无私，这是我们保持自身高贵的惟一秘密。

平凡的尘世掩埋不住闪光的灵魂

罗　西

优雅的清洁工

在老家的县城，有一位年轻英俊的清洁工，他每天早晨拉着垃圾车经过我家楼下时，都会晃动他手上的摇铃。当我提着垃圾袋走向他时，他总是微笑着，在垃圾车旁，优雅地做个"请"的姿势，就像在说"欢迎光临"。

他总是打扮得很整洁，甚至时髦，干干净净的，像是在做一件很体面、荣耀、骄傲的事。有一次，我还看见他用扫帚对准了地上的一个烟蒂，摆出打高尔夫球的姿势，一杆把烟蒂挥入距离二三步远的畚箕内，还顽皮地对我扮了个鬼脸……

我不知道他的名字，只知道他正值青春年华。原来他在省城一家宾馆里当迎宾先生，后来因为老父病重，便回老家照顾病人，同时兼做了一名清洁工。

在与垃圾打交道中，他总能抱着一颗感激的心，因为有事做是最重要的。被他优雅、自信、有礼的言行所感动，每次倒垃圾时，我都不忘说声"谢谢"。对此，他很激动。他说他永远不会看轻自己，但仍然在乎别人的尊重与肯定。

他把"劳动"两个字演绎得尊贵无比。

一天见他一次，真是三生有幸。因为，他不仅帮我们带走了生活垃圾，也净化了我们日渐蒙尘的内心。

朗读残破的脸

被丧心病狂的男友毁容后的台湾女孩曾德惠，从容地站在记者面前。她面目全非，但仍调侃说："如果大家看到我洁白的牙，说明我在笑!"经过40多次手术，痛得她没空想别的，包括去恨什么人。

为了谋生，她上街兜售干燥花香包；为了未来，她决心上大学，但必须从高中读起……"我没有手了，没有耳朵，没有鼻子，嘴巴合不拢，最要命的是，连胸部都烧掉了。"

她讲得很轻松，像在讲别人的故事，不过，她担心以后没有男人会再爱上自己。有一次，她去影院看恐怖电影《贞子》，上厕所出来，她说，没被"贞子"吓倒的观众，反而被我给吓倒了!

她笑着说，听的人却难过不已。

每次出门，她会在全身惟一完好的部位——10个脚趾上涂层蓝色指甲油，以提醒自己曾经有过的美丽。

可敬的曾小姐没有扔掉镜子，因为她要面对现实，有时，这比面对死亡更需要勇气!

丧失了自尊心的人
是一个没有出息的人

陈立君

那是一个名气很大的合资公司，招聘一名总经理助理，年薪 20 万。刘露在众多应聘者中脱颖而出，最后一关是外方总经理面试。

总经理对她进行了两个多小时的面试，刘露从经营方略到内部管理以及新产品开发等方面阐述了自己的想法。总经理认真地听着，不时赞许地点点头，显然他对刘露很满意。

"好了。"总经理说，"讲了半天，口一定渴了，我也有些口渴，请你去买两瓶矿泉水来。"说着递给刘露一张百元大钞。

刘露走到街上，买了两瓶矿泉水，回来递给总经理，把剩下的钱交待清楚一分不差地也交给总经理。她认为这很可能也是考试内容的一部分。

果然，总经理打开一瓶矿泉水，说："这是今天测试的最后一道题目了。你给人留下了很好的印象，如果这道题你能回答得让我满意，你将通过今天的测试。这道题是这样的：假如这两瓶中有一瓶被人掺了毒药，当然目标是针对我的，现在我命令你先尝一尝。"

刘露说："我明白你这是在测试我对公司和对你的忠诚程度，也许我尝了你就会录用我，但我不能尝，虽然我很想得到总经理助理这个位子，我认为这是对我人格的污辱。"

总经理怒道："这次应试者有上千人之多，我别说让他们喝这没毒的矿泉水，就是真的让他们吃屎，他们也吃！"

刘露正色道："我认为你刚才说的话与你的身份地位很不相称，对不起，我觉得今天的测试该结束了。"说着要起身离去。

总经理立刻和颜悦色地说："请原谅，刚才只是测试，我很欣赏你的反映和品格。请坐，是的，今天的测试你通过了。祝贺你被录用了。"

刘露说："招聘是双向选择，你的测试我通过了，但我对你的测试却没有通过，你不是我想象中的老板。再见！"说完，拂袖而去。

管理的艺术是宽容

佚 名

一位德高望重的长者，在寺院的高墙边发现一把座椅，他知道有人借此越墙到寺外。长老搬走了椅子，凭感觉在这儿等候。午夜，外出的小和尚爬上墙，再跳到"椅子"上，他觉得"椅子"不似先前硬，软软的甚至有点弹性。落地后小和尚定睛一看，才知道椅子已经变成了长老，原来他跳在长老的身上，后者是用脊梁来承接他的。小和尚仓皇离去，这以后一段日子他诚惶诚恐地等候长老的发落。但长老并没有这样做，压根儿没提及这"天知地知你知我知"的事。小和尚从长老的宽容中获得启示，他收住了心再没去翻墙，通过刻苦的修炼，成了寺院里的佼佼者，若干年后，成为这儿的长老。无独有偶，有位老师发现一位学生上课时时常低着头画些什么，有一天他走过去拿起学生的画，发现画中的人物正是呲牙咧嘴的自己。老师没有发火，只是憨憨地笑道，要学生课后再加工画得更神似一些。而自此那位学生上课时再没有画画，各门课都学得不错，后来他成为颇有造诣的漫画家。通过上面的例子，设想一下除去其他因素，归结到一点：主人公后来有所作为，与当初长老、老师的宽容不无关系，可以说是宽容唤起的潜意识，纠正了他们的人生之舵。

宽容不仅需要"海量"，更是一种修养促成的智慧，事实上只有那些胸襟开阔的人才会自然而然地运用宽容；反之，长老若搬去椅子对小和尚"杀一儆百"也没什么说不过的，小和尚可能从此收敛但绝不会真正反省，也就没以后的故事。同样，老师对学生的恶作剧通常是大发雷霆继而是狠狠批评，但也因为方式太"通常"了，就很难取得"不通常"的效果。其实这都涉及一个问题即管理，所谓管理说到底就是理顺人与人的对应关系，使管理者和被管理者之间达到和谐的统一。真正上档次的管理是一门艺术。你可以把对方"管"得规规矩矩"理"得笔笔直直，但你不会运用宽容，就可能把人的可塑性和创造力给泯灭，焉又有"艺术"而言?!

宽容是一首优美动听的歌，她给宽容的发出者也带来好心情。也许她的效应不在眼下却在将来，不管怎样都是美好的。

因为宽恕，我们的人格才伟岸如山

（美）安德鲁·马修斯

"一只脚踩扁了紫罗兰，它却把香味留在那脚跟上，这就是宽恕。"

我们常在自己脑子里预设了一些规定，认为别人应该有什么样的行为。如果对方违反规定，就会引起我们的怨恨。其实，因为别人对"我们"的规定置之不理，就感到怨恨，不是很可笑吗？

大多数人都一直以为，只要我们不原谅对方，就可以让对方得到一些教训，也就是说："只要我不原谅你，你就没有好日子过。"其实，倒霉的人是我们自己：一肚子窝囊气，甚至连觉也睡不着。

下次觉得怨恨一个人时，闭上眼睛，体会一下你的感觉，感受一下你的身体，你会发现：让别人自觉有罪，你也不会快乐。

一个人爱怎么做就怎么做，能明白什么道理就明白什么道理。你要不要让他感到愧疚，对他都差别不大——但是却会"破坏你的生活"。万事不由人，台风带来豪雨，你家地下室变成一片泽国，你能说"我永远也不原谅天气吗？"万一海鸥在你的头上排泄，你会痛恨海鸥吗？既然如此，又为什么要怨恨别人呢？我们没有权力控制风雨和海鸥，也同样无权控制他人。老天爷不是靠怪罪人类来运作世界的——所有对别人的埋怨、责备都是人类造出来的。

谈到宽恕，首先就要原谅父母。天下没有十全十美的父母，他们当然并不完美。而且当年你还小的时候，市面上也还没有现在流行的一百分父母之类的育儿经，令尊令堂除了自己摸索门路外，还有许许多多其他事要操心！不论他们有什么不对的地方，都已经是陈年往事了。只要你一天不能原谅父母，就一天不能心安理得地过日子。

你或许会问："如果有人做了非常恶劣的事，我还要原谅他吗？"

我有一个朋友，名叫山迪·麦葛利格。1987年1月，一名精神病患者持枪冲进他家，射杀了他3个花样年华的女儿。这场悲剧使山迪陷入痛苦的深渊，几乎没有人能体会他的悲痛与愤怒。

随着时间的流逝，他在朋友的劝慰下体会到，要使自己的生活步上常轨，惟一的办法是抛开愤怒，原谅那名凶手。目前，山迪把所有时间用来帮助别人获得心灵的平静及宽恕他人。从他的经验可以证明，即使是遭逢剧变所引起的怨恨，在人性中也依然可以释怀。如果你问山迪，他会告诉你，他抛开愤怒是为了自己，希望自己好好活下去。

我发现，和山迪经验相似的人大致可以分成两种：第一种人始终生活在愤怒及痛苦的阴影下，第二种人却能得到超乎常人的同情心与深度。

令人心碎的事、大病、孤寂和绝望每个人都难以幸免。失去珍贵的东西之后，总有一段伤心的时期。问题是，你最后到底变得更坚强还是更软弱？

宽容，显示出
人格的魅力与高雅

王龙宝

宽容是一门交际的技术。它润滑了彼此的关系，消除了彼此的隔阂，扫清了彼此的顾忌，增进了彼此的了解。宽容打开两颗相对封闭的心灵，像一种明澈而柔润的调剂，使之相融相知。懂得宽容的人生是美丽的。

宽容是一门修身养性的学问。它戒除了忧烦急躁，抑制了悔憎恨怨，平息了对恣纠争，避免了嫉妒猜疑。宽容舒展了已久的沉郁的思绪，如一缕轻风，将自己拂作一朵漂白的云，游于碧空之上，闲然自得。懂得宽容的人生，是高雅的。

宽容不是怯懦，不是在威逼利诱前诚惶诚恐，阿谀奉承，低头哈腰；不是在是非曲直面前，唯唯诺诺，人云亦云，颠倒黑白。

宽容不是交易，不是为了得到别人的信任，甜言蜜语，口是心非，笑里藏刀；不是为了获取更多的权益，小恩小惠，虚情假意，收买人心。

"大度能容，容天下可容之事；笑口常开，笑天下可笑之人。"身在红尘，却超凡脱俗，海阔天空，胸无城府，是宽容。

"刚直不阿，留将正气冲霄汉；忧愁发愤，著成信史照兴衰。"忍辱含屈，却万丈豪情，执著信念，成就天下，是宽容。

"君子食无求饱，居无求安，敏于事而慎于言。"静对华贵，不拘小节，忘却功利，咬定青山，壮志抒怀，腾达事业，是宽容。

"千磨万击还坚劲，任尔东西南北风。"不惧迫胁，笑对困扰，排忧解惑，心如磐石，不卑不亢，是宽容。

宽容是一江春水，抒写了温馨、闲适与融洽，让人在柔和舒适间倍感亲切。

宽容是一泻瀑布，宣誓了奔放、热切与自信，教人在壮美和激情中意气风发。

宽容体现了人格，它将友爱、体贴、理解与气度凝缩于一点儿。无论是儒家的"仁""义"，墨家的"兼爱""非攻"，道家的"修身养性"，还是基督的"爱神"，伊斯兰的"古兰经"，佛学的"苦海无边，回头是岸"，无不包涵了丰厚的宽容哲学。世间因为有了宽容而爱意浓浓，美丽祥和。

朋友，当我们宽容他人，善待良知，从而化解了一段忧怨、赢得一份友谊、争得一份感情时，谁不会为此而激动万分，惬意无限呢？

朋友，当我们深陷苦闷，忧谗畏讥，山重水复之时，突然获得别人的理解、鼓舞与开拓，谁不会因之心潮澎湃，热泪盈眶，感激之情溢于言表呢？

宽容是金。

宽容和耐心是医治顽固病痛的良药

王晓莉

郭子是我的大学同学，人很聪明，但并不是一个听话的学生。记得那时候，他对英语十分排斥，怎么也学不进去。自然他对英语课也就喜欢不起来，常常要迟到。但他每次只迟到几分钟，而且总装出一副气喘吁吁的样子，老师也就不太好批评他了。后来他得寸进尺，有时甚至学了嬉皮样，一手托着墨水瓶，一手夹书大摇大摆走进教室，派头比谁都大，全班同学常被他逗得哄堂大笑。老师往往要等两三分钟，才能有开始授课的那种气氛。

令我们奇怪的是，面对郭子这样的调皮捣蛋鬼，英语老师一次也没有发过火。他总是摸摸自己开始秃的头顶，眨着一双带笑意的眼睛，对站在教室门口的郭子说："请进来。"他的语气就像约会中对一个晚到的朋友那样充满了宽容，没有一丝怒气或责备。

郭子就走进来，他总是坐到第一排第一个座位，因为那里离门口最近，出去进来都十分方便。久而久之，那里就成了郭子的"专座"，我们都不去坐它。

不久就听说英语要实行考级了。过不了关的人，连毕业证也拿不到。我们的英语课一下子多了很多外班来选修的同学。课堂上开始人满为患，稍微来晚的人，根本找不到位置，只好自带凳子听课。

有一天上课铃声响了，郭子又没来，一个外班女生走到了第一排第一个座位前，同时把她带的凳子放在一边。

我们都盯着郭子的"专座"，为它即将不"专"而担心，其实是等着看郭子到时候闹笑话。

这时英语老师突然对那个女生发话说："这个位置有人的。你带了凳子，就请把位置让出来好吗？"

显然他是给郭子留的。这样的老师，似乎太懦弱可欺了。

课开始了，郭子在门口探头探脑起来，他见教室满满当当的，估计个会有他的位置了，就转过了身，准备离开。

英语老师早看见他，说："郭子，位置给你留着呢。"

郭子愣了一下。第一次，他有点不好意思地走过来。

回来的路上，郭子这个有点玩世不恭的小子什么也没说。奇怪的是，从此以后，他上课再也没有迟到过。

"位置给你留着呢。"多年以后，我相信，是这句话起了作用。就像心理学家观察病人而后开出了最佳药方一样，我们的英语老师开出了一剂宽容与耐心的良方。在他的心上每一个学生都有一个最适当的位置。

赞扬是一种神奇而强劲的力量，她发挥的作用常叫我们惊诧不已

（德）安多尔·福尔德斯

1985年9月，我在西德萨尔布吕肯市给一批年轻的钢琴家上主课时发

现，如果我在某个学生的背上轻轻拍一下，他就会表现得更为出色。我便在全班学生面前对他杰出的演奏予以赞扬，使他自己以及全班学生大为惊奇的是，他马上超越了自己的原有水平。

我记得的第一次表扬使我感到如何的幸福和骄傲！我当时 7 岁，我的父亲要我帮忙在花园里干些活。我竭尽全力卖劲地干活，得到了最丰厚的报酬。当时他亲了我一下说："谢谢你，儿子。你干得很好。"60 多年后，他的话仍然在我耳边回响。

16 岁时，由于我与我的音乐教师发生分歧，我处于某种危机之中。后来一个著名的钢琴家艾米尔·冯·萨尔，李斯特的最后一个活着的弟子，来到布达佩斯，要求我为他演奏。他专心地听我弹了巴赫的 C 大调"Toccata"，并要求听更多的曲子。我把自己的全副身心都投入弹奏贝多芬的"Pathetique"奏鸣曲以及其后舒曼的"PapilLons"之中。最后，冯·萨尔起身，在我的前额上吻了一下。"我的孩子，"他说，"在你这么大时，我成了李斯特的学生。在我的第一堂课后他在我前额上亲了一下，说：'好好照料这一吻——它来自贝多芬。他在听了我演奏后给我的。'我已经等了多年，准备传下这一神圣的遗产，而现在我感到你当受得起。"

在我的一生中没有别的什么可以比得上冯·萨尔的赞扬。贝多芬的吻神奇地把我从危机中解脱出来，帮助我成为今天这样的钢琴家。不久将轮到我把它传给最值得受这份遗产的人。

赞扬是一股强劲的力量，是黑暗屋子里的蜡烛。这是一种魔术，我对它的神奇作用总是感到诧异不已。

信任的力量能使
一个魔鬼变成英雄

流 沙

一个劳改犯人在外出修路时，捡到了 1000 元钱，不假思索地交给了警察。可是，警察却轻蔑地对他说："你别来这一套，用自己的钱变着花样贿赂我，想换资本减刑，你们这号人就是不老实！"

囚犯万念俱灰，心想这世界上再也不会有人相信他了。晚上，他越狱了。

亡命途中，他大肆抢劫钱财，准备外逃。在抢得足够的钱财后，他乘上开往边境的火车。火车上很挤，他只好站在厕所旁。这时，一位十分漂亮的姑娘走进厕所，关门时却发现门扣坏了。她走出来，轻声对他说："先生，你能为我把门吗？"

他一愣，看着姑娘纯洁无邪的眼神，点点头。姑娘红着脸进了厕所。而他像一位忠诚的卫士一样，严严把守着门。

在这一刹那间，他突然改变了主意。下一站，他下车到车站派出所投案自首了。

这是一个听来的故事，但我相信它是真的，因为这世界上，信任是一种弥足珍贵的东西，没有人能够用金钱买得到，也没有人可用利诱和武力争取得到。它来自于一个人的灵魂深处，是活在灵魂里的清泉，可以挽救灵魂，让心灵充满纯洁和自信。

最佳的安慰方式
是在安慰中寓以鼓励

金　人

在生活中，我们时常得到别人的安慰；那么反过来，安慰别人也是我们应尽的义务。可是，应当怎样去安慰呢？

一个朋友生病了，你到医院或他家里看他。你也许会说："安心地休养一些时候吧，你不久一定会康复的。"你大概以为这是最妥善的安慰话了吧！但照谈话的艺术看来，这两句话不过是一种善意的祝愿，却不能算是安慰。"你不久一定会康复的"，除了医生，病人不会从任何人口里所听到这话而感到宽心。

那么应说些什么呢？

如果你的朋友虽然不能走路，但却有谈话的精力，那么你去探问病者不一定要直接地说安慰话的；因为那些话他也许听得厌烦了。病榻的生活是最无聊最枯燥的，给他说说外面有趣的新闻，一些幽默的生活描述吧，让他从你的探问中得到一点愉快，这就是给他的最大安慰。他将如何一再喜悦地回味啊。

永不要絮叨地去直接问病人关于他详细的病状和调治方法，他也许已经对别人说过一百次了，为什么你还要麻烦他呢。关于这些事情，还是问他家人为好，不要以为直接问病人是表示你的关心，其实这是骚扰罢了。

假如你一定要说几句安慰的话，那么第一不要装成你怜悯他的样子，没有几个人受得起别人怜悯的。因为你越怜悯他，越使他觉得自己的疾病是一种痛苦。所以我们要用相反的方法。记得我有一次生了小小的毛病，卧在床上不能起来，一个朋友来看我，他一见我就说了这样的话："你多么幸运啊，惟愿我也生点小病，好让我也能安静地躺在床上休息几天。"听了这话，我想起每天繁忙的工作，不觉为自己的病能暂时摆脱一切而私自庆幸起来。

另外有一次，这朋友一道和我去看一个伤寒病者。临走的时候，他对病人说："你的危险时期已过，好了之后你将再不会害伤寒病了，你比我们多了一重保障。"我相信这话一定会在病人的心里闪出光亮的。

安慰一个病人的家属也不易奏效。与其说几句空泛的话，不如给他一些使他宽松一下紧张神经的言语。

安慰一个死者的家属，最好的方法是不要提及死者，让他暂时忘记那些无可挽回的不幸。何必为表示你的惋惜而重又撩起别人的悲哀呢？

但有些人却在深深的悲痛中似乎不愿或不能忘却那不幸者。那么富兰克林的几句话可供参考："我们的友人和我们，像被邀请到一个无期限的筵席里。因为他们较早入席，所以他就比我们先行离去，我们是不会如此凑巧地同时离席的，但当我们知道我们迟早也跟他们一样地要离开欢乐的筵席。并且还一定会知道将在何处可以找到他时，我们对于他的先走一步为什么要感到悲哀呢！"

在日常生活里，需要安慰别人的机会更多。一个朋友受不了苦恼的折磨哭起来了，你不要立刻过去劝他不要哭，这是不能解除他的痛苦的。让他好好地哭一会吧。在他的感情找到了宣泄的出路以后，你的几句勉励便胜过千百句劝他不要哭的话。

对别人的不幸表示同情，也是给别人安慰。"这算得了什么呢？""何必为此而苦恼呢?"如果你仅仅谈这两句话，而不能进一步解释为什么这算不得什么，那么你还是不说为佳。他心里可能会说："你懂得什么。你只会说风凉话，难道我是为了不值得的事情自寻烦恼吗!"

所以，安慰的首要条件是同情。"我明白你的痛苦，不过在人生的过程中，偶然的苦恼是难免的，我们不能希望四时皆春。今天虽然下雨，明天阳光依旧会照临大地。"这样的话，不是更为得体吗?

但是最佳的安慰方法还是在安慰中寓以鼓励。有一次，我向一个朋友诉苦，说我虽已有十年的笔墨生涯，可至今却还无一张宽大的书桌。我的朋友听了，却安静地说了句比简单的同情更为深挚的话，他说："世界上伟大的杰作都是从小书桌上产生的。"

有内涵，有深度的人百看不厌

（新加坡）尤今

有一类人，像古井。

表面上看起来，是一圈死水，静静的，不管风来不来，它都不起波澜。路人走过，都不会多看它一眼。

可是，有一天，你渴了，你站在那儿掏水来喝。这才惊异地发现，那口古井，竟是那么的深，深不可测；掏上来的水，竟是那么的清，清可见底；而那井水的味道，甜美得让你魂儿出窍。

才美不外露，已属难能可贵；大智若愚，更是难上加难。

世人都迫不及待地把自己所拥有的抖出来让别人看。肚里有一分的，说他有两分；有两分的呢，说他有三分……

"有麝自然香"已变成了令人发噱的"天方夜谭"；"无麝放假香"，才是处世真理。

正因为如此，一旦发现了古井，便好似掘到了金山银库，有难以置信的惊喜——原以为它平而浅，实则它深又深。上至天文，下至地理，无所不知，知无不言。你掏了又掏，依然掏之不尽。每回掏出来的话语，都闪着智慧的亮光，你从中得到了宝贵的启示，你对人生有了更坚定的信念。

这口古井不肯、也不会居功，它静静伫立，看你变化、看你成长。你若有成就，它乐在其中而不形之于外。

古井，可遇而不可求，一旦遇上，是你的造化。

爱的真谛在于
甘为所爱的人付出

（意）乔爱思·维塞尔

墨西·孟德尔颂是德国某知名作曲家的祖父。他的外貌极其平凡，除了身材五短之外，还是个古怪可笑的驼子。

一天，他到汉堡去拜访一个商人，这个商人有个心爱的女儿名叫弗姐，墨西无可救药地爱上了她，但弗姐却因他的畸形外貌而拒绝他。

到了必须离开的时候，墨西鼓起了所有的勇气，上楼到弗姐的房间，把握最后和她说话的机会。她有着天使般的脸孔，但让他十分沮丧的是，弗姐始终拒绝正眼看他。经过多次尝试性的沟通，他害羞地问："你相信姻缘天注定吗?"

她眼睛盯着地板答了一句:"相信。"然后反问他:"你相信吗?"

他回答:"我听说,每个男孩出生之前,上帝便会告诉他,将来要娶的是哪一个女孩。我出生的时候,未来的新娘便已许配给我了,上帝还告诉我;我的新娘是个驼子。

"我当时向上帝恳求:'上帝啊! 一个驼背的妇女将是个悲剧,求你把驼背赐给我,再将美貌留给我的新娘。'"

当时弗妲看着墨西的眼睛,并被内心深处的某些记忆所搅乱了。她把手伸向他,之后成了他最挚爱的妻子。

保持诚实的办法只有诚实
守卫高贵的途径只有高贵

鲍尔吉·原野

一位有成就的钢琴家聊天时说:北大荒的 8 年,我不知是怎么过来的。饥饿、肮脏、寒冷,还有险恶的人际关系。他摇头,难以置信地说:真不知是怎么过来的。

我笑言,当年你关闭了意识当中有关整洁、温饱的感知阀门,靠适应这种基本的生物本能过日子。

人在耐受力方面常有奇异的成绩。这与其归功于毅力,不如算在适应性的账上。由于适应性在人体内部巨大的张力,无论多么高贵整洁敏感的人在最后关头都能够委身于贫贱龌龊粗鄙的环境中生存。这时,茹毛饮血的远祖的基因在体内被激活，视脏乱差于不顾，求生成了第一要求与惟一的快乐源。

与适应性同样强大的是人的习惯，实际上，习惯是适应的另一种说法。那位钢琴家说，尽管我像狗一样到处寻找食物，但8年中我从来没有说过一句粗话，没有附和过猥琐下流的笑话，我始终在内心的语言系统里抵制这些低级的东西。

在恶劣的环境中，人的适应性几乎是不加选择的，人的高贵也在此刻显露出来——决不习惯自己的丑陋。

一个人之所以在许多年后变得庸俗丑陋，因为在生活中，美好与丑陋的东西几乎一样多，事实上后者更多一些。而人的适应性无时无刻不在发挥作用——在意识之外大显身手。那么，在岁月的河流中，一个人无形之中变得愚蠢、畏葸、诡异与狡黠就不令人奇怪，虽然向他们指出这一点对方会奇怪甚至愤怒。在冬季，询问随季候变化转换毛色的狐狸：你的毛何以变黄？狐狸也会大吃一惊。

在习惯的力量面前，保持诚实的办法只有一个，那就是诚实。守卫高贵的途径只有高贵。

贫穷并不可怕，可怕的
是在贫穷中失去自尊

佚　名

一个青年只身来到城市打工，工作勤奋，不久老板将一个小公司交给他打点，他将这个小公司管理得井井有条，业绩直线上升。一个外商听说之后，想同他洽谈一个合作项目，当谈判结束之后，他邀请这位也是黑眼睛黄皮肤的外商共进晚餐。晚餐很简单，几个盘子吃得干干净净，只剩下两个小笼包子，他要求服务员给他打包带走，外商当即站起来表示明天就同他签合同。席间，外商轻轻问他，你受过什么教育？他说我家里很穷，父母不识字，他们对我的教育是从一粒米，一根线开始的。父亲去世后，母亲辛辛苦苦地供我上学。她说，俺不指望你高人一等，你能管好自己就中……此时，在一旁的老板的眼里有些湿润，他端起酒杯激动地说：我提议敬她老人家一杯，你受过最好的教育。

贫穷并不可怕，可怕的是人在贫穷中什么也学不到，并进而失去人的自尊。

爱的力量表现在关心
和体贴与己无关的事和人

佚　名

一个相貌平平的女孩，在一所极普通的中专学校读书，成绩也很一般。她得知妈妈患了不治之症后，想减轻家里的一点负担，并希望利用暑假这一点的时间挣一点钱，她到一家公司应聘，韩国经理看了她的简历，没有表情地拒绝了。女孩收回了自己的材料，用手掌撑了一下椅子站了起来，觉得手被扎了一下，看了看手掌。上面沁出了一颗红红的小血珠，原来椅子上有一只钉子露了出来，她见桌子上有一条石镇纸，于是拿来用它将钉子敲平。然后转身离去，可是几分钟后，韩国经理却派人将她追了回来，她被聘用了。

一个在爱中长大的人，她最好的回报也是爱，当爱促使一个人去做她很难做到的事情时，这足以证明爱的力量。

而在一件很细小的，与自己无关的事情上也能体现对别人的体贴和关心的人，她所受到的爱的教育无疑是成功的。

诚实比一切智谋都好
它是最好的策略

佚 名

有一个岗位需要招人，先后来了四位应聘者，在招聘条件一栏中，有一项条件是必须具备两年以上工作经验，但面对招聘者的拷问，应聘者很快显示出对这一行的无知。最后来了一位男学生，他坦率地对招聘者说，自己不具备这方面的工作经验，但对这项工作很感兴趣，并且有信心经过短暂的实践后，能够胜任它。招聘者毫不犹豫地录用了他。此后他和那个招聘者曾经有过这样一段话，那个招聘者说，有很多求职人在介绍自己的情况时并不诚实，而他为什么能够诚实相告呢？他说小时候有一次他拣了钱，奶奶问他时他撒了谎。奶奶朝他屁股上重重地打了一下，然后告诫他说："穷不可怕，只要你诚实，你就有救"，他说他永远记住奶奶的话，试想一个人不敢正视自己的不足，想依靠骗人取得别人的信任，能行的通吗？一个诚实的人其实是最需要勇气，他必须敢于面对事实和真理，在别人含含糊糊，唯唯诺诺的时候，勇敢地指出真相。诚实比一切智谋都好。因为它是智谋的源泉。

在物质面前我们很难区分贫富但在精神面前我们却看得清楚

许申高

我在深圳给小有名气的"大款"方先生开车期间，他正追着一位姓申的女大学生。

那是一个寒冷的冬日，方先生终于与申小姐有了第一次约会。共进午餐后，申小姐接受了方先生的进一步邀请，坐车来到了方先生的住处——位于龙华的一幢豪华别墅。

下车后，我们看见门柱上斜靠着一个懒洋洋的乞丐。他身上裹一件脏兮兮的棉衣，瑟瑟发抖地望着我们。

心情很好的方先生赶紧走上去问他："你是不是想吃点什么？"

想不到乞丐回答道："这会儿太阳很好，我吃饱喝足了，只想在您这儿晒会儿太阳。还想……"

"还想什么？"方先生从口袋里掏出100元钱，晃动在乞丐眼前，调侃地追问道，"别难为情，尽管说吧，我会满足你的。"他料定一个乞丐的要求不会特别难以应付。

"我想……"乞丐支吾着，最后鼓起勇气说，"您千万别笑话我。您可以想象我的日子，饭是每天都能吃上的，只可惜好长时间没读书了，总想讨一本看看，可是一直难于启齿。您能不能让我进您书屋里，随意挑一本书呢？"

方先生一下子愣住了。一方面，他惊奇于这个乞丐非同寻常的奢求；另一方面，他羞愧自己满足不了这个乞丐这一简单的要求；更重要的是：让申小姐目睹了自己的窘迫！

乞丐也看透了方先生的尴尬，急忙说："天底下没书的人很多。只是，我没想到这家房屋的主人也会没有。不好意思，打扰您了。"说罢，抬腿欲走。那溢于言表的鄙薄与不屑令在场的人都很难堪。

一直在一旁不动声色的申小姐急忙走上去，将随身携带的一本文摘读物递给乞丐，和颜悦色地说："也许，你会喜欢这本书，不妨读读吧。"

乞丐接过，连声道谢，然后席地而坐，旁若无人地读了起来。

这天送走申小姐后，方先生满腹心事。看来，他想博得申小姐的满意尚有一定的障碍。

不久的一天，方先生突然作出决定，"阿伟，送我去书店。"

在书店经理室，方先生将一张2万元的支票拍在办公桌上，对接待他的小姐说："愿意与我做成一笔大生意吗？"

小姐说："当然愿意。不过，我们这儿无什么大生意可言，只有书，您任意选吧。"

方先生将支票扔到小姐面前，说："我才懒得选，拜托你了。下午两点，我来取货。"

小姐惊奇地盯着眼前这个财大气粗的人，不知如何应付。当方先生准备调头而去时，她才醒过神来追问道："您想要一些什么呢？"

"只要是书，只要有名气。"方先生头也不回地说。

下午两点，我们驱车来到书店。那位小姐将支票还给方先生，并说："很抱歉，我们经理不想接受这笔生意。"

方先生再一次愣住了。他咆哮道："你们的经理呢？让他出来见我。"

"不必了。"小姐笑笑，"我们经理看过支票，就知道您是谁了。他要我一定转告您：本书店没一本可以束之高阁的废书。每一本都是有灵魂的生命，都有情有独钟的恋人，最终总会归其所爱。"

我们是什么往往比
我们做什么更重要

佚　名

有一华侨，在国外事业做得很大，但思乡情重，想出资在家乡办厂。

消息传开后，很多人纷纷与他联系，愿意与他合作在家乡开办工厂，因为大家都看到此事有利可图。这让老华侨在挑选合作者上面犯了难。

最后，他在众人之中挑了两个比较合适的人选，想在他们二人中挑出一个与自己合作，并把他在国内投资的所有经营都交给他管理。有一天，他叫来那两个人说："我本人没有什么爱好，唯独酷爱下棋，今天，你们谁下赢了我，那么我就会与谁合作。"

那两个人也都是下棋高手，棋都下得极好。第一个人与老华侨下了起来，最后老华侨以微弱的优势战胜了那个人。

第二个人很精明，在下棋当中，老华侨转身去倒了一杯水，第二个以为他不在意，偷偷换了一个棋子，其实这一切全被老华侨从玻璃的影像上看到了。最后，第二个人获得了胜利。

但是，后来，老华侨却选择了下输了棋的那个人来管理自己在国内的事业。他说第一个人虽然没有赢我，但是他却是凭着自己的实力没有想着去耍小计谋，诚心诚意地与我对弈。这也是一个人的人生态度问题，从中可以看出他是可信的，而第二个人却偷换了一个棋子，虽然这是一个小事情，但是却可以看出他的品质低下，为人不诚，与这样的人合作是不能让我放心的。

做出高贵品质的榜样，是为别人做出的最有价值的贡献

佚　名

美国一个市政府准备把某条街道改造成一条林阴大道，这将是一条耗资数百万美元的大道。但是，某个环节上出了问题，这项计划被搁置了。

这条大街上有个居民，得到消息后心想，如果政府不再打算美化整条大街的话，那么我至少可以美化自己门前的那一段。他这样做了，做成了整条大街上最引人注目的景色之一。他的邻居目睹了他所做的一切后，也开始美化自己的地盘。后来，每个邻居都这样做了，直到整条大街看起来像一条"百万美元"大道。

我认识一位小学教师，她带的班成了"老文明"。人们要她介绍经验，她说她实在没什么好说的。她做的事确实是再平凡、再渺小不过的了。她

进教室，见到教室门口或是讲台边有几片废纸，总是细心地弯腰捡起来；她讲完课，总是把掉在地上的粉笔头捡起来，放到粉笔盒里，然后用抹布把讲台擦干净，再喊"下课"，和学生道别。正是这些平凡不过的小事，让同学们看在眼里，记在心里，从而成为他们行动的榜样。

第六辑 爱，被爱，分享爱

一群大象生活在一片荒原中，无忧无虑，幸福无比。然而有一天，病魔突然降临到这个象群。

经过抗争，象群中的绝大部分都挣脱了病魔的纠缠。可是，却有一只小象一直没能恢复过来，眼看就要支撑不住而倒下。

然而，小象是不能倒的，它一倒下，就会因为巨大的内脏彼此压迫而损伤自己。倒下，意味着置自己于死地，就在小象即将倒下的那一刻，大象们两个一组轮流着用自己的身体夹住小象的身体，支撑着苟延残喘的生命，用自己的血肉之躯与命运抗争。终于，奇迹发生了，在大象群体的呵护下，小象慢慢恢复了元气，最终病愈。

因为爱心，疲惫的心灵才活力无穷

佚 名

A

爱心的涵义极其深厚广阔，像久远的高原，像浩荡的海洋。不，什么都无法比拟，爱心布满宇宙，无边无际；爱心贯穿历史，无始无终。

B

太阳是富有爱心的，阳光下的生命才可以从容地诞生；一粒沙，一片树叶，一方土石，才都有生命繁衍的足迹。所有的眼睛，才可以藐视黑暗；所有的季节，才可以周而复始如那架循回的水车。

一扇敞开的窗射进一束光芒，一个童话于是诞生了。

月亮和星星是富有爱心的，许多的美丽才从此降临，如天穹下飘扬的洁白的羽毛。所有的语言都因此变得温柔，所有的动作都因此符合静谧中万物的节律。

远离战争。

远离灾难。

C

河流靠了岸的合作，才能奔涌向前；桅帆靠了风的合作，才能飘扬不落。山峰因为平地而拔起，森林因为土壤而繁盛。

一切和谐的声音，都得感谢寂静的衬托；

一切美丽的相逢，都得感谢最初的机缘。

这机缘源于爱心。

D

因为爱心，流浪的人们才能重返家园；

因为爱心，疲惫的灵魂才会活力如初。

所以，我们才噙着热泪跋涉不息，去寻找那一份属于自己的爱心，它总是隐居在一个最深最柔软的角落呵。

伟大的，又是圣洁的。

E

爱着世界，让世界也爱着你。

让所有的善良在你心头驻足，让所有的真情占领属于你的每一个时辰。

渴望爱心，如同星光渴望彼此辉映；

渴望爱心，如同世纪之歌渴望永远唱下去……

真正的上帝是我们的爱心

徐 彦

一个小男孩捏着1美元硬币，沿街一家一家商店地询问："请问您这儿有上帝卖吗？"店主要么说没有，要么嫌他在捣乱，不由分说就把他撵出了店门。

天快黑时，第二十九家商店的店主热情地接待了男孩。老板是个六十多岁的老头，满头银发，慈眉善目。他笑眯眯地问男孩："告诉我，孩子，你买上帝干吗？"男孩流着泪告诉老头，他叫邦迪，父母很早就去世了，他是被叔叔帕特鲁普抚养大的。叔叔是个建筑工人，前不久从脚手架上摔了下来，至今昏迷不醒。医生说，只有上帝才能救他。邦迪想，上帝一定是种非常奇妙的东西，我把上帝买回来，让叔叔吃了，伤就会好。

老头眼圈也湿润了。问："你有多少钱？""1美元。""孩子，眼下上帝的价格正好是1美元。"老头接过硬币，从货架上拿了瓶"上帝之吻"牌饮料说："拿去吧，孩子，你叔叔喝了这瓶'上帝'，就没事了。"

邦迪喜出望外，将饮料抱在怀里，兴冲冲地回到了医院。一进病房，他就开心地叫嚷道："叔叔，我把上帝买回来了，你很快就会好起来！"

几天后，一个由世界上顶尖医学专家组成的医疗小组来到医院，对帕特鲁普进行会诊。他们采用世界上最先进的医疗技术，终于治好了帕特鲁普的伤。

帕特鲁普出院时，看到医疗账单上那个天文数字，差点吓昏过去。可院方告诉他，有个老头帮他把钱付清了。那老头是个亿万富翁，从一家跨国公司董事长的位置上退下来后，隐居在本市，开了家杂货店打发时光。那个医疗小组就是老头花重金聘来的。

帕特鲁普激动不已，他立即和邦迪去感谢老头。可老头已经把杂货店卖掉，出国旅游去了。

后来，帕特鲁普接到一封信，是那老头写来的，信中说：年轻人，您能有邦迪这个侄儿，实在是太幸运了。为了救您，他拿一美元到处购买上帝……感谢上帝，是他挽救了您的生命。但您一定要永远记住，真正的上帝，是人们的爱心！

一杯牛奶可以拯救一个人的生命
请不要和善良擦肩而过

吕　航

　　一天，一个贫穷的小男孩为了攒够学费正挨家挨户地推销商品，劳累了一整天的他此时感到十分饥饿，但摸遍全身，却只有一角钱。怎么办呢？他决定向一户人家讨口饭吃，当一位年轻美丽的女子打开房门的时候，这个小男孩却有点不知所措了，他没有要饭，只乞求给他一口水喝。这位女子看到他很饥饿的样子，就拿了一大杯牛奶给他，男孩慢慢地喝完牛奶，问道："我应该付多少钱？"年轻女子回答道："一分钱也不用付。妈妈教导我们，施以爱心，不图回报。"男孩说："那么，就请接受我由衷的感谢吧！"说完男孩离开了这户人家。此时，他不仅感到浑身是劲儿，而且还看到上帝正朝着他点头微笑，那种男子汉的豪气像山洪一样迸发出来。

　　其实，男孩本来是打算退学的。

　　数年之后，那位年轻女子得了一种罕见的重病，当地的医生束手无策。最后，她被转到了大城市医治，由专家会诊治疗。当年的那个小男孩如今已是大名鼎鼎的霍华德·凯利医生了，他也参与了医治方案的制定。当看到病历上所写病人的来历时，一个奇怪的念头霎时间闪过他的脑际。他马上起身直奔病房。

　　来到病房，凯利医生一眼就认出床上的病人就是那位曾帮助过他的恩人。他回到办公室，决心竭尽所能来治好恩人的病。从那天起，他就特别关照这个病人。经过艰辛努力，手术成功了。凯利医生要求把医药费通知单送到他那里，在通知单的旁边，他签了字。

当医药费通知单送到这位特殊的病人手中时，她不敢看，因为她确信，治病的费用将会花去她的全部家当。最后，她还是鼓起勇气，翻开了医药费通知单，旁边的那行小字引起了她的注意，她不禁轻声读出来：

"医药费——一满杯牛奶。

霍华德·凯利医生"

无私的奉献才是真爱

（美）安妮·尼尔森

一个失去了双亲的小女孩与奶奶相依为命，住在楼上的一间卧室里。一天夜里，房子起火了，奶奶在抢救孙女时被火烧死了。大火迅速蔓延，一楼已是一片火海。

邻居已呼叫过火警，无可奈何地站在外面观望，火焰封住了所有的进出口。小女孩出现在楼上的一扇窗口，哭叫着救命，人群中传布着消息：消防队员正在扑救另一场火灾，要晚几分钟才能赶来。

突然，一个男人扛着梯子出现了，梯子架到墙上，人钻进火海之中。他再次出现时，手里抱着小女孩，孩子交给了下面迎接的人群，男人消失在夜色之中。

调查发现，这孩子在世上已经没有亲人了，几周后，镇政府召开群众会，商议谁来收养这孩子。

一位教师愿意收养这孩子，说她保证让孩子受到良好的教育。一个农夫也想收养这孩子，他说孩子在农场会生活得更加健康惬意。其他人也纷纷发言，述说把孩子交给他们抚养的种种好处。

最后，本镇最富有的居民站起来说话了："你们提到的所有好处，我都能给她，并且能给她金钱和金钱能够买到的一切东西。"从始至终，小女孩一直沉默不语，眼睛望着地板。

"还有人要发言吗？"会议主持人问道。一个男人从大厅的后面走上前来，他步履缓慢，似乎在忍受着痛苦。他径直来到小女孩的面前，朝她张开了双臂。人群一片哗然，他的手上和胳膊上布满了可怕的伤疤。

孩子叫出声来："这就是救我的那个人！"她一下子蹦起来，双手死命地抱住了男人的脖子，就像她遭难的那天夜里一样。她把脸埋进他的怀里，抽泣了一会儿，然后，抬起头，朝他笑了。

"现在休会。"会议主持人宣布道……

心疼别人，有时就是心疼我们自己

简　单

这个故事发生在抗美援朝时期。在一场异常激烈的战斗中，一架敌机飞速向我方阵地俯冲下来，正当班长准备卧倒的时候，突然发现离他四五米远处有一个小战士还在那儿直愣愣地站着，好像在思考着什么，根本没有听到敌机的轰鸣声。班长顾不上多想，一下子扑了过去，将小战士紧紧地压在身下。一声巨响过后，班长站起身来拍拍落在身上的泥土，正准备教育这位小战士时，他回头一看，顿时惊呆了，刚才自己所处的那个位置被炸成了一个大坑。

小战士是幸运的，而更加幸运的是班长，因为他在帮助别人的同时也帮助了自己。

还有一个故事，是火车上乘警讲的。

有一天深夜，轮到这位乘警值班。在巡逻时，他发现一个小偷正将手伸进一位睡熟乘客的口袋，他大喊一声后，立即追了过去。小偷向餐车方向逃去。他知道，火车正在高速地飞奔着，小偷是不敢跳车的，除非他是疯子。乘警渐渐放慢了脚步，开始用对讲机和餐车那头的乘警联络。可是正在这时，火车突然停了。

只见小偷迅速地跃上一个敞开的窗口，当时他想：完了，这家伙要逃掉了。正在小偷准备跳下去的时候，听到一个孩子、一个蓬头垢面在餐车里捡酒瓶的男孩的尖叫声。小偷回头一看，孩子头上的鲜血直流，是急刹车时男孩一头撞在了车厢上，小偷犹豫了一下，又迅速地从窗口上跳了下来，一把抱起小男孩向乘警奔来，慌慌张张地问："医务室在哪儿？"

小偷被抓住了，可乘警说这个小偷真是太幸运了。乘客们不解地问："为什么？"乘警的回答使大家浑身一颤：因为火车当时所在的地方，两边是万丈深渊。

这两个故事使我想起了在美国波士顿，在一座犹太人被屠杀的纪念碑上，上面刻着一个名叫马丁的德国新教神父留下的一首悔恨诗："初起他们追杀共产主义者，我不是共产主义者，我不说话；接着他们追杀犹太人，我不是犹太人，我不说话；此后他们追杀工会成员，我不是工会成员，我继续不说话；再后来他们追杀天主教徒，我不是天主教徒，我还是不说话；最后，他们奔我而来，再也没有人站起来为我说话了。"

在人生漫漫长河中，肯定会遇到许许多多的困难，但我们是不是知道，在前进的路上，搬开别人脚下的绊脚石，有时恰恰是为自己铺路。心疼别人，有时就是心疼我们自己。

人心就是一本存折，只有打开才知道里面有多少收益

孙玉红

"鸟儿无意中带来的一粒种子，谁能料到多年以后会长成一棵大树呢！"金女士回忆起创业之初的机缘来，每每对旅途中的一件很小的小事慨叹不已。

14年前的一个夏天，金小姐作为一名公司职员从台湾去美国芝加哥参加一个家用产品展览会。午餐就在快餐厅里自行解决，当时人很多，金小姐刚坐下，就有人用日语问："我可以坐在这里吗？"抬头一看，是一位白发长者正端着饭站在面前。她忙指着对面的位子说："请坐。"接着起身去拿刀、叉、纸巾这类的东西，担心老人家找不到，便帮他也拿了一份。一顿快餐很快就吃完了，老人临走时递来一张名片，说："如果以后有需要，请与我联络。"金小姐一看，哟，原来老人是日本一家大公司的社长呢。

一年以后，金小姐自己注册了一家小公司。生意做了不到一年，客户突然不做了，而这时，新一年的生产计划已经定了，连样品都做好了，更

何况，这是她惟一的客户！怎么办？真的一起步就要破产吗？她忽然想起那位日本老人来，就抱着一线希望去了一封简单的信，说不知你是否还记得我，我现在自己开了一间小公司，如果你来台湾希望能来看一看。信发出后一个星期，就收到了回信，老人说即日启程来台湾。两天后，他真的来了，还带来了六七个公司职员。他们拿出样品让她试加工，在肯定了产品和质量之后，当场下了足够金小姐做一年的大订单。金小姐惊喜地问："您在台湾有很多大客户，而我这里只是个小公司，您真的信得过我吗？"老人从皮箱里拿出一本书来，名字叫做《人心的贮存》，说："当初你在芝加哥给我小小的帮助时，你并没有想到会有这样的回报。就像我在书中所写的：'人心就像一本存折，只有打开来才知道到底有多少收益。'每本心的存折正是用一点一滴的善去积累的。"

有耻才能奋发向上

汉　闻

　　一个寒气袭人的冬天早晨。我乘坐的巴士驶抵中环总站。一跳下车，我就匆匆地朝写字楼走去。今天是星期六，公司提早在 8 点半开始上班，现在已是 8 点 20 分，我得加快步伐才行。

　　迎面走来一个约莫十五六岁的卖旗小姑娘。我心想躲闪她，但已来不及了。她走到我的面前，点头笑笑说："先生，请买一面旗，这是给东华三院募捐善款。"

　　我"嗯"的一声应着，双眉紧锁地想：偏偏在这时候遇到卖旗的学生妹，可真急人！做善事嘛，何不找那些大大小小的老板，偏偏要找上我们这些打工仔？于是我把右手插入裤袋，假惺惺地摸一摸，说："对不起，我没带钱。"说着，我绕过她继续往前走。

当我走了不到四公尺，又碰上另一个卖旗的姑娘，年龄与刚才那个相仿，但个子看来却高些。她见我衣襟上没有贴上一面旗，便高兴地说："先生，做点善事，给我们买一面旗吧！钱多钱少不论，一律欢迎……"

"你不要挡住我的去路好不好？"我打断她的话，脸上顿时显露出不悦之色，说："我没零钱！做善事也轮不到我们。"

我的话音刚落，卖旗姑娘似乎受到莫大委屈地说："你不买就是了，何必发脾气？"

"我不想发脾气，而是希望你不要妨碍我上班，好不好？"我边看腕表，边忙不迭地解释说。

"停下来买一面旗，会占用你多少时间？"

"你再啰唆，就更浪费我的时间。"

"为善最乐！买旗是自愿自觉的。"

"你……"正在这时，我的肩膀蓦地被一只手重重地拍了一下。我转过身来一瞥，原来是邻居张伯。

"哎！张伯，你怎么也到中环来？"

"我见你上了那部巴士，特地乘坐的士追上你的。"张伯神色慌张地说，"你刚刚一踏出家门，你家里就出事啦！"

"你说什么？我家到底发生了什么事？"

"听说你妈心脏病复发，昏迷不醒！"

"哦！"我霎时一怔，喃喃自语，"怪不得我刚才在家时，妈妈觉得胸口闷，呼吸急促……"

"站在这里干什么？还不赶快看你妈去！"

"我妈在哪儿？"

"你爸爸送她到家附近的东华医院去了。"

这时，卖旗的姑娘从手上撕下一面纸旗，微笑地递给张伯。张伯从裤袋里摸出 2 元辅币交给她，接过纸旗贴在衣襟上。

此刻，小姑娘手上那一面面旗子，仿佛一面面镜子，映照着我这张火辣辣的脸……

善是人们精神上的最好的太阳

何素青

有个衣着朴素的老婆婆经过检票口，怯怯地用报纸包着一些东西要送给我。她神情谦顺，站在检票口旁边。等旅客都走光了，才将我拉到一边，颤抖地说："小姐，这是我家自己种的山蕉，跟你们平常吃的香蕉不一样，给你吃吃看。我特地从山上带来给你的，外表不好看，不过真的很好吃，希望你不要嫌弃。"

她恭敬地抱着两串山蕉，请我无论如何都得收下。可是我跟她素昧平生，怎么好意思收？她将山蕉轻轻摆在检票口边上，拉着我的手说："小姐，你不记得我了？上个月我来这里找儿子，不小心把钱包弄丢了，而我儿子的电话号码却在钱包里面。我在候车室坐了几个小时，你请人去买面给我吃，还帮我买回家的火车票，你忘了？"我赶紧在脑海里搜寻这老太太的影子，却一点印象也没有。

"小姐，我回家后，每天都想快点来跟你说谢谢，顺便还面钱给你。"

她越说，我的脸越红。一碗面才几块钱，她却一直牢牢记住，实在让我不好意思。

"多谢你，钱你收回去。面我请，山蕉你请，好吗？我祝你身体康健。"

她见我收下山蕉，开心地跟着儿子走了，我抱着山蕉进办公室，满怀的蕉香，让我有点飘飘然。如果人世间的真善美都能够借一碗面、两串山蕉慢慢舒展开来，多么美好啊。

这是一个忧患重重的世界
只有用一颗大大的心才能托得住

琦　君

有一位高僧和一位老道，互比道行高低。相约各自入定以后，彼此追寻对方的心究竟隐藏在何处。和尚无论把心安放在花心中，树梢上，山之巅，水之涯，都被道士的心于刹那之间，追踪而至。他忽悟因为自己的心有所执著，故被找到，于是便想："我现在自己也不知道心在何处。"也就是进入无我之乡，忘我之境，结果道士的心就追寻不到他了。

这个故事有点玄，"忘我"实在不是一件简单的事。佛家所说的眼、耳、鼻、舌、心、意六根之不能清静，就由于不能破除一个我见，执著于色、声、香、味、触、法的六尘。老子也说："吾所以有大患者，为吾有身。"儒家孔子虽曾说"毋意、毋必、毋固、毋我"。却不主张"无我"，这才能从小我本位做起，亲亲而后仁民，仁民而后爱物。所以说："我欲仁，斯仁至矣。"

我们是常人，不必高谈玄理，立身行事，还是踏踏实实从日常生活上做起。比如得失之心，谁能无之？只可说由于本性与修养的不同，而有程度上的差别。得而不喜，失而不忧者，有点不近人情。但如能由于自己的得而喜，失而忧，推己及人地也为旁人的得而喜，失而忧，就算做到忘我的一半了。至于大德无涯，那是至圣之事，非常人所能企及。标准定得太高了，反而做不到。

其实人不必忘我，只要学着把这颗心一天天放得宽大，关心自己，也关心别人，便有无穷喜乐。三年前，在美国遇到一位黑人鼓手，他把所得微薄工资，办了一个简陋的收容所，辅导迷失逃家的儿童，一一送他们回到父母身边。他的伙伴赞美他，一个小小的人儿，有一颗大大的心。他对我说："我从来不为昨天后悔，也不为明天忧愁。我只为今天收获的友情与信赖而快乐"。我听了好感动。他的忘忧，大概就是"忘我"的境界吧！

这个充满忧患的世界，只有一颗大大的心才托得住。

把敌人当成关心的人
是人性最光荣的体现

摩 罗

1944年冬天，两万德国战俘排成纵队，从莫斯科大街上穿过。所有的马路都挤满了人。苏军士兵和警察警戒在战俘和围观者之间。围观者大部分是妇女。她们当中的每一个人都是战争的受害者，或者是父亲，或者是丈夫，或者是兄弟，或者是儿子，都让德寇杀死了。妇女们怀着满腔仇恨，朝着大队俘虏即将走来的方向望着。当俘虏们出现时，妇女们把一双双勤劳的手攥成了拳头，士兵和警察们竭尽全力阻挡着她们，生怕她们控制不住自己的冲动。

这时，一位上了年纪的妇女，穿着一双战争年代的破旧的长筒靴。把手搭在一个警察肩上，要求让她走近俘虏。她到了俘虏身边，从怀里掏出一个用印花布方巾包裹的东西。里面是一块黑面包，她不好意思地把这块黑面包塞到了一个疲惫不堪的、两条腿勉强支撑得住的俘虏的衣袋里。于是，整个气氛改变了。妇女们从四面八方一齐拥向俘虏，把面包、香烟等各种东西塞给这些战俘。

这是叶夫图申科在《提前撰写的自传》中讲的一则故事。叶夫图申科在故事的结尾写了这样两句话："这些人已经不是敌人了。这些人已经是人了……"

这两句话十分关键。它道出了人类面对世界时所能表现出的最伟大的善良和最伟大的生命关怀。当这些人手持武器出现在战场上时，他们是敌人。可当他们解除了武装出现在街道上时，他们是跟所有别的人，跟"我们"和"自己"，一样具有共同外形和共同人性的人。当"我们"在自己的内心主动地将他们的身份做了这样的转换以后，和平、友爱、宽容、尊严等等才立刻具有了可能性。如果死死咬定某个原则，所谓人间和平连理论上的可能性都没有，更别说实践上的努力了。一个人有没有丰富的人性，是不是具有超越仇恨和敌意的心理力量，在这里可以见出分晓来。

苏联老百姓可以在大街上把敌人转化为人，给予友爱和关怀，也有的人却在宫廷里把他的同僚一个个转化成了敌人，一个个杀害了；还有许多善良而又高贵的知识分子，以及善良而又无辜的富农，都被当做敌人杀掉了。其他民族也许有许多类似的故事，无数的冤魂在地狱深处睁着寻找正义的眼睛，逼得我们永远心神不宁。

究竟是把敌人变成人，还是把人变成敌人，这里体现了人类灵魂走向的两种可能性：一种走向通往天使，一种走向通往魔鬼。人类真是一个极其奇怪的群体，他们高贵的时候那么高贵，凶狠下流的时候竟然那么不讲道理。

爱的圣洁在于不求回报的
竭尽全力的付出

（美）S·查辛

在我的记忆深处，珍藏着一双靴子，一双得之于半个多世纪以前而今依然完好如初的靴子。它不仅铭刻着一个流浪汉的颠簸之苦，也深藏了一位陌路人的关怀之心。

那是在大萧条时期的一个冬天，当时20岁的我已经独自在外乡闯荡了一年多，一无所获的磨难使我心灰意懒，蜷缩在闷罐车里做着回家的梦。当火车路经一个不知名的小镇时，我下了车，希望能碰上好运气，找到一个打工的机会。一阵刺骨的寒风向我表示了冷冷的敌意，我使劲裹了裹自己的旧外套，但还是被冻得直打战，尤其糟糕的是脚上的那双半统靴已不堪折磨。像它主人的梦想一样地破败了——冰水毫不客气地渗入了袜子。我暗暗地向自己许了个愿，要是能攒下买一双靴子的钱，我就回家！

好不容易找到了山边的一个小木屋，不料里面早有几个像我一样的流浪汉了。同病相怜，他们挤了挤，为我挪出了一个位置。屋里毕竟比野外暖和多了，只是刚才被冻僵的双脚此时变得疼痛难挨，使我怎么也无法入睡。

"你怎么了？"坐在我身旁的一个陌生人转过头来问我。

"我的脚趾冻坏了，"我没好气地说，"靴子漏了。"

这位陌生人并不在意我的态度，仍然热情地向我伸出了手："我叫厄尔，是从堪萨斯的威奇托来的。"之后，他跟我聊起了自己的家乡、家人，以及自己的流浪经历……厄尔先生的健谈似乎缓解了我身体的不适，我不知不觉地迷糊了过去。

这个小镇并没有为我们留下一份吃的。盘桓数日以后，我又登上了去堪萨斯方向的货车——厄尔先生也在这趟车上。火车渐渐地驶出了落基山区，进入了茫无边际的牧场。天气也越来越冷了，我只有不停地跺脚取暖。不知什么时候，厄尔先生已经坐在我身边了。他关切地问我："你家里还有什么人？"我告诉他，家里还有一个父亲和一个妹妹——是个穷得叮当响的农家。

厄尔先生安慰我说："不管怎样的家也总是个家呀！我看你还是和我一样回家去吧。"

望着寒星闪烁的夜空，我感到了一种从来没有过的孤独。"要是……要是我能攒点钱买双靴子，也许就能够回家了。"

我正想着家庭的温暖的时候，发觉脚跟被什么东西碰了一下。低头一看，原来是一双靴子——厄尔先生的。

"你试试吧，"厄尔说："你刚才说，只要能有一双像样的靴子你就能回家了。喏，我的靴子尽管已经不新，但总还能穿。"他不顾我的谢绝，一定要我穿上。"你就是暂时穿穿也好，待会儿再换过来吧。"

当我把自己冰凉的脚伸进厄尔先生那双体温尚存的靴子时，立刻感到了一阵暖意，我很快在隆隆的火车声中睡着了。

等我醒来时，已经是次日凌晨了。我左顾右盼，怎么也找不到厄尔先生的身影。一位乘客见状说："你要寻那个高个子？他早下车了。"

"可是他的靴子还在我这儿呢。"

"他下车前要我转告你：他希望这靴子能陪伴你回家去。"

我怎么也不能相信，世上确实还有这样的好人：不是将自己的多余之物作施舍，而是把自己的必需之物奉献他人，为了让他能有脸回家去！我想像着他一瘸一拐地穿着我的破靴在冰水里跋涉的情形，不禁热泪盈眶……

这半个多世纪中，我和厄尔先生再也无缘相见，但在我的心中他永远是我最亲密的朋友，而这双靴子则是我这一辈子得到的最贵重的礼物。

我们无法选择被爱
但我们有责任去爱一切人

安　然

也许人的一生当中不是人人都能碰到生死的抉择，但大大小小、轻轻重重的抉择无处不在。它可以改变一个人的前途，也可以改变一个人的命运。

我是一个平凡又不平凡的人，我认为我的抉择我的决定要比一般人都多。我是一个普通的中学生，从小到大一直在书海和老师的包围下成长，可能就是这种环境下让我有了一种另类的想法。在我小学到初中时期，我的学习成绩一向不错，不知为什么上了高中后我有了"厌学症"，到了高二我经常逃学，不管干什么我都不愿意去学习。我的学习一落千丈，所以我没有了学习的动力。在这途中父母强迫我去学习，希望我可以回心转意，可是我却因为他们离家出走了。我走过两次，一次是去了河南的开封，一次是去了晋城。当时的想法就是我想去证明没有文凭没有学历也一样的生存。在我被劝回家后我坚决不上学，父母也是为了我的安全着想，怕我再次离家出走，他们妥协了。就这样我成了一名社青，每天没有事做，生活的空虚无聊。有一天，我终于意识到了父母对我的苦心，我后悔，每天都在自责。父母就像那位登山者，他们再次挽救了我，挽救了我的前途，挽救了我的人生。

他们为了我，在西安给我找了一所学校，是专修我的音乐专业的。妈妈在今年夏天带着我去西安看学校，火热的太阳顶在头上，妈妈没有半点的怨恨，为我选学校。这就是母爱，这是最伟大最纯洁的爱，自己得不到任何好处，可是为了自己的孩子她愿意，她愿意把自己所有的东西都付出。当我们坐火车返回太原的时候，妈妈睡着了，自从我不上学以来我觉得这是她睡的最甜最安稳的一觉，因为她的儿子还会继续上学，她又一次可以看到儿子美好的前途。她欣慰。她欣慰自己儿子还是一个好孩子。

妈妈老了，看上去不再年轻漂亮，这有一多半是我的原因。我好想对妈妈说一声对不起，"妈妈，我让你操碎了心"。听爸爸说，在我小的时候我身体很不好，是医院的常客，那时住院妈妈一星期都不回家，在病房陪我，照顾我。每次听爸爸给我讲我小时候的事，我的眼泪都在止不住地往下流。其实我这次上学不因为什么，就因为我的妈妈，是妈妈为我做的一切打动了我，是她给了我再次上学的机会。我也会为了我的妈妈努力去学习，努力去拼搏。这个月底我就要去西安上学了，我想为我的妈妈做点事，让她高兴的事，我看到了 XX 晚报的《征稿启事》，我想这会是我临走前能让妈妈欣慰的一件事，我要让天下人都知道，我有一个最好的妈妈，她会为自己儿子牺牲一切。

"妈妈，我爱你，请你原谅我以前所做的事，妈妈对不起，儿子让你操心了。"

这就是我的爱的抉择，这个抉择将会改变我的前途和命运，我会把握这次机会，作出让妈妈高兴自豪的事情来。

生活中常常有不期望回报的付出
却出人意料得到价值极高的回报

徐连祥

一次，成功学家拿破仑·希尔先生应邀去一所学院讲学，受到了从未有过的热烈的欢迎。他说此行不虚，因此婉言拒绝了校方付给他的一百美元的报酬。

第二天早晨，那所学院的院长对学生们动情地说："在我主持这家学院的 20 年期间，我曾经邀请过几十位人士前来向学生们发表演说。但是这是我第一次知道有人拒绝接受他的演讲酬金，因为，他认为他已在其他方面有所收获，足以弥补他的演讲酬金。这位先生是一家全国性杂志的总编辑，因此我建议你们每个人都去订阅他的杂志。因为，像他这样的人一定拥有许多美德及能力，是你们将来离开学校踏入社会必须用到的。"

不久，拿破仑·希尔所主编的《希尔的黄金定律》杂志社收到了这些学生 6000 多美元的订阅费。在以后的两年中，这所学院的学生以及他们的朋友一共订阅了 50000 多美元的杂志。

弗莱明是一个穷苦的苏格兰农夫。有一天他在田里劳作时，听到附近泥沼里有人发出求助的哭声。他急忙放下农具，跑到泥沼边，发现一个小孩掉到粪池里。弗莱明赶紧把这个小孩从死亡线上救了出来。

隔天，有一辆新奇的马车停在农夫家，从车里走出来一位优雅的绅士，他自我介绍是那被救小孩的父亲。绅士说："我要报答你，你救了我小孩的性命。"农夫说："我不能因救你的小孩而接受报酬。"就在那时，农夫的儿子从茅屋的门走进来。绅士问："那是你的儿子吗？"农夫很骄傲地回答说："是。"绅士说："我们来个协议，让我带走他，并让他接受良好的教育。假如这小孩像他父亲一样，他将来一定会成为一位令你骄傲的人。"

农夫答应了。后来，在绅士的资助下，农夫的小孩从圣玛利亚医学院毕业，并成为举世闻名的弗莱明·亚历山大爵士，也就是盘尼西林的发明者，1944 年，他受封骑士爵位，并得到诺贝尔医学奖。

从现在开始以爱我的方式爱别人

（美）约瑟夫·F·纽顿

很奇怪，我们对自己过错的审视，往往不如看待别人所犯的过错那么严重。正如德国神学家肯比斯所言："我们很少用同样的天平去衡量邻居。"我想，这大概是因为我们对导致过错的背景了解得很清楚，以至于我们对于别人的过错不能原谅，对于自己的过错就比较容易原谅，从而使我们常把注意力集中于人家的过错上。即使我们有时不得不正视自己的过错，也总觉得它们是可以宽恕的，这是因为，无论我们自己是好是坏，我们只能容忍自己。

可是轮到评判他人时，就完全不同了。我们会用另外一副眼光去品评他们，往往使旁人体无完肤，一点也不留情面。举一个小小的例子，假使我们发现旁人说谎，我们的谴责是何等严酷啊，可是，我们有哪个人能说自己从没说过一次谎，也许还不止 100 次呢！

人性中搀杂着伟大与渺小、善与恶、崇高与卑微。我们彼此都差不多。也许有些人性格较强，机会较多，因此可以更自由地表现天性，但在骨子里，人性是相似的。就以我个人来说，我绝不比大多数人更好或更坏，假使要我把日常生活中的每一举动，以及脑海中的每一意念都记录下来，世人一定会惊讶我是堕落败坏的魔鬼了。明白了以上道理，会使我们容忍他人，如同容忍自己一样。

既然责己不必太严，对于他人的过错，即使是名闻天下的贤达，也可以带几分幽默感。

给人以人格和精神上的尊重
才是真正的助人

蒋光宇

一次，特级教师魏书生从盘锦市到沈阳市出差。在列车上与他对面而坐的是位老人，蓬头垢面，衣衫褴褛，忧虑重重，郁闷不语；列车快到沈阳的时候，列车员开始验票，其他乘客都出示了车票，只有老人掏出来的是张纸条。老人面带难色地解释说，自己和侄子同去北京，没想到两人在拥挤的人流中走散了。他身无分文，实在没法买车票回老家了。北京市的公安派出所为照顾他，给他开了这张证明，希望列车上的工作人员能给予免票。列车员听后，认为老人很可同情，就没让老人补买车票。

魏书生观察到，老人舍不得吃手里的那半个硬面包，只看着别人大吃大嚼。他还看得出来，老人自尊心强，耿直倔犟。魏书生把手伸进了兜里，悄悄摸出两元钱来。两元钱，正好可以为老人买份盒饭。但魏书生没有当众把钱递给老人，或干脆买份盒饭端给老人。如果他这样去接济老人，估计老人会坚持不要的，即使勉强收下，也会很不自然。

魏书生静静地坐了一会儿，列车缓缓地开进了沈阳车站。魏书生下车后，没有直奔出站口去，而是绕到老人座位的那个车窗口，轻声叫过老人，不惹人注意地把两元钱塞到老人手里，不等老人拒绝，便迅速转身离开了列车。

魏书生把两元钱送给急需帮助的人，这对他来说实在是微不足道，因为他曾把两万元送给急需帮助的人。但这件给人两元钱的小事中的细节，能给人一个重要的启示：帮助人，不仅要给人物质上的施舍，而更重要的是给人以人格和精神上的尊重。

做人实际上是在
为自己的失败买保险

施以诺

有只狐狸惊慌失措地跑进一个村落，喘得上气不接下气，四肢发软，好不狼狈。一只枝头上的鹦鹉看了，便问道："狐狸先生，您这是怎么了？"狐狸一脸惨淡，气喘吁吁地说："后……后面有一大群猎犬在追我！"

鹦鹉听了心急地大叫："哎呀！那你赶快到村口那位薛大婶家里躲一躲吧。她人最好，一定会收留你的。"狐狸一听："薛大婶？不行，前两大我偷了她鸡舍的鸡，她不会收留我的。"

鹦鹉想了想，又说："没关系，石樵夫的家离这里也不远，你赶快跑到他那儿躲起来呀！"狐狸却说："石樵夫？也不行，几天前我趁他上山砍柴时，偷吃了她女儿养的金丝雀，他们一家正痛恨我呢！"

鹦鹉又说："那么，你去投靠庄大夫吧，他是这村里惟一的医生，非常有爱心，一定不忍心看你被抓的。"狐狸尴尬地说："那个庄大夫吗？上次我到他家里，把他存的肉片给吃得一干二净，还把他院子里种的郁金香给踩烂了！我没脸再回去找他。"鹦鹉无奈地问："难道这个村里都没有你可以信赖的人了吗？"狐狸回答："没有，我平时常得罪他们啊！"

鹦鹉摇摇头，说："唉，那么我也救不了你了。"最后，这只平日里耀武扬威的狐狸，就这么被猎犬抓住了。

没有人一生可以永远一帆风风顺，没有人可以保证自己永远高枕无忧。就像故事中的狐狸，平日再风光，再得意，有一天也可能面临种种失败与危机。当你失败时，你有朋友可以扶你一把吗？你身旁的人是热心地伸出援手，抑或冷漠地袖手旁观？

天才之路，都是用爱心铺就的

佚 名

在里约热内卢的一个贫民窟里，有一个男孩子，他非常喜欢足球，可是又买不起，于是就踢塑料盒，踢汽水瓶，踢从垃圾里捡来的塑料壳。他在巷子里踢，在能找到的任何一片空地上踢。

有一天，当他在一处干涸的水塘里猛踢一只猪膀胱时，被一位足球教练看见了，他发现这个男孩踢得很像是那么回事，就主动提出要送给他一只足球。小男孩得到足球后踢得更卖劲了。不久，他就能准确地把球踢进远处随意摆放的一只水桶里。

圣诞节到了，男孩的妈妈说："我们没有钱买圣诞礼物送给我们的恩人，就让我们为我们的恩人祈祷吧。"小男孩跟随妈妈祷告完毕，向妈妈要了一把铲子便跑了出去，他来到一座别墅前的花园里，开始挖坑。

就在他快要挖好坑的时候，从别墅里走出一个人来，问小孩在干什么，小男孩抬起满是汗水的脸蛋，说："教练，圣诞节到了，我没有礼物送给您，我愿给您的圣诞树挖一个树坑。"

教授把小男孩从树坑里拉上来说，我今天得到了世界上最好的礼物。明天你就到我的训练场去吧。

三年后，这位 17 岁的男孩在第六届足球锦标赛上独进 21 球，为巴西第一次捧回了金杯。一个原来不为世人所知的名字——贝利，随之传遍世界。

天才之路都是用爱心铺成的，并且在铺成这条路所有的爱心中，有天才人物自己的一颗。

唯有像花的人，才有资格拥有花

林清玄

我每一次去买花，并不会先看花，而是先看卖花的人，因为我认为一个人如果不能把自己打扮得与花相衬，是不应该来卖花的。

唯有像花的人，才有资格卖花。

像花的人指的不是美丽的少女，而是有活力，有风采的人。

所以，每次我看到俗人卖花，一脸的庸俗或势利，就会感到同情，想到我国民间有一种说法，有三种行业是前世修来的福报，就是卖花、卖伞和卖香。那是因为这三种行业是纯善的行业，对众生只有利益，没有伤害，可以一直和人结善缘。

可叹的是，有的人是以痛苦埋怨的心在经营这纯善的行业。

我经常去买花的花店，卖花的是一位中年妇人，永远笑着，很有活力；永远穿着干净而朴素，却很有风采。

当我对她说起民间的说法，赞美她说："老板娘一定是前世修来的福报，才能经营这纯善的行业呀！"

她笑得很灿烂，就像一朵花，不疾不徐地说："其实，只要有纯善的心，和人结善缘，所有的行业都是前世修来的。"

真情是人世间永远的太阳

栾承舟

有一个富翁，年轻时家里很穷，他的父母都是农民，他从小就生存在一种饥饿和窘迫之中。节日的花衣服、过年的压岁钱、喜庆的爆竹、父母的呵护……这些本该属于孩子的专利，都与他无缘。

最使他难忘并终生感恩的是小伙伴们对他无私、真诚的帮助和呵护。只要小伙伴手里有两块糖果，肯定就会有他的一块；伙伴手里有一个馍馍，那肯定有他的一半。在贫穷和饥饿之中，还有什么比这更宝贵的东西呢？

一眨眼 30 年过去了。在这段时间里，世界上的许多事情都变了模样。此时，富翁步入中年。外出闯荡的他已今非昔比。30 年的奔波劳碌、摸爬滚打，算计别人也被别人算计，富翁一路风尘地走过来了，成为一个稳健、精明、魅力非凡的企业家。有一天，少小离家的他动了思乡之念，于是，在一个艳阳高照的日子里，富翁回到家乡。当日，他走遍全村，感谢叔伯大爷、兄弟姐妹这些年来对父母的照顾，并每家送了一份礼品。夜里，富翁在自家的堂屋里摆桌请客，赴宴者全是从小光着屁股一块儿长大的玩伴，他们自然也是四十几岁的中年人了。

按那里的风俗，赴宴者都要带点礼品表示谢意。大家来的时候，都带着礼品，有的还很丰厚。富翁令人一一收下，准备宴席之后，请大家带回。当然，还有自己馈赠的礼品。

正在大家热热闹闹、布菜斟酒的时候，门开了，一个儿时旧友走进门来，他的手里提着一瓶酒，连声说："对不起，我来晚了。"

大家都知道这个朋友日子过得很艰难，其情其境，一点儿不亚于富翁儿时。富翁起身，接过朋友提来的酒，并把他拉到自己身边的座位上坐下，朋友的眼里闪过几丝不易觉察的慌乱。

富翁亲自把盏，他举着手里的酒瓶，说："今天，我们就先喝这一瓶酒，如何？"一边说，一边给大家一一倒满，然后他们一饮而尽。

"味道咋样？"富翁问，所有赴宴者面面相觑，默不作声。旧友更是面红耳赤，低下了头。

富翁瞄了一眼全场，沉吟片刻，慢慢地说："这些年来，我走了很多地方，喝过各种各样的酒，但是，没有一种酒比今天的酒更好喝，更有味道，更让我感动……"说着，站起身，拿起酒瓶，又一次一一给大家斟酒，"再干一杯。"

喝完之后，富翁的眼睛湿润了，朋友也情难自抑，流泪了。

他们喝的哪里是酒，分明是一瓶水啊！

世界上还有比这更感人的场面吗？还有比这更宝贵的东西吗？朋友不以贫穷自卑，提一瓶水也要去看看儿时的朋友；发迹的富翁不忘旧情，不以为忤，反而大受感动，情不自禁，以至下泪，这瓶"水酒"真的是含着重如泰山、穿越世俗的真情啊！所以，当我们身左身右的人，在人生路上遇到艰难，陷入泥泞之时，朋友，请伸出你的手来，把你的温暖、关怀送给他们，把真情送给他们，他们将因此而充满笑迎风雪的勇气和力量……真情，是人世间永远的太阳！

世间因为有了我
别人的生活会过得更美好

（英）泰斯特

这天终将来临——在一所出生和死亡接踵而来的医院内，我的身躯躺在一块洁白的床单上，床单的四角整齐地塞在床垫里。在某一时刻，医生将确诊我的大脑已经停止思维，我的生命实际上已经到此结束。

当这一时刻来临时，请不必在我身上装置起搏器，人为地延长我的生命。请不要把这张床叫做临终之床，把它称为生命之床吧。请把我的躯体从这张生命之床上拿走，去帮助他人过上更加美好的生活。

把我的双眼献给一位从未见过一次日出，从未见过一张婴儿的小脸蛋或者从未见过一眼女人眼中流露出爱情的人；把我的心脏献给一位心机失能、心痛终日的人；把我的鲜血献给一位车祸中幸免死亡的少年，使他也许能看到自己的子孙尽情嬉戏；把我的肾脏献给一位依靠人造肾脏周复一周生存的艰难的人。拿走我身上每一根骨头，每一束肌肉，每一丝纤维，把这些统统拿尽，丝毫不剩，想方设法能使跛脚小孩重新行走自如。

探究我大脑的每一个角落。如有必要，取出我的细胞，让它们生长，以便有朝一日一个哑儿能在棒球场上欢呼，一位聋女能听到雨滴敲打窗子的声音。

将我其余的一切燃成灰烬。将这些灰烬迎风散去，化为肥料，滋润百花。

如果你一定要埋葬一些东西，就请埋葬我的缺点、我的胆怯和我对待同伴们的所有偏见吧。

把我的罪恶送给魔鬼，把我的灵魂交付上帝。

如果你想记住我，那么就请你用善良的言行去帮助那些需要得到帮助的人吧，假如你的所作所为无负我心，我将与世长存。

要把阳光散布到别人心里
先自己心里充满阳光

（英）莫里斯·吉布森

我和我的妻子抛下我们自己的诊所，离开我们舒适可爱的家，来到8000 公里外的加拿大西部，这个名叫奥克托克斯的荒凉小镇。这里十分偏僻，天气很冷；但是我们感觉到：虽然我们生活的地方辽阔无垠，但这里有的是温暖、友谊和乐观。

我记得一个冬日之夜，有个农民打电话来说只有他一个人在家，婴儿正在发高烧。虽然汽车里有暖气，他也不敢冒险带婴儿上路。他听说我不管多么晚也肯出诊，因此请我上门去给他的婴儿治病。

他的农场在 15 公里外，我要他告诉我怎样去法。

"我这里很容易找到。出镇向西走六公里半，转北走一公里半，转西走三公里，再……"

我给他搞得糊里糊涂，虽然他把他家的路线再说了一遍，我还是弄不清楚。

"我知道该怎么办了，医生。我会打电话给沿途农家，叫他们开亮电灯，你看着灯光开车到我这里来，我会把开着车头灯的卡车放在大门口，那样你就找得到了。"他在电话里告诉我这个办法，我觉得不错。

启程前，我出去观察了一下阿尔迫达上空广阔无边的穹隆。在冬季里，我们随时要提防风暴，而山上堆积的乌云，可能就是寒天下雪的征兆。每一年，都有人猝不及防地在车里冻僵，没有经历过荒原风雪的凶猛袭击的人，是不知道它的危险性的。

我开着车上路，车窗外面寒风呼呼地怒吼着。果然，正如那位农民所说的，沿途农家全部把灯开亮了。平时，一入夜荒野总是漆黑一片，因为那时候的农家夜里用灯是很节约的。一路的灯光指引着我，使我终于找到了那个求医的人家。我急忙给婴儿检查病情。这婴儿烧得很厉害，不过没有生命危险。我给婴儿打了针，再配了一些药，然后向那农人交代怎样护理，怎样给孩子服药，当我收拾药箱的时候，我心里在想，那么复杂的乡村夜路，我怎能认得路回去呢？

这时候，外面已经下大雪了。那农人对我说，如果回家不方便，可以在他家过一夜。我婉言谢绝了。我还得赶回去，说不定深夜还会有人来求诊。我壮着胆子启动引擎，把汽车徐徐地驶离这户人家的门口，说实话，我的心里充满着恐惧。但是，车子在道路上开了一会儿，我就发觉我的恐惧和忧虑是多余的。沿途农家的灯光送我前行。我的汽车每驶过一家，灯光随后就熄灭，而前面的灯光还闪亮着，在等待着我……我沿途听到的，只是汽车发动机不断发出的隆隆声，以及风的哀鸣和车轮碾雪的索索声。可是我绝不感到孤独，那种感觉就像在黑暗中经过灯塔一样。

这时我开始领悟到了阿瑟·查普曼写下这几句诗时的意境：

那里的握手比较有力，

那里的笑容比较长久，

那就是西部开始的地方。

温暖是人间最温暖的词语

张玉庭

一个孩子问爷爷："您有皮球吗？"爷爷说："没有。"不料孩子并不满足，而是一口气把这个问题问了 4 遍。爷爷挺纳闷，于是在连续回答了 4 次后反问了一句："你为什么老问这个？"孩子说："我喜欢听您说'没有'。""为什么？""因为，您的胡子一翘一翘的特好看。"

于是爷爷笑了，胡子笑成了花——不为别的，就为了小孙子的这个"喜欢"。

这就叫温暖。

还有两个真人真事。

一个是在美国，曾有个小女孩给林肯写信，希望他留起胡子。林肯极认真地读了这封信，不仅立刻给孩子回了信，还真的留起了胡子。

一个是在印度，泰戈尔曾收到过一位小姑娘的信，信中问道："爷爷，我想用您的名字给我的小狗命名，行吗？"泰戈尔不仅立即回信表示坚决同意，还特意在信中加了一句："不过，命名之前，最好先征求一下小狗的意见。"

自然，这也叫温暖。

难道不是吗？

孩子最需要的就是温暖——那简直就是美丽的童话。

那么，该怎么给温暖下定义？

答曰：温暖是飘飘洒洒的春雨，温暖是写在脸上的笑意，温暖是义无反顾的响应，温暖是一丝不苟的配合。

尤其是对于不谙世事的孩子，我们的确没有理由让他们的希望搁浅。

那么，当童心花似的开着，家长们——比如天下的爷爷们、外公们、奶奶们、姥姥们——你们，一丝不苟地呵护过吗？

如果我能弥补一个破碎的心灵
我便不是徒然活着

大　卫

这世界上的人可分为两种，一种是手心向上的人，一种是手心向下的人。

手心向上的人是一些索取者，总是等待别人的施舍，如那些可怜兮兮的乞丐。

而手心向下的人却不是这样，他们总是不断地帮助别人和帮助自己。

每天早晨从睡梦中醒来的第一件事就是轻轻地告诉自己：你要做个手

心向下的人。

看到别人因为失恋或者亲人丧亡而痛苦不堪、快要跌倒的时候，我会手心向下扶住他颤抖的肩头，告诉他失去满天星星，就会迎来一个崭新的黎明；告诉他抬起头，把泪水擦干，远方就是那个晴朗的天！

看到一个因病重而没钱治疗的孩子那憔悴的面容，我会发动众人从自己的薪金里，拿出一片深情而又真诚的问候，走近募捐箱手心向下，塞进一片同情与挚爱。

人生是一段坎坷不平的路，喧嚣的尘土会迷蒙你的双眼。风雨来临之时，脚下的道路会泥泞你前进的步履。如果一不小心滑倒在地，请不要灰心也不要丧气，手心向下，掐住大地的脉搏，从哪里跌倒就从哪里爬起。真的，惟有手心向下，你才会撑起一个坚强而又从容的自己。

我常常对着蓝天发呆，心想它为何总是那么湛蓝、深邃、博大、高远?！终于有一天，我发觉蓝天也实是一只巨掌，它总是手心向下地支撑着自己永不塌陷。那光辉而又灿烂的太阳是它的一个红红的手印。面对蓝天，我还发觉我们每个人的生命其实都是一架硕大的钢琴，昼与夜构成白键与黑键，我们惟有手心向下才能弹奏出高昂、激亢而又悠远洪亮的琴音。于是，我更加坚定地对自己说：做个手心向下的人。因为：

手心向下——

给予别人的是无私的温暖和奉献！

手心向下——

给予自己的是坚强的信念和支点！

恶魔的武器再有威力
也穿不透爱的甲衣

佚　名

　　不管他们选择的目标是什么，迫击炮弹还是落到了一个越南小村庄的孤儿院里。几个教士和一两个孤儿被炸死，还有几个孤儿被炸伤，其中有个大约 8 岁的小女孩。

　　村里的人到邻近的一个和美军有无线电通讯联系的小镇上去求救。最后，美国海军的一名军医和一名护士带着急救箱，乘吉普车急匆匆地赶到村里。他们发现那小女孩伤得非常严重，如不抓紧手术，她就会因长时间休克和失血过多而死亡。要及时地给她输血，这就需要和她有同种血型的献血者。护士很快地给在场的人进行血型化验，结果，没有一个美国人和小女孩的血型相同，但有几个没受伤的越南孤儿却和她血型相同。

　　美军军医和护士一会儿用越南语，一会儿用法语，一会儿打手势，试图向这些被吓坏了的孤儿们解释，如果不马上给这个小女孩献血，她就必死无疑，然后他们问孤儿们，有谁愿意给小女孩献血。

　　孤儿们听后，一个个瞪着大眼睛，一句话也不说。过了一会儿，一只小手颤巍巍地慢慢举了起来，很快又放了下来，接着又举了起来。

　　"啊，谢谢你。你叫什么名字？"护士用法语说道。

　　"恒。"小男孩答道。

　　护士很快把恒安置到担架上，用酒精在他的胳膊上擦了擦，把针头插进他的血管里。恒一声不吭，僵直地躺着。

过了一会儿，他突然发出了一阵颤抖的抽泣，但很快就用另一只手将脸蒙住。"疼吗，恒？"军医问道。恒摇摇头，并又用手蒙住脸，试图不哭出声来。军医又一次问他是不是针头刺痛了他，他又摇了摇头。

又过了一会儿，恒又轻轻地哭出声来。他紧紧闭着眼睛，把拳头放进嘴里，试图止住抽泣。

军医和护士感到一定是出了什么问题，正在这时，一个越南护士正好赶到。她看到这种情景后，直接用越南语问恒到底是怎么回事，她听了恒的回答后，温柔地对他说了些什么。

过了片刻，恒停止了哭泣，抬起眼睛询问似地看着越南护士，越南护士向他轻轻点了点头，恒脸上紧张的表情顿时释然。

越南护士看了看美军军医和护士，然后轻轻地说道："他以为他快要死了。刚才他误解了你们的话，他以为你们要把他的血全部输给那个小女孩呢。"

"但他为什么又愿意献血呢？"美军护士问道。

越南护士用越南语把美军护士的话又给恒说了一遍。恒回答说："因为她是我的好朋友。"

一个真正的朋友
是自己的另一个生命

佚　名

从前有一个仗义的人，广交天下豪杰武夫，临终前对他儿子讲，别看我自小在江湖闯荡，结交的人如过江之鲫，其实我这一生就交了一个半朋友。

儿子纳闷不已。他的父亲先是交代一番，然后对他说，你按我说的去见见我的这一个半朋友，朋友的要义你就会懂得。

儿子先去了他父亲认定的"一个朋友"那里，对他说："我是某某的儿子，现在被朝廷追杀，情急之下投身你处，希望予以搭救！"这人一听，容不得思索，赶快叫来自己的儿子，喝令儿子将衣服换下，穿上了眼前这个并不相识的"朝廷要犯"的衣服。

儿子明白了：在你生死攸关的时刻，那个能为你肝胆相照，甚至不惜割舍自己亲生骨肉搭救你的人，可以称作你的一个朋友。

儿子又去了他父亲说的"半个朋友"那里，抱拳相谒把同样的话叙说了一遍。这"半个朋友"听了，对眼前这个求救的"朝廷要犯"说："孩子，这等大事我可救不了你，这里我给你足够的盘缠，你远走高飞快快逃命，我保证不会告发钦官……"

儿子明白了：在你患难时刻，那个能明哲保身、不落井下石加害你的人，可以称作你的半个朋友。

一束鲜花改变人生

苇 笛

乔治是华盛顿一家保险公司的营销员，为女友买花时认识了一家花店的老板——本，但也只是认识而已，他总共只在本的花店里买过两回花。

后来，他因为为客户理赔一笔保险费，被莫名其妙地控以诈骗罪投入监狱，他将要坐 20 年的牢。闻此消息，女友离他而去。

面对从天而降的灾难，乔治悲愤不已，女友的离去更让他痛苦不堪。只在狱中过了一个月，乔治便感到自己快要疯了。就在他郁闷难耐时，有人前来看他。乔治在华盛顿没有一个亲人，因此实在想不出来者是谁。在会见室，他不由得怔住了，原来是花店的老板——本，他给乔治带来了一束鲜花。

虽然只是一束鲜花，乔治却从中感受到人世的温暖，希望之火开始在他的心头重新燃烧，他安下心来，在监狱里大量读书，钻研电子科学。

6 年后，乔治提前获释了。他先在一家电脑公司做雇员，不久自己开了一家软件公司；两年过后，他身价过亿。成了富豪的乔治去看望本，却得知本于两年前破了产，一家人贫困潦倒，举家迁到乡下。乔治说，是你的一束鲜花使我留恋人世的爱与温暖，给予我战胜厄运的勇气；无论我为你做什么，都不能回报你当年对我的帮助，我想以你的名义，捐一笔钱给慈善机构，让天下所有不幸的人都感到你博大的爱。

此后不久，乔治果然捐款成立了"华盛顿·本陌生人爱心基金会"。

一束鲜花竟然是如此的神奇，它给绝境中的乔治带来了希望，重新点燃了他生命的激情。事实上，这个世界上的许多悲剧都源自于对爱的绝望；对一颗冰冷的心灵来说，最大的可能就是自甘堕落。而我更愿意相信，正是那一份回报本的强烈愿望，成了乔治努力向上的强大动力。

"爱"就一个字，只需用行动来表示

张玉庭

假如没有粉笔，你知道怎么上课吗？

请准许我给你讲个故事。

这故事发生在一个偏僻的小村庄，村头有一所小小的学校。

有一天，上课必需的粉笔突然用完了，女教师便想了一个办法。她找了杯清水，然后对孩子们说："来，老师蘸着水在黑板上写，上课——"

孩子们懂事地点了点头，答应了。

于是，她一笔一画地教，孩子们一笔一画地学。

当然了，这需要速度——因为，只要教得慢了点，或者记得慢了点，那用水写的字就立刻干了，看不见了。

这以后，每当没有粉笔的时候，女教师就以水代笔；而可怜的孩子们，也便渐渐地适应了这种奇怪的上课方式。

一天，女教师哭了。她想起了鲁迅笔下的孔乙己。那蓬头垢面的孔乙己，为了教咸亨酒店的小伙计认字，曾用他的长指甲蘸着酒，在柜台上写过"茴香豆"的"茴"字；可是今天，她——一位亭亭玉立的女教师却要用那仙女般的纤纤玉指，蘸着水在黑板上写字，在冰凉冰凉的黑板上耕耘了！

可她想想，又笑了。磨秃了自己的手指头，却丰富了孩子们的心灵，值得。

她从容，坦然，一如既往。

又一天，她走进教室，正准备上课，突然发现杯子里的水已全部漏完。——也难怪，那盛水的杯子太陈旧了，陈旧得让人想起这个古老民族的沉重的历史。

没水，怎么板书？

没水，怎么上课？

也就在这山穷水尽的时刻，女教师突然感到，从她右手的手指尖上，正在不断地渗水——亮晶晶的水珠——

水！

水！

有水就能上课！

女教师猛地转身，在黑板上不停地写了起来。

她写得飞快。孩子们也记得飞快。

就这样，每当她转身板书的时候，那指尖上的水珠也就恰到好处地冒了出来。

天！她从此有了特异功能！

日复一日，年复一年。

这种古怪教育的奇异结果，便是造就了一批可以高速理解、高速记忆、高速运算的神童。也正是由于这种神奇的高速度，这批神童被一所著名的大学破格录取了。

后来，有人专门研究过这批神童，发现他们都具有特异功能，即：凡是被泪水浸泡过的地方，他们都能准确地断定，这里曾经发生过什么，是悲剧，还是喜剧。

那么，从女教师的手指上奔涌而出的那些液体，究竟是什么呢？

有人化验过，那水，与泪水的化学成分一模一样……

（报载，在七届人大的一次分组讨论会上，一位来自山区的小学教师，曾经含着泪讲了这样一件事：因为没有经费，买不起粉笔，他们曾用手指蘸着水，在黑板上写字）

爱是成功的最大动力

占梅姿

随处散播你的爱心，就从对你的家人开始，多一分关爱给你的孩子，你的另一半，然后你的邻居……让每个接近你的人都有如沐春风的感觉。给别人一个关怀的眼神，一个灿烂的微笑，一个温暖的拥抱，为上帝的仁慈做见证。

——泰瑞莎修女

25年前，有位教社会学的大学教授，曾叫班上学生到巴尔的摩的贫民窟，调查200名男孩的成长背景和生活环境，并对他们未来的发展做一评估，每个学生的结论都是"他毫无出头的机会"。

25年后，另一位教授发现了这份研究，他叫学生做后续调查，看昔日这些男孩今天是何状况。结果根据调查，除了有 20 名男孩搬离或过世，剩下的 180 名中有 176 名成就非凡，其中担任律师、医生或商人的比比皆是。

这位教授在惊讶之余，决定深入调查此事。他拜访了当年曾受评估的年轻人，跟他们请教同一个问题："你今日会成功的最大原因是什么？"结果他们都不约而同地回答："因为我遇到了一位好老师。"

这位老师目前仍健在，虽然年迈，但还是耳聪目明，教授找到她后，问她到底有何绝招，能让这些在贫民窟长大的孩子个个出人头地？

这位老太太眼中闪着慈祥的光芒，嘴角带着微笑回答道："其实也没什么，我爱这些孩子。"

我们是在养小孩，不是在养花

（美）杰克·坎菲尔德

我的邻居大卫，有两个天真活泼的小孩，一个 5 岁，另一个 7 岁。一天，大卫正在教他 7 岁的儿子凯利如何使用割草机割草。当教到怎样将割草机掉头时，他的妻子简突然喊他，询问一些事情。当大卫转过身回答简的问题时，调皮的凯利却把割草机推到了草坪边的花圃上，并充分利用他刚刚学到的技术，开展工作——真是可惜，割草机所过之处，花尸遍地，原本美丽的花圃留下了一条 2 尺宽的空隙。

面对眼前的事实，大卫怒不可遏，他有些失控了。要知道，这个花圃花费了大卫多少时间、多少精力才侍弄成今天这个令邻居们无比羡慕的样子呀！可是仅仅才两分钟的时间，就被小凯利毁坏得不成样子了。"哦，天哪！凯利！你在干什么？"他怒吼起来。就在他要继续呵斥凯利的时候，简快步地走到他身边，用手轻轻地拍了拍他的肩膀，说："大卫，别这样，要知道——我们是在养小孩，而不是在养花！"

简的一番话犹如一道耀眼的闪电，使我眼前一亮，心灵不禁为之一震：是啊！孩子和花究竟孰重孰轻？我们做父母的难免都会犯大卫这样的错误。但是我们应该清楚孩子以及他们的自尊，要比他所破坏的任何物质上的东西都要重要得多啊！那些曾经被孩子们用棒球砸碎的窗户玻璃、不小心碰倒的台灯以及在厨房里掉在地上摔碎的碟子，还有那花圃里被割掉的美丽的花，它们既然已经被毁坏了，再也不能复原了，那么我们又何必再去打破一个小孩子稚嫩纯净的心灵呢？在这种时候，我们必须牢记，物质上的东西毁则毁矣，切不可再让孩子的心灵受到伤害，使他们原来充满活力的感觉变得迟钝，乃至麻木，否则我们失去的将不仅仅是那些玻璃呀、台灯呀、碟子呀、鲜花呀，最重要的则是孩子的心灵。

"孝"是生命与生命交接处的链条

毕淑敏

我不喜欢一个苦孩子求学的故事。家庭十分困难，父亲逝去，弟妹嗷嗷待哺，可他大学毕业后，还要坚持读研究生，母亲只有去卖血……我以为那是一个自私的学子。求学的路很长，一生一世的事业，何必太在意几年嗟跎？况且这时间的分分秒秒都苦涩无比，需用母亲的鲜血灌溉！一个连母亲都无法挚爱的人，还能指望他会爱谁？把自己的利益放在至高无上位置的人，怎能成为为人类献身的大师？我也不喜欢父母重病在床，断然离去的游子，无论你有多少理由。地球离了谁都照样转动，不必将个人的力量夸大到不可思议的程度。在一位老人行将就木的时候，将他对人世间最后的期冀斩断，以绝望之心在寂寞中远行，那是对生命的大不敬。

我相信每一个赤诚忠厚的孩子，都曾在心底向父母许下"孝"的宏愿，相信来日方长，相信水到渠成，相信自己必有功成名就衣锦还乡的那一天，可以从容尽孝。

可惜人们忘了，忘了时间的残酷，忘了人生的短暂，忘了世上有永远无法报答的恩情，忘了生命本身有不堪一击的脆弱。

父母走了，带着对我们深深的挂念。父母走了，遗留给我们永无偿还的心情。你就永远无以言孝。

有一些事情，当我们年轻的时候，无法懂得。当我们懂得的时候，已不再年轻。世上有些东西可以弥补，有些东西永无弥补。

"孝"是稍纵即逝的眷恋，"孝"是无法重现的幸福。"孝"是一失足成千古恨的往事，"孝"是生命与生命交接处的链条，一旦断裂，永无连接。

赶快为你的父母尽一份孝心。也许是一处豪宅，也许是一片砖瓦。也许是大洋彼岸的一只鸿雁，也许是近在咫尺的一个口信。也许是一顶纯黑的博士帽，也许是作业簿上的一个红五分。也许是一桌山珍海味，也许是一只野果一朵小花。也许是花团锦簇的盛世华衣，也许是一双洁净的旧鞋。也许是数以万计的金钱，也许只是含着体温的一枚硬币……但"孝"的天平上，它们等值。

只是，天下的儿女们，一定要抓紧啊！趁你父母健在的光阴。

爱的位置不在嘴上，而在心中

马国福

这是我上大学时的一件事。

那天下午，公共课老教授给我们讲了一个故事：有个国王有三个儿子，他很疼爱他们，但不知传位给谁。最后，他让三个儿子回答如何表达对父亲的爱。大儿子说："我要把父亲的功德制成帽子，让全国的百姓天天把您供在头上。"二儿子说："我要把父亲的功德制成鞋子，让普天下的百姓都知道是您在支撑着他们。"三儿子说："我只想把您当做一位平凡的父亲，永远放在我的心里。"最后国王把王位传给了三儿子。

教授讲完，问道："记得父母生日的同学请举手。"举手者寥寥无几。

"寒假给父母洗过脚的同学请举手。"这是他放假前布置的作业，没有做到的同学扣德育分。

一百多双手齐刷刷地举了起来，只有坐在最后的一位同学没举手。教授问是何故，该同学哑口无言。

"你是不是把我的话当耳边风了？"

"我很想给父母亲洗一回脚，可是……"

"可是什么，不要给自己找借口！"教授严厉地说。

"我的父母在一次车祸中失去了双腿，我只能给他们洗头……

空气在那一刻凝固了，教室里静得能听到心跳声。

"记住，爱的位置不在嘴里，不在头上，也不在脚下，只在心中，在我们时刻关爱他人的细小行动中。"

因为有了爱，生命才显得可爱

冯　祺

我有一个同事，我和他们两口子都是很好的朋友，经常去他家里蹭饭。去了之后他们在厨房里劳作，我便在屋中游走，对家居生活发一些感慨。有一次我对他们的冰箱发难——这破冰箱还不扔掉，漆都快掉光了。朋友回答我说这是夫人单身时攒钱买下的，这么多年了，舍不得扔。我随口说了几句调侃他惧内的玩笑，随后也就把这事忘了。

有一天，我和同事出去办事，在车上他忽然没头没脑地冒出一句：我昨天和老婆一宿没睡，把我那台冰箱装修了一下。什么冰箱？我问道。就是你上回看到的那台掉漆的破冰箱，他提醒我。噢，那怎么装修，难道还能变成新的不成？——你去看了就知道了，他一脸的自豪和神秘。

几天之后，我见到了那台冰箱，说实在的，我一直以为做传媒的人是不易被轻易感动的，毕竟见了太多人世间的悲喜，但从看到那冰箱的第一眼起，我就被深深感动。因为我第一次看到——一台冰箱，因为有爱，居然有了生命。

这台掉漆的破冰箱在夫妻两人巧手的装扮下，已经变成了精品店里的一件工艺品，猜猜，他们做了什么？他们买了深棕色的木纹纸，按照冰箱表面不同的结构位置、面积大小裁成了几十块，又一块块小心翼翼地贴上去，而在门把手这些不规则的形状上，更看得出他们付出的心血和情感，因为所有曲里拐弯的地方都粘合得天衣无缝，而且，用另一种颜色做了卡通处理，制造出一个童话世界般的木头冰箱。

而更令我神往的是他们夫妻二人跪在地板上协力制造这台木头冰箱的那个夜晚，他们一定说着情话，他们一定怀念着恋爱时光，他们一定在用眼神诉说忠诚与永远，他们一定把爱的誓言也贴进了冰箱里永远保鲜。我神往那留在夜空里的呢喃，那一定是风也听见，月也听见……

我相信他们在爱的小屋里一定还有许多有生命的物件，有的物件我们可以揣测出它们的故事，有的故事可能只有留于彼此心中，旁人是没有机会知道的了。但有一点我们可以肯定，当他们相携白发的时候，环视这个屋子的每个角落，肯定满眼都是爱！

未历婚姻的人，多半在憧憬甜蜜的时候都会心怀恐惧，所惧无非两点：其一是人生路漫漫，爱的流失和演变无可预测；其二便是俗常与一律的生活会渐无趣味。坦率地讲，我也是这样的恐惧症患者，不过我也给自己找了一个治病的方子——那就是常去有"木头冰箱"一类东西的地方看看，因为那里满眼都是爱！

爱的承诺：好好活下去

程乃珊

说实在话，"泰坦尼克号"的故事岂但老套，简直是重复：富家女厌倦上层社会，与穷艺术家一见钟情。

尽管嘴上这么说，但在长长的三个多小时里，观众的心，跟着这对年轻人——本世纪初，勇闯新世界的蓬勃生命力的代表，由船尾到船头，由头等舱到三等舱，经历一场世纪之恋！

它颂扬的爱情，其实重点不在冲破贫富差异——因为这在85年前属十分现代前卫的观念，在90年代根本算不了什么，不足以引起观众的震撼，这正是导演匠心独到之处。

相信全片最令人心撼的，不是船的轰然断裂，而是男主角自己浸在冰海中，让露丝躺在浮木上，并要她亲口许下诺言：一定要好好活下去，活到100岁！

最后，露丝看到了救生船，为了承诺这个爱的诺言，她毅然挣脱了杰克僵死的双手，向生命之光游去。杰克的脸冉冉下沉、下沉！

这就是现代的爱情观：为了爱，要活下去，活得更灿烂。罗密欧朱丽叶和梁山伯祝英台式的殉情，已不合今天时代的口味。尽管当今现代人有时会表现出彷徨、焦虑、多情善感和患得患失，但殉情两字，似乎已不再属于我们的字典。

日前香港一则颇轰动的社会新闻，一位年轻有为有"神探"之称的警司，意外身亡，电视台访问他的未婚妻、电视明星杨雪仪时，我们看到的，已是一个收拾好心情，用一种乐观、美好的心去缅怀自己至爱的形象。她表示，马上要去上海拍片。"……他一定也欢喜我重新振作起来，不欢喜我一味沉浸在悲痛中……我要抓紧时间，活一世，做三世的事，将他未来得及做的一起做完……"

镜头前的杨雪仪神采飞扬，美艳如昔。她说："他"喜欢她老是漂漂亮亮的……！

当我们深爱的一方已永远逝而不返时，我们收拾起心情重享人生，并不意味着背叛。相反，当一方背叛爱的承诺时，我们收拾起心情重享人生，也不意味着饶恕。

女友贞为颇有名气的钢琴独奏家，在比利时获音乐硕士。她的十指纤细却富有力度，不仅为她赢得事业上的盛名，同时也支起一家的舒适的生活，和一家徒有其名的、仅为了令丈夫可以做个挂名总经理的不赚钱的公司。

丈夫 60 岁生日那天，一张写着肉麻的"一切如开始般那样美好"的生日贺卡，令她识破了丈夫一段长达七年的婚外情。

丈夫和第三者的"美好的开始"，成了贞地狱式煎熬的开始。

她大把大把地掉头发，体重骤降。她把自己关起来自虐，拒绝任何人与她通电话。

这样的日子持续了三个月，她主动地电邀我们出席她独奏会的彩排。清减了的她，显得年轻窈窕，精神很好。

正在诧异她的变化，她自己开口："我是一个十分自爱的人。我对自己许下诺言：好好地活下去，才不至于辜负自己的生命。"

生命是一个动态的历程。走过了一个阶段，就走过了。怎能再回头？前面摆着的，将是一个全新的，正等候你去迎接的"明天"。只有傻瓜和无所作为者，才会死死地对着历程的一个阶段痴痴呆望。

《泰坦尼克号》里的杰克才华出众，但他已经死了。女主角毅然挣脱他的僵死的双手走向生命，不是无情，而是面对现实；不是放弃爱的承诺，而正是为了实现爱的承诺。

人世本是现实的，不是有"天若有情天亦老"之句吗？

所谓流转人生，这是宇宙的定义。我们不能在生命之路上止足停下，这违背定义。

今天爱侣之间的爱的承诺，不再是"我可以为你而死"，而是"因为有了你，我要活得更好！"同样的道理，今天对爱的承诺的背叛者，也不再是"让我死给你看……"而是庄敬自强，奋发自新，要活得比对手好，活得比现在好……

我们活在生命之中，日子不会为你而留住，天地茫茫之中，总有一个你深爱的，为了他（她），我们要活得更好！

爱是件大衣衫，需要许多
细致的针法才能完善它

乔　叶

一次，在一位朋友家小坐，发现他给父母打电话的时候拨了两遍号码。第一遍拨过之后，铃响二声就挂断，再拨第二遍，然后通话。

"第一遍占线吗？"我随意问。

"没有。"

"是没想好说什么？"

"不是。"

"那干吗拨两遍号？"

他笑了笑："你不知道，我爸爸妈妈都是接电话非常急的人，只要听见铃响，就会跑着去接。有一次，妈妈为接电话还让桌腿把小脚趾绊了一下，肿了很长时间。从那时起，我就和二老约定，接电话不准跑。我先拨一遍，给他们预备的时间。"

我的心忽然觉得十分湿润。平日都常说如何如何孝敬父母，这个小小的细节，不是对父母最生动的疼惜吗？

为了让父母多一份安全和从容，多拨一遍电话号码，这是一件再琐碎不过的事。可是这件事就是这样的爱的针法。

爱就是爱，没有任何条件

陆 子

江西籍的民工躺在病床上，他的一条腿昨天晚上已被技术娴熟的外科医生锯去了。

这位年轻的小伙子熟熟地睡着了，好像忘了在他身上发生的一切。工友们围在他的病床边，等待他呼天喊地的哭声。

可是，他没有哭。睁开眼的一刹那，只是滑落了一滴泪，在阳光下像一条蚯蚓一样在脸庞上爬着。

"哭出来吧。"工友说。他不哭，咬咬嘴唇，又闭上了眼。

他是为救一个姑娘负伤的，被一块预制板压断了左腿。当那块没有放稳的预制板像一只吃人猛兽一样砸向地面的时候，他正在一楼拌泥浆，而姑娘正在停放她的自行车，也许她的车锁锈了，她低着头一直在鼓捣那把车锁，她不会想到头顶上有一块预制板朝她砸来。

小伙子看到了。

他猛扑过去，冲向那个长得很靓的姑娘，姑娘本能地惊叫起来，她以为自己遭到了可怕的攻击。

预制板撞击地面的巨大的响声，几乎把她震昏过去。她发现小伙子用一种她不能忍受的姿势抱着她的身体，她想掰开，但她发现了血，很多血。

她绝望地呼喊起来。

血不是她的，是小伙子的，他的一条腿被压碎了，而她只是擦破了一些皮。

姑娘到医院去看他，是她的母亲陪她去的，拎了许多营养品。那时小伙子还没有醒来，她们坐了一会，便走了。

记者来了，这是一个可以挖掘出许多鲜活东西的事件。因为在城市许多居民的脑海里，民工几乎可以和犯罪等同起来，但这个民工却给出了另一种答案。

记者问："你为什么去救那个姑娘？"

开始小伙子不理睬记者，最后他说："我喜欢她。"

这样的理由让所有人大吃一惊，原来他是喜欢那个姑娘才去救她的。

这种喜欢原来就是没有结果的，她漂亮，在事业单位工作，而他只是一个打工者，在这个城市里没有一寸属于自己的土地，甚至没有一件体面的衣服。

但是，他却喜欢上了那个姑娘，他在工作的时候，关注着姑娘的每一个动作，看着她上班下班，看着她一颦一笑。

我不知道事件的结果如何，小伙子将何去何从，姑娘又将如何面对这一个为她牺牲一条腿的生命。

很多人在闲聊的时候，都会说起那个小伙子，他们说他实在太蠢了，竟然为了喜欢一个不可能得到的姑娘失去了一条腿。

但是，我总是不希望人们如此看轻一个单纯和宽厚的生命。每当我把这个故事放在自己的灵魂深处，就会产生一种炙烤感。什么才是人性的善良，什么又叫爱，我们可以不回答，但那些被我们嘲笑和冷落的，却恰恰是我们最需要的，慢慢品味它，可以让人泪流满面。

爱的极致是宽容

吴志强

女人有了外遇，要和丈夫离婚。丈夫不同意，女人便整天吵吵闹闹。无奈之下，丈夫只好答应妻子的要求。不过，离婚前，他想见见妻子的男朋友。妻子满口应承。第二天一大早，便把一个高大英俊的中年男人带回家来。

女人本以为丈夫一见到自己的男朋友必定气势汹汹地讨伐。可丈夫没有，他很有风度地和男人握了握手。之后，他说他很想和她男朋友交谈一下，希望妻子回避一会儿。女人遵从了丈夫的建议。站在门外，女人心里七上八下，生怕两个男人在屋内打起来。事实证明，她的担心完全是多余的。几分钟后，两个男人相安无事地走了出来。

送男友回家的路上，女人禁不住询问："我丈夫和你谈了些什么？是不是说我的坏话？"男友一听，止住了脚步，他惋惜地摇摇头说："你太不了解你丈夫了，就像我不了解你一样！"女人听完，连忙申辩道："我怎么不了解他，他木讷，缺乏情趣，家庭保姆似的简直不像个男人。"

"你既然这么了解他，你应该知道他跟我说了些什么。"

"说了些什么？"女人更想知道丈夫说的话了。

"他说你心脏不好，但易暴易怒，叫我结婚后凡事顺着你；他说你胃不好，但又喜欢吃辣椒，叮嘱我今后劝你少吃一点辣椒。"

"就这些?"女人有点惊讶。

"就这些，没别的。"

听完，女人慢慢低下了头。男友走上前，抚摸着女人的头发，语重心长地说："你丈夫是个好男人，他比我心胸开阔。回去吧，他才是真正值得你依恋的人，他比我和其他男人更懂得怎样爱你。"

说完，男友转过身，毅然离去。

这次风波过后，女人再也没提过离婚二字，因为她已经明白，她拥有的这份爱，就是最好的那份。

真正的爱情在危险之际
会带给你巨大的力量

丑　丑

曾经看过一个故事，说是一个女孩和一个男孩相爱，那女孩爱得是那样的深，那样的切，似乎她的生命中只有这个男孩。每天女孩总会穿过一条马路去为那男孩买早点，然后回来为男孩细心烧煮，烧好了，才会小心地喊男孩起床。而那男孩总是在女孩的喊声中才会从朦胧的睡意中醒来，匆匆地吃饭，上班。

可是，有一天，女孩在过马路的时候，被车子撞伤了，失去了一条胳膊。撞伤的原因其实很简单，是因为女孩怕男孩迟到，想快一点过马路。

男孩听说女孩被撞伤了之后，很伤心地带了玫瑰去看望，在医院里，他看到了少了一条胳膊的女孩，当他知道女孩将永远失去这条胳膊的时候。就再也没有去看望过。而那女孩的床头始终放着的就是那男孩第一天买去的玫瑰花，女孩的心就如同这玫瑰花一样渐渐地枯萎了。这就是爱了。女孩为男孩付出了一切，而那男孩却连这一点点小小的安慰，都不曾给这个付出了一条胳膊的女孩。

记得有一幅漫画是这样说的："你能在大雨里捧着花在我家门前等待吗？你能在千人万人的海滩上认出我游泳衣的颜色来吗？你能在众人的目光里坦然地为我洗袜子吗？你能在大难来临时紧紧牵住我的手吗？"

画面上，先是如林密举的手臂，一排一排地放下，又一排一排地放下，再一排一排地放下了，到最后，只有一片空白……

看完了这幅漫画，我觉得心很冷，只为了那一片空白，只为了那一句你能在大难来临时牵住我的手吗？简单的一句话，可为什么不能？难道爱真的这样脆弱，这样地经不起一点的磨难？经不起一点风雨？多少的爱情只有彩虹，没有风雨；多少的人生，只有快乐没有痛苦。爱的时候，都会说：你是我的永远，可是到了危难的时候，又有谁能够做到再牵对方的手？牵着那份曾经的爱？

大难来临，你会牵住我的手吗？

猜疑只能伤害自己
唯有用爱才能疗伤

陆勇强

他的眼睛失明了。

原先他是多么幸福啊：他是一家医院的主治医生，在市里小有名气有自己的私家车，有宽敞明亮的住房，还有一个温柔可爱的妻子。

可上天好像跟他开了一个玩笑，把他推向了无尽的黑暗当中。他痛苦、彷徨，想早点结束自己的生命，但每次都被细心的妻子发现。真的，她是一个细心的女人，这种细心只有在爱一个人的时候才能细致入微地体现出来。譬如在他晚上失眠的时候，吃了几片安眠药，药瓶里还剩几片，她心中都一一有数。

他的情绪在她的温柔体贴下，有所平和。现在，他已经愿意让她读晚报上的新闻，或者听每天的新闻联播。

他的精神状态真的恢复得很快。在她的帮助下，他开始学习盲文，他学得很刻苦，后来又学推拿。

他准备开办一家盲人推拿室，她为他办好了一切手续。他开始与社会接触，试着用自己的技术养活自己。

他从痛苦中解脱出来，内心又滋生出另外一种痛苦。

她以前天天对他嘘寒问暖，现在她只会送他到医院的马路边，然后说声"再见"。最近几天，她好像连"再见"也懒得说了。

她是不是不要他了？她是不是讨厌他这个盲人？她是不是有了新欢？

他觉得自己是够拖累她的了，他就开始跟她生闷气，不吃她烧的饭菜，质问她许多问题。

可她总是说："你该相信我的。"她本来就是一个少言寡语的女子。

他天天满腹心事地到推拿室工作，一位坐在他店门前的修鞋匠对他说："大夫，你这几天为什么这么不开心？"

他无言以对。

修鞋匠说："你真是好福气呀！你生意那么好，又有漂亮的妻子，每天送你到马路边，并目送你走近店门才离开。"

他说："天天这样吗？"

"难道你到现在还不知道吗？"

他的泪就下来了。

痛定思痛，方能撒播爱的种子

李中生

罗斯夫人有一个幸福的家庭。她很爱她的丈夫，丈夫也很爱她。

然而厄运总是不请自来。丈夫在驾车回家的路上，撞上高速公路的护栏，车毁人亡。噩耗传来，罗斯夫人简直不敢相信这是真的，甚至忘记了流泪，整个人像掉了魂似的。警察告诉她，出事地点是事故多发地带，那地方有一个急弯，这已是今年第三起车祸了。

没了丈夫，罗斯夫人形影相吊，沉湎在丧夫之痛中难以自拔。三个月后，她慢慢清醒过来，决定要做一点事。

她在丈夫出事的地方开了一大片土地，全部种上玫瑰，她要让玫瑰陪伴丈夫长眠。

第二年春天，玫瑰开放了，一朵朵争奇斗艳，成为高速公路上的一道美丽的风景。有的人知道罗斯夫人，有的人不知道，但他们路过此地时都会不自觉地减速，因为他们已看到了玫瑰，已闻到了幽幽玫瑰香。他们愿意在此多停留一会儿。

从此那地方极少再发生车祸。

唯有爱，才能支撑人类灵魂世界

青色天堂鸟

能打动人的不是伤痕和苦难，而是幸福，失之交臂的，或者不可企及的。

祖父病逝那年，父亲才 6 岁。那是 1937 年。旷日持久而艰苦卓绝的抗日战争刚刚在华北打响。

那一年祖母只有 28 岁。那一年离他们最终在天堂团聚的日子整整 50 年。

那是一个月轮行将圆满的中秋前夕。

祖父，是带着点决绝而执著地去赴这个约的。身为医生，他比谁都清楚自己的病情，他可以留在上海自己的诊所里，等待生与死的豪赌。祖父拒绝了，他去投靠爱。

　　祖父拖着病体登上回杭州的火车，执意要回到当时在老宅哺育幼女的妻子身边去。谁都无法劝阻得了。也许由于已经开始的战乱，那趟火车经过杭州这个大站时鬼使神差的居然不能停靠而被迫继续前行。

　　我听到这个故事时，心思恍惚，好像看到了祖父憔悴的脸无望地贴紧车窗，滚烫的额头磕在冰凉的玻璃上，玻璃很快烫了，心也刹那间凉了。杭州就这样在眼里近了又远了，他也许在那一刻已经知道自己终于挣不过这一关，要离开心爱的妻子了，他上的是一列通向冥间的挽车。

　　祖父都来不及后悔，全部的心思就是回到妻子身边，这成了支撑他生命的惟一念想。火车在宁波或者其他什么站上终于停了下来，祖父被人潮推搡出车站。沉疴日重，他拖着越来越虚弱的身子搭上各式各样能够回杭州的车，日夜兼程地赶路。他是个医生，他也曾努力抢救或无奈送走过许多伤寒病人。他知道自己的情况越来越差，病势沉沉已入膏肓，连神医也回天乏术了。

　　祖父回到杭州没几天就去世了。

　　祖父死在祖母怀中。他们相拥着，年轻挺拔的身躯在那温柔的胸怀里无情地冷去，留下一张秀美脸庞挂满绝望的苦泪。

　　我在如今已儿孙绕膝的小姑家里看到过祖父的照片，有身着长衫站在医科大学门口的，玉树临风，很是秀逸。有打球归来，短衣襟打扮，健康地在阳光下笑着。而祖母是个非常美丽的女子，她秀美的眉目间是幸福的光彩。

　　当年他们真的是相亲相爱、人见人羡的一对璧人。

　　祖母28岁守寡，一守就是整整半个世纪。我有的时候想，那生死别离的相拥可以把温暖留得那么长久吗？他们结婚也不过十年左右。是什么支撑了祖母一生？祖父去世以后，祖母的追求者很多，都是有才有貌的人，祖母一个都没有在意。

她的身心终其一生都属于一个男人，真的是把爱都给尽了。

祖母是在一个除夕夜静静去世的。

我相信在那边守候了 50 年的祖父，一定能从苍老的形容中认出当年要与之生死与共的美丽妻子的。

生活是一面镜子，你对她人表现什么脸孔，她就对你回报什么脸孔

佚 名

这童话故事很值得我们深思："一只狗无意间闯进一间四壁镶着玻璃镜的屋子，突然看到很多狗同时出现，它大吃一惊，这狗便龇牙咧嘴，发出阵阵低沉的吼声。镜子里所有的狗看来都十分生气，每只狗也现出怒吼的面孔来，这只狗一看，吓坏了，惊恐地奔跑，一直跑到体力透支，倒地死亡。"

爱在生活的每一个细节里

刘　墉

我有一位长辈，以爱吃鱼头闻名。每逢她家里吃鱼，子女们总是把鱼头先夹到她的碟子里，朋友们聚餐，人家也必然将鱼头让给她，只是在外面她比较客气，常婉拒人家的好意。

不久前，她去世了，临终，几位老朋友到医院探望她，有位太太还特别烧了个鱼头带去，那时她已经无法下咽，却非常艰苦地道出了一个被隐瞒了几十年的秘密：

"谢谢你们这么好心，为我烧了鱼头，但是，到今天我也不必瞒你们了，鱼头虽然好吃，我也吃了半辈子，却从来没有真正的爱吃过，只是家里环境不好，丈夫孩子都爱吃鱼肉，我吃，他们就少了；不吃，他们又过意不去，只好装做爱吃鱼头。我这一辈子，只盼望能吃鱼身上的肉，哪曾真爱吃鱼头啊！"如今，每当我听说有人爱吃鱼头，总会多看他几眼，心想：

他是"爱吃鱼头"呢？抑或"吃鱼头为了爱"？

母亲是上帝创造出来的人类保姆

佚 名

印象中，母亲像一台永不停歇的机器，有忙不完的活，干不完的事；犁田垦山，浇地种菜，洗衣做饭，挑水喂猪，农闲时，还要做小工，当建筑工，干一般只有成年男子才干的重体力活。母亲任劳任怨，艰辛地供养着我上学。看到母亲劳累的身影，我疼在心上，然而又帮不上什么忙，除了刻苦学习外，我还能做些什么呢？

每到冬天，母亲的脚都会因生冻疮而走不了路，但母亲却总不肯为自己置办一双新棉鞋，穿的都是小姨给的旧鞋子。一直想为母亲买一双新鞋，于是在我第一次离家千里到异地求学时，我暗下决心，年底回家时，一定为母亲买一双新鞋。

一学期的省吃俭用，再加上微薄的稿费，终于，我凑足了买双像样点儿的皮鞋的钱。期末考试一结束，我便来到了一家鞋店。店主是一位中年妇女，说明了来意，店主问我要多大鞋号的鞋，我顿时哑然了，在家时根本没有注意过母亲的鞋码。最后只得把母亲的大致身高告诉店主，她帮我挑了一双价格和款式都合我意的鞋，临走时，我还是不放心："这鞋会不会小？"女店主大声说："放心啦，即使再高几厘米的人也能穿！"回到家里，母亲看到给她买了双新鞋，喜悦之情顿时溢于言表。她不是因为有了一双新鞋，而是因为儿子的这一份孝心。

母亲拿了鞋试穿起来，但怎么穿也穿不进去，我的心顿时凉了起来，唉！不仅白搭了那些钱，还让母亲空欢喜了一场。倒不是店主欺骗了我，而是母亲由于长期劳作，脚掌宽且厚，很多地方还开了裂，这些哪是那些细皮嫩肉的城里人所能料想到的。

母亲若有所思，满脸愧疚，似乎觉得很对不起我，后来她又高兴起来，喃喃说："我自从嫁到这里后，从来没有给你外婆买双鞋，这鞋合她脚，正好给她送去。"第二天，吃过早饭，母亲就兴冲冲地拎着鞋到外婆家去了，那模样比她自己穿了还高兴一百倍。

大爱无言

鹏　鹏

听说过两个有关母亲的故事。

一个发生在一位游子与母亲之间。游子探亲期满离开故乡，母亲送他去车站。在车站，儿子旅行包的拎带突然被挤断。眼看就要到发车时间，母亲急忙从身上解下裤腰带，把儿子的旅行包扎好。解裤腰带时，由于她心急又用力，把脸都涨红了。儿子问母亲怎么回家呢？母亲说，不要紧，慢慢走。

多少年来，儿子一直把母亲这根裤腰带珍藏在身边。多少年来，儿子一直在想，他母亲没有裤腰带是怎样走回几里地外的家的。

另一个故事则发生在一个犯人同母亲之间。探监的日子，一位来自贫困山区的老母亲，经过乘坐驴车、汽车和火车的辗转，探望服刑的儿子。在探监人五光十色的物品中，老母亲给儿子掏出用白布包着的葵花子。葵花子已经炒熟，老母亲全嗑好了。没有皮，白花花的像密密麻麻的雀舌头。

服刑的儿子接过这堆葵花子肉，手开始抖。母亲亦无言语，撩起衣襟拭泪，她千里迢迢探望儿子，卖掉了鸡蛋和小猪崽，还要节省许多开支才凑足路费。来前，在白天的劳碌后，晚上在煤油灯下嗑瓜子。嗑好的瓜子肉放在一起，看它们像小山一点点增多，没有一粒舍得自己吃。十多斤瓜子嗑亮了许多夜晚。

服刑的儿子垂着头。作为身强力壮的小伙子，正是奉养母亲的时候，他却不能。在所有探监人当中，他母亲衣着是最褴褛的。母亲一口一口嗑的瓜子，包含千言万语。儿子"扑通"给母亲跪下，他忏悔了。

一次，结婚不久的同龄朋友对我抱怨起母亲，说她没文化思想不开通，说她什么也干不了还爱唠叨。于是，我就把这两个故事讲给他听。听罢，他泪眼朦胧，半响无语。

蹲下身来，给孩子多一些欣赏
也多给自己一份慰藉

刘燕敏

一位母亲第一次参加家长会，幼儿园的老师说："你的儿子有多动症，在板凳上连三分钟都坐不了，你最好带他去医院看一看。"回家的路上，儿子问妈妈，老师都说了些什么，她鼻子一酸，差点流下泪来。因为全班30位小朋友，只有她的儿子表现最差；唯有对他，老师表现出不屑。然而她还是告诉她的儿子："老师表扬你了，说宝宝原来在板凳上坐不了一分钟，现在能坐三分钟了。其他的妈妈都非常羡慕你的妈妈，因为全班只有宝宝进步了。"那天晚上，她儿子破天荒吃了两碗米饭，并且没让她喂。

儿子上小学了。家长会上，老师说："全班 50 名同学，这次数学考试，你儿子排在第 49 名，我们怀疑他智力上有些障碍，你最好能带他去医院查一查。"走出教室，她流下了泪。然而，当她回到家里，却对坐在桌前的儿子说："老师对你充满了信心。他说了，你并不是个笨孩子，只要能细心些，会超过你的同桌，这次你的同桌排在第 21 名。"说这话时，她发现，儿子黯淡的眼神一下子充满了光亮，沮丧的脸也一下子舒展开来。她甚至发现，从这以后，儿子温顺得让她吃惊，好像长大了许多。第二天上学时，去得比平时都要早。

孩子上了初中，又一次家长会。她坐在儿子的座位上，等着老师点她儿子的名字，因为每次家长会，她儿子的名字总是在差生的行列中被点到。然而，这次却出乎她的预料，直到家长会结束，都没听到他儿子的名字。她有些不习惯，临别去问老师，老师告诉她："按你儿子现在的成绩，考重点高中有点危险。"听了这话，她惊喜地走出校门，此时，她发现儿子在等她。走在路上，她扶着儿子的肩膀，心里有一种说不出的甜蜜，她告诉儿子："班主任对你非常满意，他说了，只要你努力，很有希望考上重点高中。"

高中毕业了。第一批大学录取通知书下达时，学校打电话让她儿子到学校去一趟。她有一种预感，她儿子被第一批重点大学录取了，因为在报考时，她对儿子说过，相信他能考取重点大学。儿子从学校回来，把一封印有清华大学招生办公室的特快专递交到她的手里，突然，就转身跑到自己的房间里大哭起来，儿子边哭边说："妈妈，我知道我不是个聪明的孩子，可是，这个世界上只有你能欣赏我……"听了这话，妈妈悲喜交加，再也按捺不住十几年来凝聚在心中的泪水，任它流下，打在手中的信封上……

无论我们走多远
永远走不出母亲的视线

老　乡

五位丈夫被问到同样一个问题：假设你和母亲、妻子、儿子同乘一条船，这时船翻了，大家都掉进了水里，而你只能救一个人，你救谁？

这问题很老套，却的的确确很不好回答，于是——

理智的丈夫说："我选择救儿子，因为他的年龄最小，今后的人生道路最长，最值得救。"

现实的丈夫说："我选择救妻子，因为母亲已经经过人生，至于儿子——有妻子在，我们还会有新的孩子，还会有个完整的家。"

聪明的丈夫说："我会救离我最近的那个，因为离我最近的那个最可能被救起来。"

滑头的丈夫说："我救儿子的母亲"——至于是指我自己的母亲还是儿子的母亲，你们去猜好了。

最后，老实的丈夫确实不知道应该怎样选择，于是他只有回家把这个问题转述给自己的儿子、妻子和母亲，问他们自己应该怎么办。

儿子对这个问题根本不屑一顾："我们这里根本没有河，怎么会全家落水呢？不可能！"——他的年龄使他只会乐观地看待目前和将来的一切。

妻子则对丈夫的态度大为不满："亏你问得出口！你当然得把我们母子都救起来。我才不管什么只救一个的鬼话呢！"——女人总是认为丈夫必然有能力，也必须有能力担负起他的责任。

最后，老实的丈夫又问自己的母亲。

母亲没等他把话说完，已经大吃了一惊，紧紧抓住儿子的手，带着惊慌："我们都掉进水里了，孩子你不是也掉进水里吗？我要救你！"老实的丈夫顿时泣不成声。

真爱是心灵的最大享受
任何语言都显得没有份量

秋　歌

8岁时，我上小学三年级，我的姐姐当时正读初中，她是个很美的姑娘，亲友们因此很宠爱她。春节前，从广州出差回来的姑姑送给她一件样式别致颜色粉红的上衣作为新年礼物。在我饱含羡慕甚至嫉妒的目光中，姐姐小心翼翼地把衣服藏在柜子里，急切地盼望着新年的到来。

可是就在腊月二十九那天，邻居大哥的女朋友第一次上门做客仓促之下伯父伯母没有准备好给她的礼物。正在他们手足无措之际，父亲毫不犹豫地把姐姐的新衣服送了过去，于是促成了一桩美满婚事。

晚上，伯父来到我家，连连称谢并送来了买衣服的钱，父亲执意不收。送走了伯父，他喝住了正幸灾乐祸挖苦姐姐的我，然后安慰姐姐并答应新年的那一天让她穿上新衣服，姐姐不理睬父亲，躲在母亲怀里委屈地哭个不停。

那时候爸爸妈妈两个人一个月的工资不足 100 元钱，家中的经济一点儿也不宽裕，而且在我们居住的偏僻小城里根本买不到那样漂亮的衣服。所以姐姐认为重新拥有那片粉红色只不过是个奢望罢了。

第二天就是大年三十，父亲一大早就拿着家里仅有的 30 元钱去赶北京的长途汽车，西单、东单、王府井、前门、大栅……他跑遍城内大大小小的商场，最后终于买到了和姑姑送的颜色样式都一样的上衣。

在黄昏的暮色中，父亲风尘仆仆地赶回家，把衣服放到满脸惊诧的姐姐手上，没有说一句话。

看着母亲为父亲清洗包扎挤车时碰破的手臂，我问："爸，你为什么一定要去买衣服？"父亲轻轻抚摸着我的头，淡淡地说了一句："让姐姐过个愉快的新年呀。"

泪水渐渐遮住了我的视线，一种深厚无比的爱意沿着父亲的手指抵达我幼小心灵的最深处。

母爱，是我们心中的树，越长越茂盛

史铁生

10 岁那年，我在一次作文比试中得了第一。母亲那时候还年轻，急着跟我说她自己，说她小时候的作文作得还要好，老师甚至不相信那么好的文章会是她写的。"老师找到家来问，是不是家里的大人帮了忙。我那时可能还不到 10 岁呢！"我听得扫兴，故意笑："可能？什么叫'可能还不到'？"她就解释，我装作根本不在意她的话，对着墙打乒乓球，把她气得够呛。不过我承认她聪明，承认她是世界上长得最好看的女的。她正给自己做一条蓝底白花的裙子。

我 20 岁时，我的两条腿残废了。除去给人家画彩蛋，我想我还应该再干点别的事，先后改变了几次主意，最后想学写作。母亲那时已不年轻，为了我的腿，她头上开始有了白发。医院已明确表示，我的病目前没法治。母亲的全副心思却不觉放在给我治病上，到处找大夫，打听偏方，花了很多钱。她倒总能找来些稀奇古怪的药，让我吃，让我喝，或是洗、敷、熏、灸。"别浪费时间啦，根本没用！"我说。我一心只想着写小说，仿佛那东西能把残疾人救出困境。"再试一回，不试你怎么知道会没用？"她每说一回都虔诚地抱着希望。然而对我的腿，有多少回希望就有多少回失望。最后一回，我的胯上被熏成烫伤。医院的大夫说，这实在太悬了，对于瘫痪病人，这差不多是要命的事。我倒没太害怕，心想死了也好，死了倒痛快。母亲惊惶了几个月，昼夜守着我，一换药就说："怎么会烫了呢？我还总是在留神呀！"幸亏伤口好起来，不然她非疯了不可。

后来她发现我在写小说。她跟我说："那就好好写吧。"我听出来，她对治好我的腿也终于绝望。"我年轻的时候也喜欢文学，跟你现在差不多大的时候，我也想过搞写作，你小时候的作文不是得过第一吗？那就写着试试看。"她提醒我说。我们俩都尽力把我的腿忘掉。她到处给我借书，顶着雨或冒着雪推我去看电影，像过去给我找大夫、打听偏方那样，抱了希望。

30 岁时，我的第一篇小说发表了，母亲却已不在人世。过了几年，我的另一篇小说也获了奖，母亲已离开我整整 7 年了。

授奖之后，登门采访的记者就多。大家都好心好意，认为我不容易。但是我只准备了一套话，说来说去就觉得心烦。我摇着车躲了出去。坐在小公园安静的树林里，想上帝为什么早早地召母亲回去呢？迷迷糊糊的，我听见回答："她心里太苦了。上帝看她受不住了。就召她回去。"我的心得到一点安慰，睁开眼睛，看见风正在树林里吹过。

我摇车离开那儿，在街上瞎逛，不想回家。

母亲去世后，我们搬了家。我很少再到母亲住过的那个小院子去。小院在一个大院的尽里头，我偶尔摇车到大院儿去坐坐，但不愿意去那个小院子，推说手摇车进去不方便。院子里的老太太还都把我当儿孙看，尤其想到我又没了母亲，但都不说，光扯些闲话，怪我不常去。我坐在院子当中，喝东家的茶，吃西家的瓜。有一年，人们终于又提到母亲："到小院子去看看吗，你妈种的那棵合欢树今年开花了！"我心里一阵抖，还是推说手摇车进出太不易。大伙就不再说，忙扯到别的，说起我们原来住的房子里现在住了小两口，女的刚生了个儿子，孩子不哭不闹，光是瞪着眼睛看窗户上的树影儿。

我没料到那棵树还活着。那年，母亲到劳动局去给我找工作，回来时在路边挖了一棵刚出土的绿苗，以为是含羞草，种在花盆里，竟是一棵合欢树。母亲从来喜欢那些东西，但当时心思全在别处。第二年合欢树没有发芽，母亲叹息了一回，还不舍得扔掉，依然让它留在瓦盆里。第三年，合欢树不但长出了叶子，而且还比较茂盛。母亲高兴了好多天，以为那是个好兆头，常去侍弄它，不敢太大意。又过了一年，她把合欢树移出盆，栽在窗前的地上，有时念叨，不知道这种树几年才开花。再过一年，我们搬了家，悲痛弄得我们都把那棵小树忘记了。

与其在街上瞎逛，我想，不如去看看那棵树吧。我也想再看看母亲住过的那间房。我老记着，那儿还有个刚来世上的孩子，不哭不闹，瞪着眼睛看树影儿。是那棵合欢树的影子吗？

院子里的老太太们还是那么喜欢我，东屋倒茶，西屋点烟，送到我眼前，大伙都不知道我获奖的事，也许知道，但不觉得那很重要；还是都问我的腿，问我是否有了正式工作。这回，想摇车进小院儿真是不能了。家家门前的小厨房都扩大了，过道窄得一个人推自行车进出也要侧身。我问起那棵合欢树，大伙说，年年都开花，长得跟房子一样高了。这么说，我再也看不见它了。我要是求人背我去看，倒也不是不行，我挺后悔前两年没有自己摇车进去看看。

我摇车在街上慢慢走，不想急着回家。人有时候只想独自静静地呆一会，悲伤也成享受。

有那么一天，那个孩子长大了，会想起童年的事，会想起那些晃动的树影儿，会想起他自己的妈妈。他会跑去看看那棵树。但他不会知道那棵树是谁种的，是怎么种的。

爱到深处细如丝

丛中笑

父亲病逝，家里欠下一大笔债务。办完后事第三天，18岁的我就加入了南下打工的队伍，在老乡的介绍下进了一家大型的汽车修理公司。

带我的师傅姓史，50多岁，他有两个很特别的嗜好：一是没事就用指甲剪上的小锉子锉指甲，二是爱替别人洗衣服。

两个月后我终于攒下 1000 元钱，给母亲汇完款后我突然想到应该给她写封信，于是就利用午休时间在办公室随便找了一张包装纸写起来。也许是我太投入了，史师傅进来我都不知道，直到他用手敲了敲桌子我才抬起头。他说："你明明在这里干着又脏又累的活，为什么说你的工作很轻松？"我红着脸说我不想让母亲为我担心。

师傅点了点头说："游子在外，报喜不报忧，这一点你做得很好，但是你用这么脏的一张纸给母亲写信，她会相信你的工作轻松吗？"

史师傅看着窗外，缓缓地说："我很小就没了父亲，20 岁那年母亲得了偏瘫，腰部以下都不能活动，我四处求医问药，最后这个城市的一个老中医告诉我，坚持做按摩治疗，有 1% 的康复可能。于是我就带着母亲来到了这里，我在这家公司找了一份活干，那时条件没现在好，我比你们辛苦得多。在这里拿第一笔薪水那天我买了好多母亲喜欢吃的食品带回家，在我递上给她削好的苹果时，她拉住我的手说：'给妈妈说实话，你到底做的什么工作？你不要累坏自己啊！'我说：'我在办公室工作啊，很轻松的。'母亲生气地说：'孩子，你的手这么黑而且指甲缝里全是黑糊糊的机油，你干的活肯定又脏又累，你骗不了妈妈的。你再也不要花那些冤枉钱了，我的腿治不好的。'说完母亲就落下泪来，她还说我要是不辞去现在的工作，她就绝食！

"一时间我不知道怎样回答母亲，借故给她洗衣服从屋子里逃了出来，等我洗好衣服的时候惊奇地发现我的手是那么白，顿时我就有了主意，马上给母亲说我决定辞去现在的工作，母亲笑了。其实第二天我还是来这里干修车的活，只是下班后我先剪短、锉平了自己的指甲，然后又把同事的工作服洗了才回家，因为洗的衣服越多手越白。母亲检查我的手时一点都没发觉。为了拿到相对多一些的薪水给母亲治病，我一直在这家效益不错的公司呆到现在。"

史师傅说完从他抽屉里拿了一沓信纸给我。最后，我在那洁白的纸上写下了："亲爱的妈妈，我在这里一切都好，工作也很轻松……"

是情支撑着我们的世界
让我们的生命呈现美丽
情是我们的生命之根

舒 乙

年轻记者问我一个问题：

哪个更重——事业？还是情？包括乡情、友情、亲情、爱情。

我说：这是两码事，都重，并不矛盾。

我举了两个例子：

一次，去见季羡林先生。他说他写过一篇小文章，是怀念老舍先生的，里面有一个小故事。有一回他们偶然在"四联理发店"相遇，点点头，打了招呼，各自坐在椅子上让师傅替他们理发刮脸。完了事，老舍先生先走了。等季先生到柜台上付款时，收款员悄悄地对他说：刚才那位老先生已经替您付了。季先生大为感动。他觉得这是份情谊。什么都不说，只是很小的一个动作，却给了你很大温暖。在你想不到的地方，有人关心着你，替你做了，什么也不为，没有任何功利。多好。

这便是情，重重的情，浓浓的情。让人能记一辈子。还有一例：老舍先生自杀身亡之前曾问过夫人：家里有多少钱？

他平时在家里从不管钱，对钱财心中完全无数。

可是，他干吗在这种时候关心这件事呢？

他接着问：够孩子们养家糊口吗？

当时，除了小妹妹还在北大念技术物理之外，三个大孩子都已工作多年了，经济独立，从来没有向家里要过钱。这是一个不成问题的问题。他脑子里怎么会冒出这么个问题来？在最要命的时候！

完全是一种亲情在起作用。一个父亲，一个有责任心的父亲，一个有点老派的一家之长，在庄严地悲凉地结束自己生命的前夕，占据他脑海的大事，是想自己孩子的未来，而且想得很单纯，很直截了当，很实在：叫他们别饿着，别凉着。这就是生命的延续。他不能再为他们做任何事了，只能留下一点钱吧，或许，还会有点用。

还有多少钱呢？所以，他要问。

这是一个简单得不能再简单的故事，可是想起来，便会黯然泪下，心情久久不能平静。

人们各自从事的事业只能占去他们的部分时间，但肯定不是全部时间，在其余的时间里，情便是主角了。是情支撑着世界，让他活着，让他去干事业，让他去爱这个世界。

我时刻感到情的沉甸甸和不可或缺。

情是根，我想：既然离不了，便要珍惜。

而且，说到情，它的纯真，它的质朴，它的可贵，就在于只讲付予，只讲给，完全没有功利，不求回报。

只有时间才能理解爱有多么伟大

佚　名

从前有一个小岛，上面住着快乐、悲哀、知识和爱，还有其他各种情感。

一天，情感们得知小岛快要下沉了。于是，大家都准备船只，离开小岛，只有爱留了下来，她想坚持到最后一刻。

过了几天，小岛真的在下沉了，爱想请人帮忙。

这时，富裕乘着一艘大船经过。

爱说："富裕，你能带我走吗？"

富裕笑说："不，我的船上有许多金银财宝，没有你的位置。"

爱看见虚荣在一艘华丽的小船上，说："虚荣，帮帮我吧！"

"我帮不了你。你全身都湿透了，会弄坏我这漂亮的小船。"

悲哀过来了，爱向她求助："悲哀，让我跟你走吧！"

"哦，……爱，我实在太悲哀了，想自己一个人呆一会儿！"悲哀答道。

快乐走过爱的身边，但是她太快乐了，竟然没有听见爱在叫她！

突然，一个声音传来："过来！爱，我带你走。"

这是位长者。爱大喜过望，竟忘了问他的名字。登上陆地后，长者独自走开。

爱对长者感激不尽，问另一位长者知识："帮我的那个人是谁？"

"他是时间。"知识老人回答。

第七辑　快乐是一种感觉

　　每个人对幸福的诠释各有不同。

　　一位国王总觉得自己不幸福，就派人四处去找一个感觉幸福的人，然后将他的衬衫带回来。寻找幸福的人碰到人就问"你幸福吗?"回答总是说：不幸福，我没有钱；不幸福，我没亲人；不幸福，我得不到爱情……就在他们不再抱任何希望时，从对面被阳光静照着的山岗上，传来了悠扬的歌声，歌声中充满了快乐。他们随着歌声找到了那个"幸福人"，只见他躺在山坡上，沐浴在金色的暖阳下。

　　"你感到幸福吗?"

　　"是的，我感到很幸福。"

　　"你的所有愿望都能实现，你从不为明天发愁吗?"

　　"是的。你看，阳光温暖极了，风儿和煦极了，我肚子又不饿，口又不渴，天是这么蓝，地是这么阔，我躺在这里，除了你们，没有人来打搅我，我有什么不幸福的呢?"

　　"你真是个幸福的人。请将你的衬衫送给我们的国王，国王会重赏你的。"

　　"衬衫是什么东西? 我从来没见过。"

　　……

幸福生活三个秘诀：一是希望。
二是有事做。三是能爱人

（爱尔兰）巴克莱

幸福生活三秘诀：

一是有希望。

二是有事做。

三是能爱人。

有希望。

亚历山大大帝有一次大送礼物，表示他的慷慨。他给了甲一大笔钱，给了乙一个省份，给了丙一个高官。他的朋友听到这件事后，对他说："你要是一直这样做下去，你自己会一贫如洗。"亚历山大回答说："我哪会一贫如洗，我为我自己留下的是一份最伟大的礼物。我所留下的是我的希望。"

一个人要是只生活在回忆中，却失去了希望，他的生命已经开始终结。回忆不能鼓舞我们有力地生活下去，回忆只能让我们逃避，好像囚犯逃出监狱。

有事做。

一个英国老妇人，在她重病自知时日无多的时候，写下了如下的诗句：

现在别怜悯我，永远也不要怜悯我；

我将不再工作，永远永远不再工作。

很多人都有过失业或者没事做的时候，这时他就会觉得日子过得很慢，生活十分空虚。有过这种经验的人都会知道，有事做不是不幸，而是一种幸福。

能爱人。

诗人白朗宁曾写道："他望了她一眼，她对他回眸一笑，生命突然苏醒。"

生命中有了爱，我们就会变得谦卑、有生气，新的希望油然而生，仿佛有千百件事等着我们去完成。有了爱，生命就有了春天，世界也变得万紫千红。

最完美的祷告，应该是："主啊，求你让我有力量去帮助别人。"

前方并不远，那里阳光灿烂

蓝　轲

阳光灿烂，生活像一片霞。

在日出时分，随晨雾夜露远行，这张扬的日子，孤独与失意同在，充满青春的诱惑与困惑。

曾经有过的幻想，如五彩梦一般，在夜的星空飘忽而又美丽。理想毕竟不同于现实，失败是生活的一部分，谁也无法选择，无法拒绝。

心想事成是一句美妙的祝辞。

穿越每一个风雨交加的夜晚，你就会有一次生命的彻悟，因为你毕竟走出了梦之谷。

再多的花草，只是自然的一件饰品，是大地的慷慨赠与，是给人类的一次惊喜。而人类生活中最大的惊喜不是拥抱这自然的赏赐，而是有惊喜也有伤心的如花草般迷乱人眼的生活。

拥抱生活，在所有伤心的时刻和惊喜的时刻。

拥抱生活，就拥有一种现实。理想是花草，生活是土壤，真诚是泉水。只有当你融进生活的时候，你才会感到活着的踏实。

拥抱生活，就拥有真正的人生。

生活是一种等价交换的过程。乞丐式的依人施舍，只是懒汉庸夫的本领。用生命和青春去"赌"回属于自己的那个灿烂明天，把尘封在心底里的"上帝"扫出心之门去，让生活的影子随着你的舞步翩翩跹跹——这才是生活的主旋律。

拥抱生活，就拥有一次机遇。

人生之旅并非坦途。在每一个人流熙攘的十字路口，也许你会碰到红灯，或者绿灯，或者黄灯。真正懂得生活的人会不放弃一次机遇，他知道什么时候把果断勇敢留给绿灯，把审时度势留给黄灯，把耐心等待留给红灯。

红灯，绿灯，黄灯——人生不就是由这三原色染成的么？

拥抱生活，就拥有一次参与。

坐井观天的，不是人生；青灯古庙的，不是人生；参与进取的人生才是快乐而真实的人生。风吹雨打我们都见过，酸甜苦辣我们都尝过——生命中多了一次参与就多了一次激情的冲动，而享受冲动时的快乐，是那些在生活的浅水滩前徘徊观望的人们无法得到的！

拥抱生活吧！让七色的梦幻装饰你未来的道路，吹响一支短笛，折来一枝桂花，向着远方迷蒙而辉煌的地平线，就着希望前行、前行……

前方并不远，那里阳光灿烂。那里的生活像一片霞。

快乐在于你的选择

刘　虹

一位名叫塞尔玛的妇女陪伴丈夫驻扎在一个沙漠的陆军基地里。丈夫奉命到沙漠里去演习。她一个人留在陆军的小铁皮房子里。天气热得受不了——在仙人掌的阴影下也有50多度。她没有人可以谈天——身边只有墨西哥人和印第安人，而他们不会说英语。她非常难过，于是就写信给父母，说要丢开一切回家去。不久，她收到了父亲的回信。信中只有短短的两行字："两个人从牢房的铁窗望出去，一个看到泥土，一个却看到了星星。"读了父亲的来信，塞尔玛觉得非常惭愧。她决定要在沙漠中找到星星。塞尔玛开始和当地人交朋友，她对他们的纺织、陶器很有兴趣，他们就把自己最喜欢的纺织品和陶器送给她。塞尔玛研究那些引人入迷的仙人掌和各种沙漠植物，观看沙漠日落，还研究海螺壳，这些海螺壳是几万年前当沙漠还是海洋时留下来的……原来难以忍受的环境变成了令人兴奋、流连忘返的奇景。塞尔玛为自己的发现兴奋不已，并就此写了一本书，以《快乐的城堡》为书名出版了。是什么使塞尔玛的内心发生了这么大的改变呢？沙漠没有改变，印第安人也没有改变，改变的只是她的心态，一念之差，使她把原先认为恶劣的情况变为了一生中最快乐、最有意义的冒险，塞尔玛终于找到了属于自己的星星。

快乐与痛苦原来是一对孪生兄弟，不同的只是在于你的选择。就好像夏天和冬天一样，如果你选择夏天，认为夏天会给你带来快乐，然而冬天定会来临，它并不会给你带来不幸和痛苦，只是因为你选择了夏天而拒绝冬天，所以才会有不幸和痛苦的产生。其实，不管是夏天或冬天，对你来讲都没有关系，不同的只是你的感受。惟有当你不执著于其中之一时，你才能够享受两者，快乐永存。

世间许多事情本身并无所谓好坏，全在于当事人怎么看。当我们面对一件事情时，学会如何保持乐观豁达的心境而避免自寻烦恼就显得十分重要。19世纪德国哲学家叔本华说："人们不受事物影响，却受到对事物看法的影响。"实乃至理名言。生活是一种伟大的艺术，只要你学会生活、学会选择，别让世俗的尘埃蒙蔽了双眼，别让太多的功利给心灵套上沉重的枷锁，你就会发现快乐如同星星点点般密布在我们身边的每一个角落，几乎随手可得。

错误让我如此美丽

林　鸣

我有两位性格迥异的挚友。

一个没完没了地惹祸，被众人讥为"三分钟一个主意"。少年时骑自行车去内蒙古探险，险些叫狼叼了去；曾上过战场，枪炮一响，吓尿了裤子。面对不断的打击和挫折，他每次都能跟跄着爬起来。一连串磕头绊脚的生活经历倒像勋章，挂在他相当自信的胸前。奇怪，这盏并不省油的灯，不仅事业小成，在人群中还是个颇受欢迎的人物。

另一位则乖得很，从幼儿园、学校到工作单位一直担任领导职务，每天洗脸、不讲脏话，从不擅自去运河游泳，上课不说话，开会不打盹，家中收藏最多的就是他历年所得的奖状，现为公认的副局级好人。然而副局级好人也有苦恼，一次听他吐了句真言：一生像一张白纸，没感觉，没劲。由于他的婚姻是遵父母之命而成，现在儿子都上街打酱油了，他连一次"我爱你"也没对老婆说过。上次两口子吵架，这位仁兄按捺不住，平生头一次口中带出个脏字儿。事后，他怪新鲜地悄悄介绍体会：嘿，别说，骂人真的挺痛快！

由于第一只猿猴"错误"地下树直立行走，今天的人类才不用趴着敲电脑。自古以来，无论科技政治，柴米油盐，因意外或错误而发现并促进社会前进的例子多多。错误也分上中下三等，笨蛋级的错误，每日里人人在犯。惟独悟性极高的高手，才有资格犯高层次的错误。这类错误的发生，则意味着创新的又一抹曙光出现。错过了犯错误的年龄，也是错误。港报一篇感人至深的文章说，一位得知自己不久于人世的老者写道："如果可以从头活一次，我要尝试更多错误，不会再事事追求完美。"

然而，我们仍在一厢情愿地制造着完美。为了少出错儿，智者热衷在人间设置条条框框。然后再将大家的鞋带系在上面，那叫一颗健康的心如何奔跑？日前欣赏到一奇文，四言诗体裁，好像叫什么新时代儿童道德准则。整整齐齐一大张，一条条地将做人的高风亮节啰嗦个遍，满篇旧时《女儿经》的滥腔调。最后，谆谆教导孩子应该条条做到。暂且不论新时代有无培养呆头圣人的必要，只斗胆问一句作者，小的时候，您没惹妈生气？现在您老恁大岁数，究竟落实几条几款？

活着是美丽的，工作着是美丽的，必要时，犯错误亦不失为一种美丽。正如一辈子不离开地面，自然避开溺水的危险，但只有经历呛水和疲惫，才能领略另类生活的风采和快乐。

快乐是心灵的一种体验
它远在天涯，近在心里

佚　名

有这样两个小男孩，一个非常忧郁，另一个则很乐观。他们的父母带他们到精神病医生那里看病，想让悲观的孩子快乐起来，并使乐观的孩子能正视生活中的种种障碍。于是悲观的男孩子被锁进一个放着五光十色新玩具的屋子，乐观的男孩子被锁进一个装着成堆马粪的屋子。当父母重新返回屋子时，悲观的男孩正在放声大哭，他不肯去动那些玩具，因为他怕把它们弄坏。而那个乐观的男孩此时正兴高采烈地铲那堆马粪，他对父母说："有这么多马粪，我知道在这附近的什么地方准有一头快乐的小马驹。"

这是美国前总统里根在演讲时经常运用的比喻。他在告诉人们，无论在多么困难恶劣的环境中，以英雄主义的进取精神，永远向着光明和乐观的方面去思考和努力，就能获得成功。里根的传奇经历就充分证明了这一点。生活中总有逆境和顺境、有苦难也有喜悦。面对只剩下的一碗干小麦，悲观的人只会抱怨命运不公。为明天的日子发愁哀叹，让自己沉浸在悲哀之中。而乐观的人，却会为自己庆幸，并满怀喜悦地思考如何将小麦变成一碗香喷喷的小麦粥。

其实，快乐是心灵的一种体验。快乐的小马驹"远在天涯近在心里"，它不在别处，就在你无垠的心灵里活跃地奔跑着，只要你以一颗赤子般的童心来面对纷纭复杂的生活，时时追求光明，向往快乐，你就会变成那只快乐的小马驹。

如果你心里充满了阳光
就永远不会被心中的冰点冻死

陈 春

美国的塞利曼博士是一位著名的心理学家。他花了二十多年，找了一万多人做一些心理方面的实验。实验的结果显示，悲观的人往往会自怨自艾生出病来，有些严重的甚至会导致死亡。

塞利曼博士举了下面这个实例来说明：

一家铁路公司有一位调车人员尼克，他工作相当认真，做事也很负责尽职，不过他有一个缺点，就是他对人生很悲观，常以否定的眼光去看世界。

有一天，铁路公司的职员都赶着去给老板过生日，大家都提早急急忙忙地走了。不巧的是，尼克不小心竟被关在一辆冰柜车里。

尼克在冰柜里拼命地敲打着、叫喊着，全公司的人都走了，根本没有人听得到。尼克的手掌敲得红肿，喉咙叫得沙哑，也没人理睬，最后只得绝望地坐在地上喘息。

他愈想愈可怕，心想，冰柜里的温度在—20℃以下，如果再不出去，一定会被冻死。他只好用发抖的手，找来纸笔，写下遗书。

第二天早上，公司里的职员陆续来上班。他们打开冰柜，发现尼克倒在里面。他们将尼克送去急救，但他已没有生还的可能。大家都很惊讶，因为冰柜里的冷冻开关并没有启动，这巨大的冰柜里也有足够的氧气，而尼克竟然给"冻"死了！

其实尼克并非死于冰柜的温度，他是死于自己心中的冰点。因为他根本不敢相信，一向不能轻易停冻的这辆冰柜车，这一天恰巧因要维修而未启动制冷系统。他的不敢相信使他连试一试的念头都没有产生。

冰柜之外的我们，如果有一天，变得什么都不敢相信了，我们同样会死于无法预料的各种各样的心中的冰点。

把握真正的幸福从满足拥有开始

矫友田

一位长者讲过这么一个故事：有一个人非常幸运地获得了一颗硕大而美丽的珍珠，然而他并不感到满足，因为在那颗珍珠上面有一个小小的斑点。他想若是能够将这个小小的斑点剔除，那么它肯定会成为世上最最珍贵的宝物。于是，他就下狠心削去了珍珠的表层，可是斑点还在；他又削去第二层，原以为这下可以把斑点去掉了，殊不知它仍旧存在。他不断地削掉了一层又一层，直到最后，那个斑点没有了，而珍珠也不复存在了。那个人心痛不已，并由此一病不起。在临终前，他无比懊悔地对家人说："若当时我不去计较那一个斑点，现在我的手里还会攥着一颗美丽的珍珠呵。"

每想起这个故事，就会使我联想起另一件事儿。有一段时间，我几乎每天傍晚都要到海边去散步，因此经常会看到一对头发斑白的老人，依偎在海边的一条长椅上看海，他俩总是静静地坐着，而面孔上则始终挂着一种祥和的微笑，宛如一尊神态安详的雕塑。

有一天，我好奇地走到他俩近前，轻声地招呼道："你们也喜欢看海吗？"

老人微笑着朝我点头示意，然后抬手指了指身旁的老伴。此时，我才发觉他原来是一位聋哑人，而他的妻子竟是一位双目失明的盲人。蓦然，我为自己刚才的失言而感到后悔。然而，在那两位老人的脸上却找不到一丝的不悦。相反，她竟用一种极其温和、坦诚的语气说："是呵，我们老两口经常来'看'海的——你一定会感到奇怪吧，其实只要彼此心灵之间不存在着残疾，我们仍旧是两个正常的人呵。"

两位老人的神情上没有流露出半点的自卑与遗憾，惟有幸福、自足的笑容在脉脉地向外流淌。我注视着眼前这一对恩爱可敬的老人，眼睛倏然湿润了……

也许，就从那一刻起，我恍然从那一对残疾老人的笑容里寻求到了幸福的定义。真正的幸福，其实不是让我们冒着背负终生之憾的危险，刻意去剔除对方身上那一点点微不足道的瑕疵；而是要我们把握好自己手里的那一颗实实在在的珍珠，学会包容与珍惜；然后，才能从彼此心灵的和弦里感受到真正的幸福！

割断欲望之绳
你的心才真正获得自由

刘诚龙

有一则故事：一个后生从家里到一座禅院去，在路上他看到了一件有趣的事，他想以此去考考禅院里的老禅者。来到禅院，他与老禅者一边品茗，一边闲扯。冷不防他问了一句："什么是团团转？"

"皆因绳未断。"老禅者随口答道。

后生听到老禅者这样回答，顿时目瞪口呆。

老禅者见状，问道："什么使你如此惊讶？"

"不，老师父，我惊讶的是，你怎么知道的呢？"后生说，"我今天在来的路上，看到一头牛被绳子穿了鼻子，拴在树上，这头牛想离开这棵树，到草地上去吃草，谁知它转过来转过去都不得脱身。我以为师父既然没看见，肯定答不出来，哪知师父出口就答对了。"

老禅者微笑着说："你问的是事，我答的是理，你问的是牛被绳缚而不得解脱，我答是心被俗务纠缠而不得超脱，一理通百事啊。"

后生大悟。

一只风筝，再怎么飞，也飞不上万里高空，是因为被绳牵住；一匹壮硕的马，再怎么烈，也被马鞍套上任由鞭抽，是因为被绳牵住。那么，我们的人生，又常常被什么牵住了呢？

一块图章，常常让我们坐想行思；一个职称，常常让我们辗转反侧；一回输赢，常常让我们殚精竭虑；一次得失，常常让我们痛心疾首；一段情缘，常常让我们愁肠百结；一份残羹，常常让我们蹙眉千度。

为了钱，我们东西南北团团转；为了权，我们上下左右转团团；为了欲，我们上上下下奔窜；为了名，我们日日夜夜窜奔。

快乐哪去了？幸福哪去了？

因为一根绳子，风筝失去了天空；因为一根绳子，水牛失去了草原；因为一根绳子，大象失去了自由；因为一根绳子，骏马失去了驰骋。

你看，曾经与鹰同一基因的鸡，现在怎样在鸡埘边打转？你看，曾经遨游江海的鱼，现在怎么上了钓钩而摆上人家的餐桌？你看，曾经蹦蹦跳跳的少年，现在是怎样的满脸愁云惨淡？你看，当年日记本上红笔书写的豪言壮语，现在又怎样成了黑色的点点符号？

大象在木桩旁团团转，水牛在树底下转团团；我们在一件事里团团转，我们在一种情绪里转团团，为什么都挣不脱？为什么都拔不出？

皆因绳未断啊。

名是绳，利是绳，欲是绳，尘世的诱惑与牵挂都是绳。人生三千烦恼丝，你斩断了多少根？

老禅者说："众生就像那头牛一样，被许多烦恼痛苦的绳子缠缚着，生生死死不得解脱。"

和平的人生是和谐的人生
健康的人生

宋　森

平和是待人处事的一种态度，也是做人的一种美德。

宽容是平和的外现。平和的人，厚德载物，雅量容人，推功揽过，能屈能伸。"原谅失败者之心，注意成功者之路"，处事方圆得体，待人宽严得宜。

冷静是平和的内涵。平和的人，其玄机在一个"静"字，"猝然临之而不惊，无故加之而不怒"，冷静处人，理智处事，身放闲处，心在静中。

平和的人，眼界极高。表面平凡，实则内聚，心中有坚石般的意志，胸中有经世济邦之策。其心，天青白日，其才，玉韫珠藏。居轩冕之中，不忘山林之味；处林泉之下须怀廊庙之经纶。

平和的人，热情而不做作，忠诚而不虚伪。内不见己，外不见人，施恩于人是出于真诚，而不是利用别人来沽名钓誉，信奉"君子坦荡荡，小人长戚戚"，光明磊落，纯心做人。

平和既是一种修养，又是一种工作方法。平和的人，从不被忙碌所萦绕，闲时吃紧，忙里悠闲。待人不严，教人勿高。宽严得宜，分寸得体。身心自在，能享受生活之乐趣。

平和的人生，是和谐的人生，健康的人生。

不管你是否喜欢
花儿每天都努力的开放

（美）史密斯

吉雷·米勒起床了，做好早餐的妈妈对他说："昨晚你睡得好吗，亲爱的小宝贝？"

"不知道，妈妈，因为我睡着了。"

"妈妈，有一件事差点忘了，"正要上学的米勒说，"今天我们学校有一个小小的家长会，老师叫你务必去参加。"

"什么叫做小小的家长会？"

"就是只有老师和你两个人开会的意思。"

原来，米勒在学校闯了祸，老师要找他妈妈谈谈，他不敢直言相告，便编出所谓"小小家长会"的说法。

在上学的路上，米勒想起身上没了零花钱，这时，刚好有一个似曾相识的大人走过来，米勒迎上去说："早上好，叔叔，你可不可以给我5块钱，让我和我的家人团聚？"

"好吧，你的家人在哪儿？"

"他们在下一个站台旁的槟榔店里。"

在植物课上，老师问："这种水果什么时候采摘最好？"

米勒的同学举了手，但站起来时却不知该怎么回答，用求援的眼神望着米勒。

"主人不在的时候。"米勒大声地告诉同桌。

同学们听了拍手称快，老师便点米勒的名，让他回答下一个问题："防止食物坏掉的最好的方法是什么，聪明的米勒？"

"吃掉。"米勒说。

"哈哈——哈哈——"教室里又爆发出一片欢叫声。米勒成了他们的答题英雄。

这样类似的回答，几乎在每一堂课上都发生。在米勒的带动下，同学们都学会了积极回答问题。例如：

"不能冷冻的液体是什么？""热水。"

"为什么自由女神像站在纽约港口？""因为她不能坐下来。"

"17 世纪的科学家有什么共同特性？""他们都死了。"

在体育活动时，米勒跑到老师那儿说："我哥哥的帽子掉了。"

老师问他："你哥哥的帽子掉了，你哭什么？"

"它掉的时候是我戴着的。"

放学前，米勒来到一个女同学面前："下午你用不用水彩？可不可以借给我用？"

那女孩说："对不起，米勒，下午我要用。"

"那好，你就没有时间用网球拍了，我向你借网球拍好了。"

回到家里，米勒伤心极了："妈妈，我把梯子弄倒了。"

妈妈安慰他说："没有关系，去告诉爸爸把它扶起来就好了，孩子。"

"但是，爸爸本来是在梯子顶上的。"

吃晚餐的时候，隔壁那个破嗓子又传来了。

"你为什么说真希望他去电视上唱？你不是被他烦死了吗？"

"是啊。"米勒说，"如果他是在电视上唱，我就可以马上关掉。"

睡觉前，米勒同哥哥玩时打破了花瓶，哥哥很害怕，米勒却说："看我的。"

米勒跑到大厅，告诉正在看电视的妈妈："我和哥哥发明了一种方法，妈妈，你十几年来，一直担心那个花瓶，从今以后你再不用担心了。"

"什么方法？"

"这是一个秘密。"说完，米勒跑进了卧房。

穿过痛苦的快乐
才是人生最大的快乐

靳　以

我逡巡在苦痛和快乐的边沿上，小心地迈着我的脚步，原以为它们中间有遥远的距离，不曾想它们却是那么相近，我左顾右盼，它们就在我的两边。我的胸中充满了愉悦和恐惧，我只得更小心地迈着我的脚步。

我不怕苦痛，可是我也不拒绝快乐。这么长久的时日，我只在苦痛的深渊中泅泳。它虽然是静止的，可是它的波面上停留不住一粒细尘，我用绝望的声音歌唱着我那痛苦的心，从遥远的天边外，响着微细的回应，我的眼前倏地闪了一道光，我瞥见快乐的影子，当我伸出手去，全身俯就它的时候，它就远逝了。

是谁把我拖上来的，我记不清了。我只知道我是被一只温柔的，好像无力的手牵引上来的。我重复看见花，看见树。看见了穿碎白云的飞鸟。我用感激的目光追寻，可是没有一个人在我的面前。我低下头来，看到附着在我心上的永不磨灭的影子，原来他早已投入了我的胸怀。

我从苦痛的深渊中爬出，站起身来，才看到快乐原来就在跟前。可是我转回头去，我又望到仍在苦痛中的一群。我虽不曾自去攫得快乐，把苦痛掷给别人；可是我也不忍心独自跨过去，无视他们的苦痛，我的苦痛是一个，快乐也是一个。我们都要跨到快乐中去，我看着我那无力的两手，我不知道先向谁伸出去？我注视着他们，每一张脸都是我熟悉的，都是不曾被苦痛淹没而怀着希望的微笑的。我们共过苦痛的，我怎么能把他们遗忘在苦痛之中？

我奋力引他们上来，一个又一个，虽然在困苦中，他们仍有浓郁的兄弟般的爱情，他们并不争先。可是我的力量还是不济了，当我又引着一个的时候，几乎把我又拖下去。幸亏有另外的两只手拉住我，我回头观望，原来是早被我引上来的得到休息的人的手。

我望着他，好像说："你应该休息了呀！"

他望着我，好像回答："当我的同伴还在苦痛中，我不能安心休息的。"

于是我们共同伸出手去，共同把陷在那中间的都引上来。我们都从苦痛中抬起头来，站直了身子，还是我们那一群，一齐大步向快乐走去。我们最快乐，因为我们所得到的是穿过苦痛的快乐。

美丽的人生
缘于如花一样美丽的心情

胥加山

　　一家信誉特好的大花店以高薪聘请一位售花小姐，招聘广告张贴出去后，前来应聘的人如过江之鲫。经过几番口试，老板留下了三位女孩让她们每人经营花店一周，以便从中挑选一人。这三个女孩长得都如花一样美丽，一人曾经在花店插过花、卖过花，一人是花艺学校的应届毕业生，余下一人只是一个待业青年。

　　插过花的女孩一听老板要让她们以一周的实践成绩为应聘硬件，心中窃喜，毕竟插花、卖花对于她来说是轻车熟路。每次一见顾客进来，她就不停地介绍各类花的象征意义以及给什么样的人送什么样的花，几乎每一个人进花店，她都能说得让人买去一束花或一篮花，一周下来，她的成绩不错。

　　花艺女生经营花店，她充分发挥从书本上学到的知识，从插花的艺术到插花的成本，都精心琢磨，她甚至联想到把一些断枝的花朵用牙签连接花枝夹在鲜花中，用以降低成本……她的知识和她的聪明为她一周的鲜花经营也带来了不错的成绩。

　　待业女青年经营起花店，则有点放不开手脚，然而她置身于花丛中的微笑简直就是一朵花，她的心情也如花一样美丽。一些残花她总舍不得扔掉，而是修剪修剪，免费送给路边行走的小学生，而且每一个从她手中买去花的人，都能得到她一句甜甜的软语——"鲜花送人，余香留己。"这听起来既像女孩为自己说的，又像是为花店讲的，也像为买花人讲的，简直是一句心灵默契的心语……尽管女孩努力地珍惜着她一周的经营时间，但她的成绩比前两个女孩相差很大。

出人意料的是，老板竟然留下了那个待业女孩。人们不解——为何老板放弃能为他挣钱的女孩，而偏偏选中这个缩手缩脚的待业女孩？

老板如是说：用鲜花挣再多的钱也只是有限的，用如花的心情去挣钱才是无限的。花艺可以慢慢学，可如花的心情不是学来的，因为这里面包含着一个人的气质、品德以及情趣爱好、艺术修养……

生活的快乐来自于
忘记自己的伤痕

刘安娜

这天对镜梳妆，无意间抬头，下巴底下那一道浅粉色的伤痕跳入眼帘，那是半年多以前，我不小心磕破的，当时缝了两针。

起初，因为疼痛的提醒，我常抬起下巴，揽镜自照，看那一道伤痕划过下巴，缝针的两道疤与磕出的口子交错咬合，总令我想起麻袋的封口，有几分触目惊心。

随着疼痛渐逝，而我又无暇不厌其烦地抬起下巴，那道伤痕便渐渐淡忘了。今天偶然看到，发现它已淡如微云。

其实，在我刚缝针时，朋友们总安慰我：伤在下巴上，无碍观瞻。只是我老是磕磕绊绊想到它，看一看，摸一摸，叹口气。而当我能够遗忘时，我的下巴似乎也像以前一样光洁。

事实上，有许多伤痕，藏在别人根本看不到的地方，一些甚至自己都会忽略的地方。我们又何必对之耿耿于怀呢？忘掉那些伤痛，生活原本会快乐很多。

伤痕，只有你自己看得到。

只要你对那些伤痕熟视无睹，它们就是根本不存在的。你没有必要把伤痛一次次揭给别人看；没有人探究你的隐秘。除非你自己不愿忘记，否则一切伤痛都是微不足道的。

战胜自己的伤痛，简单得就像吃苹果时，发现外皮有一块小疤，用刀削掉就好。这不会影响整个苹果的味道。你只知自己吃了个苹果，也不用让联合国开会，通知全世界说，你吃的苹果有个疤。

人生路上有许多美丽的风景
不要因为一枝花而错过整个春天

陆勇强

两户人家的空处有一棵银杏树，枝繁叶茂，秋天来的时候，银杏的果子成熟了，颗颗粒粒地掉在泥地里。

孩子们捡回一些，但都不敢吃。老人们说银杏果子有"毒"，不能吃。

有一年，其中的一户人家的主人去了一趟城里，知道银杏果可以卖钱，他摘了一大袋背到城里，结果换来一大叠花花绿绿的票子。

银杏果可以换钱的消息不胫而走。另一户人家主人上门要求两家均分那些钱，他的要求当然被拒绝了。

于是，他找出了土地证，结果发现这棵银杏树在他划定的界限内。

于是，再一次要求对方交出卖银杏果的钱，并且告诉对方这棵银杏树是他家的。

对方当然不认输，他从一位老人那儿得知，这棵银杏树是他的爷爷当年种下的，他也有证据证明这棵银杏树是他的。

两家闹起纠纷，反目成仇。乡里也不能判断这棵树是谁的，一个有土地证，但证件颁发时间已久，土地已调整多次了。一个有证人证言，前人栽树，后人乘凉，自古使然。

于是，两人都起诉到法院。法院也为难，这是一件棘手的事情，于是建议庭外调解。

但两人都不同意，他们都认为这棵银杏树是自己的，为什么要共有这棵树。

案子便拖下来了，他们年年为了这棵银杏树吵架，甚至斗殴，大打出手。

这样故事延续了十年。十年后，一条公路穿村而过，两户人家拆迁，银杏树被砍倒。这场历经十年的纠纷终于在银杏树的轰然倒下后结束了。

为了一棵树，他们竟然争斗了十年，三千多个本来可以快快乐乐的日日夜夜，难道不比一棵树重要？为什么不去种一棵树呢，十年后，树苗完全可以长成一棵大树。

想来真的可怕，有时一个人为了得到某一种东西，往往会失去自己更重要的。

如果一个人一直不感到满足
即使给他整个世界他也觉得伤心

廖 钧

兔子是世界上最善良的动物了，它只吃青草，什么也不伤害。可是，它却被很多动物伤害：狐狸、狼、老虎……这太不公平了！有一天，兔子就向上帝诉苦，它不想再做兔子了，要求上帝变一变。

上帝很仁慈，马上答应了兔子的要求："好吧，你想变成什么？"兔子说："变成一只鸟，在天上自由地飞来飞去，那些狐狸呀狼呀虎呀就再也抓不着我了。"

上帝把兔子变成了鸟。没过几天，鸟又来诉苦："仁慈的上帝呀，我再也不想做鸟了！我们在天上飞，天上的老鹰能抓住我们；我们在树上筑巢，树上的毒蛇能咬死我们。这样的日子实在是太难过了！"

上帝问鸟："你想怎么样呢？"鸟说："我想变成大海里的一条鱼，海里没有老鹰，没有毒蛇，我们才能安心地过口子。"

上帝又把鸟变成了鱼。可是，鱼的处境似乎更糟，因为大海里到处都有"大鱼吃小鱼，小鱼吃虾米"的斗争。过了几天，鱼又要求上帝把它变成人。鱼说："人是万物之灵，他们住在坚固的钢筋水泥屋子里，使用着各种先进的武器装备，任什么凶猛的动物也不能伤害他们。相反，那些在山林里威风十足的狮虎，全被他们关在笼子里，供他们观赏取乐，那些蛇呀鹰呀，都成了他们餐桌上的美味……"

上帝把鱼变成了人，心想，这下你该满意了吧！可是，过了不久，人照样来向上帝诉苦："太可怕了！到处都在流血，到处都是尸体，到处都是废墟……我们再也没法活了！"原来人类发生了战争，数以万计的士兵在互相残杀，无数的平民流离失所，死于饥饿和寒冷。

上帝问人："你想怎么样呢？"人说："我想到另一个世界去，你把我变成上帝吧！"上帝没有答应人的这个要求，他说："上帝只有一个，上帝多了也会打架。"

守护好你美丽的心境
不要让任何事去玷污

席慕蓉

初中的时候，学会了那一首《送别》的歌，常常爱唱：

"长亭外，古道边，芳草碧连天……"

有一个下午，父亲忽然叫住我，要我从头再唱一遍。很少被父亲这样注意过的我，心里觉得很兴奋，赶快再从头来好好地唱一次：

"长亭外，古道边……"

刚开了头，就被父亲打断了，他问我：

"怎么是长亭外，怎么不是长城外呢？我一直以为是长城外啊！"

我把音乐课本拿出来，想要向父亲证明他的错误。可是父亲并不要看，他只是很懊丧地对我说：

"好可惜！我一直以为是长城外，以为写的是我们老家，所以第一次听这首歌时就特别地感动，并且一直没有忘记，想不到竟然这么多年是听错了，好可惜！"父亲一连说了两个"好可惜"，然后就走开了，留我一个人站在空空的屋子里，不知道如何是好。

前几年刚搬到石门乡间的时候，我还怀着凯儿，听医生的嘱咐，一个人常常在田野间散步。那个时候，山上还种满了相思树，苍苍翠翠的，走在里面，可以听到各式各样的小鸟的鸣声，田里面也总是绿意盎然，好多小鸟也会很大胆地从我身边飞掠而过。

我就是那个时候看到那一孤单的小鸟的，在田边的电线杆上，在细细的电线上，它安静地站在那里，黑色的羽毛，像剪刀一样的双尾。

"燕子！"我心中像触电一样地呆住了。

可不是吗？这不就是燕子吗？这不就是我从来没有见过的燕子吗？这不就是书里说的、外婆歌里唱的那一只燕子吗？

在南国的温热的阳光里，我心中开始一遍又一遍地唱起外婆爱唱的那一首歌来了：

"燕子啊！燕子啊！你是我温柔可爱的小小燕子啊……"

在以后的好几年里，我都会常常看到这种相同的小鸟，有的时候，我是牵着慈儿，有的时候，我是抱着凯儿，每一次，我都会兴奋地指给孩子看："快看！宝贝，快看！那就是燕子，那就是妈妈最喜欢的小小燕子啊!"

怀中的凯儿正咿呀学语，香香软软的唇间也随着我说出一些不成腔调的儿语。

天好蓝，风好柔，我抱着我的孩子，站在南国的阡陌上，注视着那一只黑色的安静的飞鸟，心中充满了一种朦胧的欢喜和一种朦胧的悲伤。

一直到了去年的夏天，因为一个部门的邀请，我和几位画家朋友一起，到南国一个公园去写生，在一本报道垦丁附近天然资源的书里，我看到了我的燕子。图片上的它有着一样的黑色羽毛，一样的剪状的双尾，然而，在图片下的解释和说明里，却写着它的名字是"乌秋"。

在那个时候，我的周围有着好多的朋友，我却在忽然之间觉得非常的孤单。在我的朋友里，有好多位是在这方面很有研究心得的专家，我只要提出我的问题，一定可以马上得到解答，可是，我在那个时候惟一的反应，却只是把那本书静静地合上，然后静静地走了。

在那一刹那，我忽然体会出来多年前的那一个下午，父亲失望的心情了。其实，不必向别人提出问题，我自己心里也已经明白了自己的错误。但是，我想，虽然有的时候，在人生的道路上，我们是应该面对所有的真相，可是，有的时候，我们实在也可以保有一些小小的美丽的错误，与人无害，与世无争，却能带给我们非常深沉的安慰的那一种错误。

我实在是舍不得我心中那一只小小的燕子啊!

如果你的心是公正的，
每个生物都是生命的一面镜子
都是一本神圣的教义

毅　华

受伤的狮子

以前在好莱坞电影里出现的猛兽，如狮子、老虎，大多是用鞭打、电击等很残酷的方法训练的。驯兽师海夫尔是最早放弃这种方法的人，他提出驯兽应该用"慈善诱导法"，可很多人不以为然，觉得野兽就是野兽，人只能用暴力来制服它们。

海夫尔和他的理论不久就在好莱坞的高速公路上经受了一场严峻的考验。

这一天，海夫尔开着拖车，带着他几年来用慈善诱导法精心训练的狮子泰米到片场拍戏。没想到，在高速公路上行驶时，旁边一辆卡车的转向突然失灵，把海夫尔的拖车撞翻了！海夫尔被甩出去很远，拖车也散了架。受伤的狮子泰米从破车里摇晃着挣扎出来，头上和身上都是血，眼睛也受伤看不见了。它不知该往哪里走，挪了几步后便扬起硕大的头颅，发出一声嘶哑的咆哮！高速公路上原本疾驶的车流顿时静止下来，大家惊恐地注视着这头受伤后依然雄风不减的百兽之王。泰米的叫声使海夫尔从昏迷中醒来，他距泰米有十五米多。如果问海夫尔的慈善诱导法是否有效，现在就是验证的时候了。海夫尔坐起来，冲泰米吹了声口哨，然后用亲切镇定的声音一遍遍地呼唤它的名字。既受惊又瞎了眼的泰米正焦躁不安地原地打转，听到海夫尔的声音，它猛地转过头，在这个混乱陌生的环境里，只有这个声音是熟悉的！它开始迟疑了片刻，终于慢慢地，一瘸一拐地朝着海夫尔走来。与此同时警察已闻讯赶到，如果再抓不到泰米，为防止它伤人就必须把它击毙。

大家都紧张地看着。只见泰米一步一滴血地走向海夫尔，喉咙里发出一阵阵友好的呼噜声。海夫尔不禁泪如泉涌，多年的努力没有白费！他继续呼唤着，并伸开双臂迎接这个对他无限信任的朋友。

走出伦敦塔

英国的伦敦塔在伊丽莎白一世的时候是用来关犯人的。1573 年，汉普顿的维斯利伯爵因为得罪了皇室而被投入伦敦塔，囚禁在潮湿阴冷、又高又厚的石墙里，真是呼天天不应，叫地地不灵。维斯利伯爵彻底地绝望了。要知道，没有几个人能活着走出伦敦塔，即使不生病也会因为长期与世隔绝而发疯。

维斯利伯爵的囚室里只有一扇小窗户。这一天，他照例呆坐在小窗下，沮丧地望着窗外的一小片蓝天，哀叹自己不幸的命运。突然，一个毛茸茸的东西跳到窗台上，他定睛一看，那不是他的小猫白花吗？这怎么可能呢？他使劲地甩了甩头，心想莫非这么快我就已经神经错乱了吗？可小猫那"喵喵"的叫声又是那么真切，他便伸出手，轻声地叫着：白花！小猫闻声从铁窗缝里挤进来，一下子跳到他的怀里！维斯利伯爵这才意识到他不是在做梦，他紧紧地抱住白花，忍不住号啕大哭！原来，自从主人被抓走以后，白花也离开了家。可究竟它是怎样发现了维斯利伯爵被关押的地方，并且顺着烟囱到了他的囚室，谁也解释不清。狱卒知道了白花的故事也唏嘘不已，他破例允许维斯利伯爵把小猫留下来，而且也没有向皇室报告。从此，维斯利伯爵在他孤独的铁窗生涯里有了一个伴侣。送来了饭，他总是让白花先吃，他从心里感谢这个自愿跑来陪他坐牢的伙伴。他俩就这样相伴着渡过了一个个的春夏秋冬，直到白花老死在监狱里。白花死后，维斯利伯爵又剩下了一个人，可是他没有变得沮丧，他下决心要活着出去，不然就对不起白花。

1624 年，当政的詹姆斯国王终于把维斯利伯爵放了出来，使他在被捕后的 51 年走出了伦敦塔。出狱后，他做的第一件事便是找人画了一幅白花的肖像，挂在房间的正中央。

美丽的容貌来自美好的心境
心情好，一切都好

黄苗子

有一女孩今年 19，生得毫不"沉鱼落雁"。选这个那个"小姐"肯定是没有希望的，连校花、班花都没有人会考虑到她。她自卑感很强，眼见同学一个个花枝招展，自己老觉得是彩凤群中的丑小鸭。她有一个强烈信念，就是生为女性，如果长相不漂亮，生命就等于失去大半，找工作，交男友，处处吃亏。心情日见忧郁，读书也无精打采。家人忧之而束手无策。老夫俟其假日，邀至城郊小游。清风徐来，漫行山道。老夫极赞自然界之美，一草一木，一石一山，都各适其适地点缀于大自然中，阳光雨露自然是欣欣向荣，狂风暴雨也足以增强生命力。人只是自然界中的生物之一，也都是跟草木山石、花鸟烟云一样，在大自然中生生不息，并且各有各的安身立命之处。自然界无所不包，它不特别加恩于浓艳娇美的桃李，也不特别鄙薄那些无色无香的野草闲花。因为天桃秾李和野草闲花在大自然中都不可或缺，都是自然之子。女孩听了半天，似乎陷入沉思，徐徐问道：如此说来，大自然把那些野草闲花要来何用？老夫答曰：在大自然的眼中，不知何为美丑。因诵白居易《杏园中枣树》一诗："人言百果中，惟枣凡且鄙。皮皱似龟手，叶小如鼠耳。胡为不自知，生花此园里……"直到诗末："寄言游春客，乞君一回视。君爱绕指柔，从君怜柳杞。君求悦目艳，不敢争桃李。君若作大车，轮轴材须此！"

　　女孩坐在丘石上望海，对我说：听了你的话，不知怎的，我好像看到一条人生大道。坦白说，我觉得样样不如人，曾经想过投海自杀。于是老夫接着为她讲一故事：昔日有一个善女人，生得貌丑，难以见人，就去投海。忽然一位僧人跑来拦救。此女得以生还。僧人合十对她说：女居士，人有两条生命，一条是属于你自己的，刚才你已经自杀捐弃了；还有一条是属于众生的，愿女居士加倍珍惜这一条生命。女孩听毕，嫣然一笑，老夫觉得她的笑容，其美无伦。

人有多种活法，只要是快乐的

佚　名

院子里有一位弱智。有一次，我问他："你今年多大了？"他摇摇头。我对他说："别的事情无所谓，这个年龄问题你应该弄清楚。"他还是摇摇头，嘴巴张得更大。过了好几天的一个黄昏，我从外面回来，他正坐在门口。他突然对我喊道："我妈说，我今年 30 岁。"

我本来已经进了大门，又折回来，对他伸出大拇指。说实在的，我颇为得意于这一次启蒙运动，让一个普通的生命意识到自己的生命历程，意识到存在对于自己的意义。虽然他不太懂事，但他的生命与我的生命没有什么不同，只不过是命运不一样罢了。

弱智也呈示出一种生存状态和一种生活方式，也就是说，人还可以这样活着——没有忧虑，快乐也不太多；不做坏事，只做一点点事情度日；从不打听别人的隐私，自己也没有隐私；对知识不感兴趣，对卖弄更不感兴趣；不识别谎言，自己也不知道撒谎……

也许你不尊重他，但他却真实地活着。

好心情决定好人生

林　夕

一次，我去拜访一位公司主管。在他的办公室，看到两幅漫画：一幅满脸都是笑，眉毛、眼睛、鼻子、嘴都向上，弯弯的，像月牙，从上面往下掉的金元宝都接住了，一个也没掉在地上。另一幅则满脸都是气，眉毛、眼睛、鼻子、嘴都朝下，一撇一捺，像斗笠，从上面往下掉的金元宝都落在了地上，一个也没接住。我看了，忍不住笑了。

"你不是总问我成功的秘诀吗？如果有的话，这就是。"主管微笑着说。

我看着这两幅画，有些疑惑："就这个？"

"对，就这个。我每天早晨走进办公室，每当我遇到难题的时候，我都会看着它，它会对我说：任何时候，都选择快乐！"

"任何时候？"

"对，任何时候。"

"可有些事情是痛苦的，你怎么选择快乐？"

"事情本身是没有快乐和痛苦的，快乐和痛苦是我们对这件事情的感受。同一件事情，你从不同角度来看待，就会有不同的感受。我给你讲个故事吧！有个年轻人，家在郊区农村，每天到城里来上学。可是他高中毕业后没有考上大学，别人都以为他会垂头丧气，没想到他却高高兴兴地回家，搞起了科学养鸡，不到两年就致富了。他用自己赚的钱，给家里盖了三间大瓦房。按照当地习惯，盖房上顶梁时要放鞭炮请客。上梁那天，街坊邻居都来了，杀猪宰羊放鞭炮，十分热闹。就在大家兴高采烈地喝酒吃饭的时候，只听'轰'的一声，梁塌了！砸得满地尘土。大家都愣住了，不知说什么好。这时，就听有人哇地一声哭了起来，这位年轻人一看，是他姐姐。他就说：哭什么？你哭它就立起来了？说着，他端起酒杯，对众人说：来，大叔大婶们，咱们接着喝！梁倒了，再上一次！正好咱们街坊邻居又多了一次喝酒的机会！后天中午还请大家再来！

"这件事儿，后来不知怎么传到一位公司经理那儿，他们公司新开发了一个项目，正在招人，可是销售经理一直没有找到合适的人选。他听说后，就找到那位年轻人，说服他加盟自己的公司。当时公司的其他负责人都不同意，认为那位年轻人没有学历，没有经验，不能胜任这项工作。可是这位经理听了却说：'哦，那没关系。因为我们不是用他 20 天，而是准备用他 20 年。所以你们说的这些，他会有时间学会的。可是，他这种乐观自信的性格，却不是别人可以花时间学会的。我看中的正是这一点。'这位经理力排众议，起用了那位年轻人。"

"那么后来呢？那位年轻人怎么样了？"

"后来，那位年轻人果然不负他所望，用了不到一年的时间，就开发占领了整个东北市场，三年后，产品遍及全国并出口到国外。后来，他成了这家公司的主管，现在，他就坐在你面前。那个年轻人就是我。"

我惊诧地看着他，又转身看着墙上的那两幅画，久久无语。

快乐并不总是幸运的结果
它是一种德行，一种英勇的德行

韩小蕙

从前人们碰到一起，打招呼时说的是："吃了吗?"

后来路遇，改成了："你好!"

今天相逢，在相当一部分人口中，又变成："活得快乐点儿!"

由物质到精神，关怀的内容发生了本质的变化。

然而，快乐的理由呢?

甭管他们男人，我问过许多女同胞。相同的回答差不多都是："享受生活呀。"不同的是她们有各自的源泉——

一个老太太，已垂老到走路不能自如的境地，还坚持在景山公园的台阶上，一级一级地往上蹭。她脸上阳光灿烂："这是我每天最快乐的事呀。"

一个女友，整天忙碌在办公室，无非打印个文件，收收发发，很琐碎，往身后一看什么都留不下。可一到休息日，她就闲得忧郁，叨唠说："工作能使我快乐。"

一个操劳了一辈子的母亲，不穿金，不戴银，不吃补品，不当王母娘娘，每日依然辛劳不辍，笑呵呵回答儿女们的是："全家平平安安呐，比什么都让我快乐。"

一个下岗女工："谁能给我一份工作，我可快乐死了。"

一个小保姆："主人家信任我，不见外，我就觉得快乐。"

一个小女生："哎呀呀，星期天早上能让我睡够了，最快乐！"

至于我自己呢？每当坐在电脑前写作，心里就流淌出一条喜悦的大河，别人以为我整天点灯熬油的那么苦，玩什么命呢？殊不知，写作是灵魂的居所，是生命的泊地，这是我生活全天候中最快乐的时光。

生活是世界上最难的一道题，复杂得永远解不清；可是生活又简单得像一颗透明的水滴，一首诗，一支歌，一朵小花，一片绿叶，一只小动物……就能让我们快乐得如同仙女一样飘起来，一直飘向天国。

人心则是自然界最遥不可测的欲海，有了电视机，还想要电冰箱、洗衣机、手机、空调、汽车、房子、别墅……然而人心也是最容易满足的乖孩子，一句宽心的话，一张温暖的笑靥，一个会心的眼神，一声真诚的问候，一个良善的祝福……就是一根根棒棒糖一颗颗开心果，能一直香甜到我们心里，使我们回到快乐的童年，小鸟一样"叽叽喳喳"地唱不够。

史蒂文生说："快乐并不总是幸运的结果，它常常是一种德行，一种英勇的德行。"

快乐起来的理由有万万千千，关键是——要时时刻刻给自己加油，鼓劲！

生活得最成功的人
是生活中最会笑的人

（尼加拉瓜）鲁文·达里奥

笑声是生活的点缀。笑容可掬的人一般都是身心健康的人。一个孩子的笑声好比一支歌唱童年的乐曲，天真的欢快像一条清澈的瀑布从嗓子里喷涌而出。

冥思苦索的思想家们不笑，因为他们整天和宇宙万物打交道，埋头在一片宁静之中。强盗和罪犯也不笑，因为在他们那担惊受怕的灰色生活中，充满着凄楚和阴影，内心的恐惧和仇恨像一个黑色的紧箍咒，始终伴随着他们。

骄傲、自负可以微笑；纵欲、暴食、偷盗也可以微笑；嫉妒者却不会微笑，他苍白，病态，往往自食其果。他愁眉紧锁，就像拉丁诗人所描绘的一样。他终究要被别人的幸福大山所压倒。

"我们要赞美笑声。"

"我们为笑声祝福，因为她使世界摆脱了黑夜。"

"我们赞美笑声，因为她是晨曦，是太阳的光环，是小鸟的啭唱。"

"我们为笑声祝福，因为她是上帝的宠儿，可爱的玫瑰色娃娃，是他给人间带来了和平和幸福。"

"我们赞美笑声，因为她总爱逗留在蝴蝶的翅膀上，在洒满露珠的香石竹的花萼上，在石榴美丽的红色宝石上。"

"我们为笑声祝福因为她是救世主，是长矛，是盾牌。"

生活是由无数烦恼组成的
一串念珠，但要微笑着数完它

肖　剑

有个谜语：你对它笑，它就对你笑，你对它哭，它就对你哭——这是什么？

人们都猜：这是镜子！我的朋友却不动声色地回了一句：这是生活。

举座皆惊！他却来了句妙侃："愁眉苦脸地看生活，生活肯定愁眉不展；爽朗乐观地看生活，生活肯定阳光灿烂！"

果然有道理！

于是，我突然想起一个故事。一次，穷困的法国作家拉伯雷想去巴黎，却偏偏一分钱也没有，就故意笑眯眯的当着警察的面拿出几张白纸，分别在上面写上：送给皇后的药，送给王子的药，送给公主的药，然后在白纸里包了点红色粉末。那警察见拉伯雷行踪古怪，疑为刺客，便把他押到了巴黎，经审查排除了刺客的嫌疑，又只好把他放了——真是妙极，笑眯眯的拉伯雷一分钱没花，便平平安安地到了巴黎！

真佩服这位乐观豁达的拉伯雷，真佩服这种笑眯眯的人生态度！尤其有趣的是，笔者钻研法国文学时，居然找到了上述谜语的出处——就是拉伯雷说的："生活是一面镜子。你对他笑，它就对你笑，你对它哭，它就对你哭。"

不是吗？如何看待生活，的确与人的主观世界有关：心中没有阳光的人，势必难以发现阳光的灿烂！心中没有花香的人，也势必难以发现花朵的明媚！

既然如此，以豁达的态度面对人生吧！别小肚鸡肠！别斤斤计较！别动不动就背上沉重的十字架！

不要因为疲惫的身心
而忘掉身边最美的花朵

张　敏

一次我去西藏采风，徒步在宽阔的草原上拍摄风景。黄昏时准备就地安营扎寨，看到20米开外有一个小喇嘛也在忙着搭小小的帐篷。小喇嘛十二三岁的模样，高原长期直晒的阳光使他的小脸红扑扑地透着最原始的健康。大概是去更大的庙里朝拜而赶路吧，身上的衣服已经有些破旧了，忙活得却很是欢快，看得出，他还是一个没长大的孩子。

我们互相对望着笑着问候，然后各自继续搭帐篷，虽然只是一个人的栖身之所。但一点点地拉起绳子，打下木桩，也用了不少时间。

所以那个晚上，我睡得非常香甜。跋涉的疲惫、花儿的清香、轻拂的微风，让我连梦都没有做，天就亮了。

早晨起来，却发现了一件怪事，小喇嘛的帐篷离我足足远了50米！难道是地壳运动？我摇了摇头，不可能。于是走过去看他，顺便打个招呼。小喇嘛早起来了，正在拆帐篷，看到我，笑了笑露出一口白得发亮的牙齿。

"你的帐篷，昨天不是在那里吗？"我怕他听不懂，边讲边比划。

"对呀！"还好，他听得懂。

"那你今天早晨怎么会在这里呢？你又重新搭的帐篷？"

"是啊！"小喇嘛笑嘻嘻地回答。

我不解了，即便是我这个身强力壮的大男人，也用了近一个小时的时间才搭好帐篷，他为什么挪走已经搭好的帐篷呢？

"为什么？"我真的想知道了。

小喇嘛依旧笑眯眯地看着我，仰着红扑扑的小脸不急不慢地说："你没发现这边的花儿开得更大更美吗？"

这是我那次采风记忆最深的一件事，超过了任何壮美的绚烂的风景。当我像工蜂一样忙碌个不停的时候，我想的只是搭建一个窝，快点钻进去，放松两条铅球一样的腿，四仰八叉地美美睡上一觉。而那个小喇嘛，将搭好的帐篷返工，却是为了可以在更美的花儿旁边，闻着花香入睡，听起来多么不像一个理由啊，却真的是一个最充分最美丽的理由。

我想起正在大兴土木的家，想起来装修累得消瘦了的妻，想马上告诉她，不要弄了，最美的家，不是装修出来的，最美的家，一直在我们的心里，就是对生活的热爱。

"你没发现这边的花儿开得更大更美吗？"我以后也要常常这么问自己了。

生活的珍宝在我们灿烂的微笑里

（美）克里斯托弗·德温克

　　初三那年，语文老师要求我们写一篇关于一位 70 岁以上老人的故事，所以我决定去老人护理院。

　　我向院长陈述了我们的家庭作业。院长和蔼地接待了我并让我到六号房间去。房间里有一张床、一把椅子，一位老妇人坐在椅子上编织绒线。

　　我敲了敲门，老妇人抬起头来眯着眼睛望了望我，"进来！"她说。

　　"我们学校布置写篇文章。"我紧张地结巴着说。

　　"进来吧，"她停下手中的活，拍拍床说，"坐在这儿。"

　　我小心地在床沿坐下，老妇人继续织她的绒线。

　　"您在干什么？"我怯生生地问。

　　"珍宝在我的篮子中。"她头也不抬地回答我。

　　"您在织啥？"我提高了嗓门。

　　她又停了下来，慈祥地微笑着重复："珍宝在我的篮子中。"

　　我好奇地朝房间四周打量了一下，然后朝她的篮子中张望，我希望能看到珍宝。但除了绒线，什么都没有。

　　"哦，是有珍宝。"她说，"它给我心灵的平静，使我感到生活着是幸运的。"

　　说完，老妇人又低头认真地织起了毛衣，再也不说什么。我只能站起身谢过她后离开了房间。

"你认为她怎么样?"护理院长问我。

"她说有珍宝在她的篮子中,"我说,"我想她有点疯了。"

"她刚来的时候的确有点疯了,"院长说,"那时她丈夫刚去世,她很孤独,心情无法平静下来,我建议她寻求一种自我平静的方法,她做到了。"

"她向护士学会了如何编织绒线。在六个月的时间里,她为我们这里的每一个人织了一双袜子。"

"她甚至还作为一个志愿者去学校教编织,她成了附近最受欢迎的人。"

"她如今怎么样了?"我问。

"她已经 90 岁了,虽然有病,但还能织毛衣。她很平静,老是说世上最奇特的珍宝在她的篮子中。"

几星期后,我收到个包裹,里面装着一件漂亮的棕色毛背心,正是我穿的尺寸,还有一张老人护理院院长写的便条——

亲爱的克里斯托弗:

你在这儿遇到的那位老奶奶请我们把她织的这件毛衣送给你,她认为这件礼物会使你觉得很暖和。

她三天前去世了,她感到很幸福。

生活中多一份宽容和理解
少一份计较和猜疑

姜桂华

　　母亲给我讲过这样一件事：有一次她去商店，走在她前面的年轻妇女推开沉重的大门一直等到她走进去后才松开手。当母亲向她道谢时，那位妇女对母亲说："我的妈妈也和你的年纪差不多，我只是希望她遇到这种时候，也有人为她开门。"听了母亲说的这件小事，我的心温暖了许多。

　　一日，我患病去医院输液，年轻的小护士为我扎了两针也没有扎进血管里，眼见针眼泛起了青包。疼痛之时我正想抱怨几句，却抬头看到了小护士额头上布满了密密的汗珠，那一刻我突然想起了我的女儿。于是我安慰她说："不要紧，再来一次！"第三针果然成功了，小护士终于叹了口气，她连声说："阿姨，对不起。我真该感谢你让我扎了三针。我是来实习的，这是我第一次给病人扎针，太紧张了，要不是你的鼓励，我真不敢给你扎了。"我告诉她，我也有一个和她差不多大的女儿，正在医科大学读书，她也将有她的第一个患者，我真希望女儿第一次扎针也能得到患者的宽容和鼓励。

　　如果我们在生活中多点将心比心的感悟，就会对老人生出一份尊重，对孩子怀有一份怜爱，会使人与人之间多一些宽容与理解，少一些计较与猜疑。

为别人的幸福让一次道
为自己的心灵打开一扇窗

黄全喜

晴朗的一天，我携妻乘车到省城拜访久违的朋友，由于朋友的新址不好找，我们便在电话中约定 10 点钟在北站门口不见不散。

急驶的车窗外阳光明媚，满含青草味的春风飘进车内，令人心旷神怡。我与妻讲述朋友上学时的趣事，商量见到朋友该如何打招呼。是热情地拥抱，还是以一声"嗨"开头。忽然，急驶的车慢了下来。并且越来越慢，最后竟然停了下来。往前一看，原来从另外一条街插过来一列迎亲的车队，他们走得非常从容。妻留心查了一下，竟有 16 辆之多，妻满含委屈地说："看人家迎亲，多气派，你迎娶我时只有三辆车……""这车队里边很多是公车私用的'腐败车'，只看那车牌号就知道。""反正是气派……"看着妻委屈的样子，怕妻再说些破坏心情的话，弄不好再把泪招惹出来，我便忙转移话题："几点了？""9 点 50 分，怎么了？""9 点 50 分？恐怕 10 点赶不到了。"我不禁心急起来。

其他乘客也开始抱怨，有的说："我还要上班呢，再晚就要迟到了，这月的奖金就泡汤了。"有的说："好不容易把女友约出来，如果没按时到，又该为此赔礼道歉，并解释一大筐，能不能唤回人家笑脸还难说。"那位中年微胖的司机不答话，只是不时地按着喇叭。我有些着急地说：

"别按了，吵得人心烦，再按喇叭他们也不会给你让路的，还不如瞅准机会超过他们呢。"司机转过脸微笑着说："我不是想让他们让道，是在向新郎和新娘祝福呢。人这一生，这样的喜事只有一次啊！"他顿了顿又说："别人结婚是件幸福的事，我们有机会为别人的幸福让一次道，不也是很幸福的一件事吗？"

车里顿时安静了下来，善于感动的妻子已是泪盈双眸。

下车时，已是 10 点 30 分，朋友仍在那执著地等着。听我解释完了，朋友深沉地说："能为别人的幸福让道的人，也一定是一个幸福的人。"

生活就是将无数快乐时光串联
而不仅仅只是留住生命

佚　名

这就是为什么我必须在今天说出来：

你不要把任何事情都留到一个特殊的时刻再做，因为我们生活的每一天都是一个特殊的时刻。

去寻找知识，读更多的书，做人光明磊落，并且去赞赏值得赞赏的观点——不论其是否满足你的需要。

请花更多的时间去陪伴你的家人和朋友，吃你喜欢吃的食物，去你梦寐以求的地方旅行。

生活就是将无数个欢乐时光串联，而不仅仅只是留住生命。

把诸如"某一天"的词汇从你的字典中删除，让我们马上写一封我们一直想在"某一天"写的信。

让我们告诉家人和朋友我们有多爱他们。

不要拖延任何可以在你的生活中增加笑声和欢乐的事情。

也许你说，这一切都是我想做的，可实在忙得没空儿，某一天我一定……

但请你想一想，"某一天"你可能已不能再送出这个信息。

每一天，每一小时和每一分钟都是特殊的，因为你不知道你所说的"某一天"是否将是你的最后时刻。

生活的乐趣在于生命的旅程

占梅姿

我们的下意识中常常藏有这样一个田园般的梦幻，我们乘坐火车作横跨大陆的长途旅行，陶醉于窗外高速公路上如水的车流，孩子们在路口的招手致意，奶牛在远远的山脚下吃草，发电厂冒出的浓烟，成排成行的玉米和小麦，平畴深谷，山峦起伏，城市的轮廓，乡村的庄园，都让我们如此沉迷，如此心醉。

可在我们的内心深处，想的还是终点。某天某时，火车进站，鼓乐齐鸣，彩旗飘扬。一旦到达终点，心中梦想千种都会成真，人生的缺残都会重圆——就像拼板玩具的最后完成。我们在车厢过道中踱步、徘徊、焦灼不安，诅咒时光的流逝如此之慢，只是在等待、等待终点的到达。

"到了终点，那就妥了。"我们嚷道。"我到 18 岁的时候，""我买到一辆新的奔驰 450 车的时候，""我供最后一个孩子念完大学的时候，""我还清欠债的时候，""我升官晋级的时候，"甚至于"我到了退休年龄之后会安度晚年的。"

然而迟早我们必须认识到，世间没有什么可以一劳永逸达到的终点和归宿。生活的真正乐趣在于旅程，在于过程。终点只是梦幻，它常常是可望而不可及的。

"逝水年华细斟酌"，多好的箴言！把它和《圣经·诗篇》118 章 24 节放在一起看一看："这是耶和华所定的日子，我们在其中要高兴欢喜。"是抱恨前朝，恐惧来日，而不是今朝的重负使我们忧虑不安。悔恨和恐惧是劫夺我们美好今朝的孪生窃贼。

所以，不要在过道里徘徊踯躅，不要时时计算里程度日如年。去爬山吧！去吃冰淇淋，去赤足奔走，畅游江河，去欣赏晚霞夕阳。多一些大笑，少一些哭泣。生命如逆旅，我亦是行人——这时终点就会倏然而至。

沿着开花的土地
春天吹着口哨

刘湛秋

沿着开花的土地，春天吹着口哨。

从柳树上摘一片嫩叶，

从杏树上掐一朵小花，

在河里浸一浸，在风中摇一摇，于是，欢快的旋律就流荡起来了。

哨音在青色的树枝上旋转，它鼓动着小叶子快快地成长。

风筝在天上飘，哨音顺着孩子的手，顺着风筝线，升到云层中去了。

新翻的泥土闪开了路，滴着黑色的油，哨音顺着铧犁的镜面滑过去了。

呵，那里面可有蜜蜂的嗡嗡？可有百灵鸟的啼啭？可有牛的哞叫？

沿着开花的土地，春天吹着口哨。

从柳树上摘一片嫩叶，

从杏树上掐一朵小花，

在河里浸一浸，在风中摇一摇，于是，欢快的旋律就流荡起来了。

它悄悄地掀开姑娘的头巾，从她们红润润的唇边溜过去。

它追赶上了马车，围着红缨的鞭子盘旋。

它吻着拖拉机的轮带，它爬上了司机小伙子的肩膀。

呵，春天吹着口哨，漫山遍野地跑；在每个人的耳朵里，灌满了一个甜蜜的声音——早！

一切生活的美好
都缘于一颗感恩的心

（日）芥川龙之介

在我住所旁边，有一个旧池塘．那里有很多蛙。

池塘周围，长满了茂密的芦苇和菖蒲。在芦苇和菖蒲的那边，高大的白杨林矫健地在风中婆娑。在更远的地方，是静寂的夏空，那儿经常有碎玻璃片似的云，闪着光辉。而这一切都映照在池塘里，比实物更美丽。

蛙在这池塘里，每天无休无止地呱呱呱嘎嘎嘎地叫着。乍一听，那只是呱呱呱嘎嘎嘎的叫声。然而，实际上却是在进行着紧张激烈的辩论。蛙类之善于争辩并不只限于伊索的时代。

那时在芦苇叶上有一只蛙，摆出大学教授的姿态，说道："为什么有水呢？是为了我们蛙游泳。为什么有虫子呢？是为了给我们蛙吃。"

"对呱！对呱！"池塘里的蛙一片叫声。辉映着天空和草木的池塘的水面，几乎都让蛙给占满了，赞成的呼声当然也是很大的。恰好这时候，在白杨树根睡着一条蛇，被这呱呱呱嘎嘎嘎的喧闹声给吵醒了。于是抬起镰刀似的脖子，朝池塘方向看，困倦地舔着嘴唇。

"为什么有土地呢？是为了草木生长。那么，为什么有草木呢？是为了给我们蛙遮阴凉。所以，整个大地都是为了我们蛙啊！"

"对呱！对呱！"

　　蛇，当它第二次听到这个赞成的声音的时候，便突然把身体像鞭子似的挺起来，优哉游哉地钻进芦苇丛里去，黑眼睛闪着光辉，凝神窥视着池塘里的情况。

　　芦苇叶上的蛙，依然张着大嘴巴进行雄辩。

　　"为什么有天空呢？是为了悬起太阳。为什么有太阳呢？是为了把我们蛙的脊背晒干。所以，整个的天空也都是为了我们蛙的啊！水、草木、虫子、土地、天空、太阳，总之所有的一切都是为了我们蛙的。森罗万象，悉皆为我这一事实，已完全没有任何怀疑的余地。当敝人向各位阐明这一事实的同时，还愿向为我们创造了整个宇宙的神，敬致衷心的感谢！应该赞颂神的名字啊！"

　　蛙仰望着天空，转动了一下眼珠儿，接着又张开大嘴巴说："应该赞颂神的名字啊……"

　　话音没落，蛇脑袋好像抛出去似的向前一伸，转眼之间这雄辩的蛙被蛇嘴叼住了。

　　"呱呱呱，糟啦！"

　　"嘎嘎嘎，糟啦！"

　　"糟啦！呱呱呱，嘎嘎嘎！"

　　在池塘里的蛙一片惊叫声中，蛇咬着蛙藏到芦苇里去了。这之后的激烈吵闹，恐怕是这个池塘开天辟地以来从来也没有过的啊。

　　在一片吵闹声中，我听到年轻的蛙一边哭一边说："水、草木、虫子、土地、天空、太阳，都是为了我们蛙的。那么，蛇是干什么的呢？蛇也是为了我们蛙的吗？"

　　"是呀！蛇也是为了我们的。要是蛇不来吃，蛙必然会繁殖起来。要是繁殖起来，池塘——世界必然会狭窄起来。所以，蛇就来吃我们蛙。被吃的蛙，也可以说是为多数蛙的幸福而作出的牺牲。是啊，蛇也是为了我们蛙的！世界上所有的一切，悉皆为蛙！应该赞颂神的名字啊！"

我听到一个年老的蛙这么回答道。

生命的意义在于会品味生活

占梅姿

抓一把茶叶丢在壶里，从壶口流出金黄色的液体，喝茶的时候，我突然想到：这杯茶的每一滴水，是刚刚那一把茶叶中的每一片所释放出来的。我们喝茶的人，从来不会去分辨每一片茶叶，因此常常忘记一壶茶是由一片一片的茶叶所组成。在一壶茶里，每一片茶叶都不重要，因为少了一片，仍然是一壶茶。但是，每一片茶叶也都非常重要，因为每一滴水的芬芳，都有每一片茶叶的生命本质。

布施不是如此吗？

布施，犹如加一片茶叶到一大壶茶里，少了我的这一片，看似不影响茶的味道；其实不然，丢进我的这一片，整壶茶都有了我的芳香。虽然我能施的很小，也会充满每一滴水。布施，我们应以茶叶为师，最上好的茶叶，五六斤茶菁才能制成一斤茶，而每一片茶都是泡在壶里才能还原、才能湿润、才有做为茶叶的生命意义；我们也是一样，要经过许多岁月的涮洗才锻炼我们的芬芳，而且只有在奉献时，我们才有了人的温润，有生命的意义。

一片茶叶丢到壶里就被遗忘了，喝的人在欢喜一壶茶时并不会赞叹单独的一片茶叶。一片茶叶是不求世间名誉的，这就是以清净心布施，不求功德、不求福报，只是尽心尽意贡献自己的芳香。一壶好茶，是每一片茶叶共同创造的净土。

正如《维摩经》说："布施，是菩萨净土。"

欲行布施，先学习在社会这壶茶里，做一片茶叶！

说珍惜世界，先珍惜每一片茶叶吧！这样想时，喝茶的时候就特别能品味其中的清香。

不要因心灵的暂时晦涩
而关闭春天美丽的景色

马　德

有好多天了，惠能小和尚独坐寺内，郁闷不语。

师傅看出其中玄机，自也不语。微笑着引领弟子走出寺门。

门外，是一片大好的春光。

师傅依旧不语，怀抱春光，打坐于万顷温暖的柔波之上。

放眼望去，天地之间弥漫着清新，半绿的草芽，斜飞的小鸟，动情的小河，惠能和尚深深地吸了口气，偷窥师傅，师傅正安详地打坐于半山坡上，心中空无一物。

小和尚有些纳闷，不知师傅的葫芦里到底装着什么药。

过了上午，师傅才起来，还是不说一句话，一个手势，领着弟子回到寺内。

刚入寺门，师傅突然跨前一步，轻掩了两扇木门，把小和尚关在了寺门外。

小和尚不明白师傅的意旨，径自坐在门前，半天纳闷不语。很快，天色就暗了下来，雾气笼罩了四周的山冈、树林、小溪，鸟语、水声也渐渐变得不明朗起来。

这时，师傅在寺内朗声叫他的名字。

进去后，师傅问："外边怎么样了呢。"

惠能答："全黑了。"

"还有什么吗？"

"什么也没了。"惠能又回答说。

"不，"师傅说，"外边还是清风、绿野、花草、小溪，一切都还在。"

惠能突然顿悟，明白了师傅的苦心，所有笼罩在心头的阴霾也很快一扫而空。

谁心底宽容，谁的路就越走越宽

佚　名

古希腊神话中有一位力大无穷的英雄叫海格力斯。有一天海格力斯在坎坷不平的山路上，发现路的正中间有个袋子似的东西很碍脚，海格力斯便踢了那个东西一脚，谁知道那东西不但没有被踢开，反而因为被踢膨胀起来，海格力斯恼羞成怒，操起一条碗口粗的木棒狠狠砸它，那东西竟然再次膨胀，大到把路都堵死了。

正在这时，山中走出一位圣人，对海格力斯说："朋友，快别动它，忽略它，离开远去吧！它叫仇恨袋，你不犯它，它便小如当初，你的心里老记着它，侵犯它，它就会膨胀起来，挡住你前进的路，与你敌对到底！"

在现实生活中，我们每个人难免与别人产生摩擦、误会，甚至是仇恨。有的人心胸狭窄无法容忍一点点误会，他信奉的是有仇不报非君子，他的人生之路实际上是被他心中的仇恨之剑斩断了。而那些心胸宽广的人却善于化敌为友，因为他的心里没有仇恨只有宽容，他的朋友越来越多，因此他的人生之路越来越宽，他必然会取得成功。

微笑是抵挡愤怒之矛的盾牌
是商战中的护身符

佚　名

飞机起飞前，一位乘客请求空姐给他倒一杯水吃药。空姐很有礼貌地说："先生，为了您的安全，请稍等片刻，等飞机进入平稳飞行后，我会立刻把水给您送过来，好吗？"

15分钟后，飞机早已进入了平稳飞行状态。突然，乘客服务铃急促地响了起来，空姐猛然意识到：糟了，由于太忙，她忘记给那位乘客倒水了！当空姐来到客舱，看见按响服务铃的果然是刚才那位乘客。她小心翼翼地把水送到那位乘客跟前，面带微笑地说："先生，实在对不起，由于我的疏忽，延误了您吃药的时间，我感到非常抱歉。"这位乘客抬起左手，指着手表说道："怎么回事，有你这样服务的吗，你看看，都过了多久了？"空姐手里端着水，心里感到很委屈，但是，无论她怎么解释，这位挑剔的乘客都不肯原谅她的疏忽。

接下来的飞行途中，为了补偿自己的过失，每次去客舱给乘客服务时，空姐都会特意走到那位乘客面前，面带微笑地询问他是否需要水，或者别的什么帮助。然而，那位乘客余怒未消，摆出一副不合作的样子，并不理会空姐。

临到目的地前，那位乘客要求空姐把留言本给他送过去，很显然，他要投诉这名空姐。此时空姐心里虽然很委屈，但是仍然不失职业道德，显得非常有礼貌，而且面带微笑地说道："先生，请允许我再次向您表示真诚的歉意，无论你提出什么意见，我都将欣然接受您的批评！"那位乘客脸色一紧，嘴巴准备说什么，可是却没有开口，他接过留言本，开始在本子上写了起来。

等到飞机安全降落，所有的乘客陆续离开后，空姐本以为这下完了，没想到，等她打开留言本，却惊奇地发现，那位乘客在本子上写下的并不是投诉信。相反，这是一封热情洋溢的表扬信。

是什么使得这位挑剔的乘客最终放弃了投诉呢？在信中，空姐读到这样一句话："在整个过程中，你表现出的真诚的歉意，特别是你的十二次微笑，深深打动了我，使我最终决定将投诉信写成表扬信！你的服务质量很高，下次如果有机会，我还将乘坐你们的这趟航班！"

幸福不在外表，全在于内心感觉

叶华荫

小时候，父亲多病，奶奶体弱，弟弟瘦小，我们一家四口，蜗居在一小间破旧的茅屋里，年复一年地挣扎在温饱线下。

好不容易挨到上学的年龄，父亲暗地里咬咬牙，一发狠，就把我送进了村小。那时，我对幸福的理解便是有一顿饱饭吃，有一件新衣穿，或者在寒冷的冬日挨着墙角烤一烤温暖的阳光……特别是花2分钱买一根棒棒糖，便能嚼到满口的幸福和舒畅。

记得有一次，奶奶从集市上回来，老远就高兴地将我喊过去，满面笑容地从怀里掏出一个不小的苹果，兴奋地说："快去，分给弟弟一半。"那天，我和弟弟的日子过得温馨而灿烂，我们觉得自己拥有了无法比拟的幸福。后来，我从一个熟人的口中得知，有一天他看见我奶奶从街角捡起了一只红苹果。说者的语气多少有些不屑，可在那物质极度匮乏的贫穷年代，奶奶从地上捡起一只诱人的苹果，用清水洗净后自己不舍得吃，揣回来给我们兄弟，这是一种多么无私的爱啊！20多年过去了，奶奶的坟头早已是几度春草枯荣，可在我的心灵深处，一触及这桩往事，总会荡漾起爱的涟漪，幸福之感萦绕心间。

不论我们处在什么境地
都可以把快乐当作自己的福地

鲁先圣

20世纪最具影响力的英国思想家罗素，在1924年来到中国的四川。那个时候的中国，军阀割据，战乱频仍，山河破碎，民不聊生。罗素刚写完他的巨著《幸福论》，他希望以自己的思想教化引导中国人摆脱苦难。当时正值夏天，四川的天气非常闷热。罗素和陪同他的几个人坐着那种两人抬的竹轿上峨眉山。山路非常陡峭险峻，几位轿夫累得大汗淋漓。此情此景，使作为一个思想家和文学家的罗素没有了心情观赏峨眉山的景观，而是思考起几位轿夫的心情来。他想，轿夫们一定痛恨他们几位坐轿的人，这样热的天气，还要他们抬着上山。甚至他们或许正在思考，为什么自己是抬轿的人而不是坐轿的人？

罗素思考着的时候，到了山腰的一个小平台，陪同的人让轿夫停下来休息。罗素下了竹轿，认真地观察轿夫的表情。他看到轿夫们坐成行，拿出烟斗，又说又笑，讲着很开心的事情，丝毫没有怪怨天气和坐轿人的意思，也丝毫没有对自己的命运感到悲苦的意思。他们还饶有趣味地给罗素讲自己家乡的笑话，很好奇地问罗素一些外国的事情。他们在交谈中不时发出高兴的笑声。

罗素在他的《中国人的性格》一文中讲到了这个故事。而且，他因此得出了一个著名的人生观点：用自以为是的眼光看待别人的幸福是错误的。

莎士比亚在谈到人生的处境时曾经有过一个很经典的比喻。他说：我们的身心就是一个园圃，而我们的主观意志就是园圃的园丁。不论我们是种植奇花异草还是单独培植一种树木，还是任其荒疏，那权力都在我们自己手里。也就是说，你假如愿意自己是快乐幸福的，你自己就可以做到，权利都在你自己的手里——一切都在我们个人的主观意志之中。我们可以让自己的生活充满喜悦，我们也可以让自己的生活丰富多彩。也就是说，不论我们处于什么境地，我们都可以把它当作自己的福地。成功的时候，尽情地享受成功；逆境的时候，为未来的希望快乐。

坐轿子的人未必是幸福的，抬轿子的人未必不是幸福的。

你给世界一个微笑
世界就给你一个笑脸

韩小蕙

那个秋意绵绵的晚上，我从外地出差飞回北京。

乘机场大巴士，风驰电掣，半小时就融入西单那一派璀璨的灯海之中。北京的确是全国仰望的政治、经济、文化中心，其现代派的外观与举止，越来越典雅、高贵、华丽、气派，让人不由得心旷神怡。

我的心情很好。

等候的转乘车来了。这是一家香港公司独资在北京开辟的专线车，车体宽大舒适，车型和颜色也都漂亮得抢眼，刚刚开行的时间不长，就被新闻媒体誉为"京城里一道亮丽的风景"。

由于这是总站，上车的人不多。我拖着行李箱，走在最后。在将 2 元钱塞进车前门专设的售票箱里之后，我问开车的女司机，能否给我一张车票。

女司机看上去三十七八岁，表情有点阴鸷，一连问了两声，均不作答。却在突然之间，凶巴巴的朝我嚷起来：

"你躲开点儿，挡住了我的视线了！"

我躲开了，坐在旁边的椅子上，却极为不悦地批评她不该这样粗暴地对待我。按我的标准，香港老板开行的豪华车，就该提供一流的优质服务，你司机虽是北京人为人做工，但却再也不能像过去开公共汽车一样，动不动就朝乘客发脾气。不吃大锅饭了，还要大锅饭的脾气，这怎么行？

何况现在公共汽车的司售人员，还有北京差不多所有国营的、合资的或私营的大小商店服务员，服务态度也都大有改观，很少再有随便呵斥客人的了。

那女司机不知是吃了枪药还是中了邪，不但不认错，还一声比一声高地跟我吵吵。旁边一位素不相识的男乘客看不过去，开口助我，批评女司机。

女司机仍不嘴软，当即甩出话来："我就这态度！就这么开！不爱坐就下去！"

这一来惹起众怒，满车人纷纷说："车上不是有投诉电话吗？打电话，投诉她！"我虽怒火中烧，但还算清醒，马上制止说："那别了！现在下岗的这么多，找这么个饭碗也不容易。"

女司机沉默了……

孰料，过了和平门，又过了琉璃厂，女司机竟向我道起歉来！她一个劲儿做检讨，说是刚才她"不知道怎么一急躁，就犯起浑来，真是对不起"云云。我一听此语，也忙说："女同志嘛，都有情绪化的时候，不过一定要控制住自己，要不容易出事。"

车厢里的气氛立刻变了，变成如歌的行板，融入秋意绵绵的北京之夜，为了表示我的亲善，我慢慢告诉女司机，我的家就住在这趟车的总站，那是我们报社新建的宿舍楼，而由于报社就在这条专线上，平时不少回都乘坐这趟车，对这豪华的空调大巴很是赞赏……

至车开到总站，我拖着行李箱下车，女司机对我客气有加，把车停在离路口最近的地方，还连声问我住得远不远，用不用送送。我笑笑说："咱们可真是不打不相识。"她也笑笑，说："欢迎您以后还坐我的车。"

我们都是由衷的。

踏着皎洁的月光，我向温暖的家走去。楼群之间，不少散步的居民在悠闲地踱着步，谈笑声清晰入耳。一阵晚风习习吹来，像一只温柔的小手在抚摸，心下好一阵舒服，我很感慨。

其实，人与人之间是很容易沟通的，就看我们采用的是不是多为别人着想的向善态度。如果我们刚才和女司机吵翻，大家投诉到有关部门，香港老板可能会碍于一车人的众口一词，再加上我的记者身份，炒了女司机的鱿鱼，但这显然对谁也没有好处——我自己肯定就会于心不安的。而现在，结局多好啊！它就像眼前这清辉如水的月光一样，把人世间的真善美，朦朦胧胧地铺展在我们的身前身后、左左右右，使大家都变得高尚起来。

笑纳生活，生活就会多姿多彩

刘　辉

曾经读过一则故事：在一个山村，有一对残疾夫妇，女人双腿瘫痪，男人双目失明。春天，男人背着女人到山坡播下一粒粒种子；夏天，男人背着女人在庄稼丛中除草施肥；秋天，男人背着女人在忙碌地收获着丰收的果实……一年四季，女人用眼睛观察生活，男人用双腿丈量生活。时光如水，却始终未冲刷掉洋溢在他们脸上的幸福。

当有人问他们为什么幸福时，他们异口同声地反问："我们为什么不幸福呢？"男人说："我虽然双目失明，但她的眼睛看得见呀！"女人说："我虽然双腿瘫痪，但他的双腿能走呀！"

这是一种豁达乐观的胸怀，一种左右逢源的人生佳境！

拥有了这种胸怀，心灵如同有了源头活水，时时滋润灵动的眼睛，去发现美，欣赏美——姹紫嫣红草长莺飞是美，大漠孤烟长河落日也是美；荷败菊谢大煞风景吗？为什么不用心去品味"留得残荷听雨声""菊残犹有傲霜枝"的优美意境呢？在城市，有霓裳倩影车水马龙高楼大厦的繁华热闹；在乡村，有小桥流水麦浪滚滚蛙声一片的淳朴宁静。

拥有了这种胸怀，心灵则空明澄澈，超然于名利纷争之外，感到宁静和满足。身居高位，钟鸣鼎食掌印管符，可谓荣华富贵；人在陋室，"可以调素琴阅金经"，逗虫鱼养花鸟，自怡人心性淡泊明志；驰骋政坛跃马商场，可以体会到奋斗的满足与成就；拥有一份普通工作，日出而作日落而息，尽享天伦，能感受到生活的平和安逸。"芙蓉如面柳如眉"，是先天的骄傲，"腹有诗书气自华"的浸润，更能使你出类拔萃卓尔不群；即便是遇到挫折"行到水穷处"，也要坦然地迎难而上，潇洒地"坐看云起时"。

生活是多姿多彩的，关键是看你以什么样的眼光看待它；拥有一份正确的视角，你会发现——生活是多么美好！

只要我们自己心里充满阳光
世界就永远阳光灿烂

袁小虎

这是一个真实的故事，很平凡，但值得我把它记下来。

那天很晚，我才在旅社找到铺位。当走进"306"号房子时，这里先来的四位正在"双吊主"，闹腾着，有一个正狼狈地钻着桌子。门口当风的一个床位是我的，我静静地斜躺在被子上，掏出书，企图到书中去躲避吵闹。

一会儿，吵声小了，我眼前亮了许多，转身一看，一个胖子把挂在铁丝上的电灯从他们头上移到靠近我这边，他口里像是自言自语地说："人家看书看不清楚！"

"不，不要紧，我看得清！"我心里一阵热，但一会儿我又冷下来了，本能地摸了摸身边的提包，因为这里面有一笔不少的钱。出门在外，害人之心不可有，防人之心不可无。

我不知什么时候睡着了，并做了一个梦，梦见我的提包丢了，我一阵急，冷丁醒了，发现提包正在怀里好端端的——原来是虚惊一场。

这时，天已蒙蒙亮了，同房其他四个人都已悄悄地在起床，一会儿，我明白了他们是要赶早班车。有一个想要拉灯，马上被同伙轻声制止了，又有一个轻轻地走到我床边，弯下腰，我一阵紧张，预备着……可他从床下拾起一本书丢在我的床上——这是我睡前看的那本。

我又一阵激动，但没放松提包。

他们收拾好了，出门了，像一阵轻风，走在最后的胖子把门锁扭开，按下了保险，轻轻地把门虚掩上，可随即风又把门吹开来了。虽是初冬，那风还是怪冷的。我刚要起来关门，胖子又转来了，把门掩上，他刚抬脚，门又被吹开了，他迟疑了一下，把保险推上，想把门锁死，但又犹豫着。又有一个人转来了，和胖子嘀咕了一阵，只见胖子又把门锁扭开，保上险，然后从袋里掏出一团纸，按在门框上，这样，门就轻轻地被关死了。他们折腾半天，为的是不让关门的声音把我吵醒。

他们走了，我抓提包的手松了，收紧的心也松了，一股暖流流到心房，传遍全身……

幸福是从我们身边飘过的彩球
看你怎样抓取

泮国本

这个故事发生在 19 世纪 40 年代的美国。青年亨特遇上了天真活泼的大家闺秀郝斯达，他着迷了，可他家境贫寒又没读过什么书，也没有一个像样的职业，惟一有的是对她的一往情深。就凭这一往情深居然也赢得了郝斯达的芳心。

亨特向她的父亲恳求允许他们成婚时，老郝斯达决意不肯，只被亨特的执著所难才提出一个简直无法办到的条件：为了不让我的女儿跟了你受苦，你必须 10 天内赚来 1000 美元！亨特惊了半天没有说话，就是 50 美元他也没办法拿出来啊。出于只能如期务必成功的愿望，以及对婚后幸福的憧憬，他想到一条惟一的出路：发明一件能卖上钱的东西。可 10 天怎发明得了一件东西呢？他日夜苦思，终于想到了人们在大喜大庆的日子胸前佩戴缎花所用到的别针。那时候大家用的是大头针，外观丑，易脱落，也不安全，应该有一种更好的别针来替代它。有了这个目标以后，就像有了神助，他边想边做，居然只花了三个小时便设计出了现今仍在被全世界广泛采用的安全别针！

亨特带上他的发明找到了一家缎花商店老板。老板看了亨特的样品大感兴趣，当即表示愿意买下这项发明，先付 500 美元，以后再享有销售款的 3％的专利费。要钱心切的亨特没那个想法，说，不，我只要 1000 美元现金就够了。缎花店老板笑着答应了，不过，他对亨特说，你以后会后悔的。亨特坚决表示，我决不后悔！

亨特当即拿到了 1000 美元，顺理成章地成了小郝的丈夫，老郝的女婿。

故事本来很圆满：亨特凭自己的能耐克服刁难得到了自己的所爱；老郝斯达看到了一个并非等闲之辈的女婿；郝斯达也可以自傲她不被表象所惑的眼力。然而，故事还有后一部分，老郝斯达听到了亨特获取 1000 美元的经过以后，对他说，你怎么就要了这该死的 1000 美元，留下永远能生财的专利难道不更好些？亨特，既然缎花店老板那样说了，你可以去重新签约，现在就去，还来得及。可亨特说，这都是我明明白白对老板说了的，怎么能不守信，反悔？

老郝斯达一再劝说，亨特坚持没有再去。

为此，老郝斯达很不高兴，对亨特有了新的不满意。以后凡谈及这事就忍不住要骂：一个傻瓜，有财不发的大傻瓜。郝斯达呢，由于婚后的亨特不再有那种愿望和激情，也再没有过什么发明，他们一直生活在贫困之中。如果有那 3％的专利，情况就会完全不同了。过惯了富裕生活的郝小姐怎能承受住明明可以富裕却被父亲的胁迫和丈夫的粗疏所断送的事实呢，以后多年她一直在抱怨，抱怨她的父亲、她的丈夫，昔日的天真活泼一去不复返。亨特本来是一个快乐的青年，但是，耳边身边时不时总有不满飞来，幸福的光环荡然无存，快乐也大打折扣。

幸福在这里拐了一个弯，头也没回就离开他们三个飞走了。这一飞却冷不丁飞进了缎花店老板的怀里。其实，这位老板只是凭直觉感到了安全别针的前途，并没有刻意追求，甚至还当面劝说亨特别大意。

故事发生在他们 4 人身上，我们其实也有过。

花儿总是绽放给乐观的人

金 英

面对金黄的晚霞映红半边天的情景，有人叹息："夕阳无限好，只是近黄昏。"也有人想到："莫道桑榆晚，晚霞尚满天。"

对同一件事，不同的人因为心态不同，会导致截然不同的结果。

心理学上运用心理调节常常能使人战胜沮丧，从不良情绪中解脱出来。人生在世，难免遇到些伤心事，苦恼事，有时会使人痛苦不堪。如果此时你能用利导思维，从不幸中寻找，挖掘出积极因素，就能转"忧"为喜，开拓出一片新的天地，从"山穷水尽"转入"柳暗花明"。在很多情况下，人们的痛苦与欢乐，并不是客观环境的优劣决定的，而是由自己的心态决定的。遇到同一件事，有人感到痛苦，有人却感到快乐，这完全是不同的心情使然。美国成人教育家卡耐基说："如果我们有着快乐的思想，我们就会快乐；如果我们有着凄惨的思想，我们就会凄惨；如果我们有害怕的思想，我们就会害怕；如果我们有不健康的思想，我们还可能会生病。"对这个问题，英国文学家萧伯纳讲的更为明确。一名记者问萧伯纳："请问乐观主义者与悲观主义者的区别何在？"萧伯纳回答："这很简单，假定桌子上有一瓶只剩下一半的酒，看见这瓶酒的人如果高喊'太好了，还有一半。'这就是乐观主义者；如果有人对着这瓶酒叹息：'糟糕，只剩下一半。'那就是悲观主义者。"

你能保证每天整日都在笑吗

李碧华

常常见到人"笑"——但他（她）并不一定"快乐"。

不过，如果一个人快乐，他（她）的笑便十分原始、单纯，而且难以"压抑"。

这天阅报，见争取居港权败诉，而行街纸又将到期，面临与家人分袂的不幸者中，有一名幸运儿，是十三岁时被迫以猜"石头、剪刀、布"决定可否来港团聚的女孩林祥明，她猜输了，所以孪生胞妹随母到了香港。同父亲一起生活，她留在内地。1999年持双程证来探亲后，一直不走，争取酌情权居港。苦尽甘来，她"得到"了。

终于一家四口放下心头大石。买鸡加菜庆祝。父亲说：

"好开心！今天整日都在笑！"

整天，是想想，又笑；看看，又笑——发自五内，连空气也在笑。

快乐时也会忍俊不禁。太快乐了，睡梦中也漾起笑意，一觉醒来，它还盘踞在脸上不走。嘴角微微上翘，鸟语花香，良辰美景，谁骂你都不生气、不回嘴——你原谅一切敌人。位位都是贵人。

这样的情景和心境，你多久没遇上？最近一回是几时？抑或，愁苦哀肠的你，不识此滋味？

买不到，也买不起。

有人笑，更多人在哭。

你我愿意用所有的，换取一天的笑吗？

不管生活多苦多累
别忘了给自己的心灵洗个澡

何立伟

老何下班回家，迈着比肋下的公文包更为沉重的步子，走在拥挤的人群里。老何眼前晃动着的是一张张都市的疲惫的脸。老何想，我的脸被别人觑见时大约也正是这番可怜模样的吧。这么一想，老何便觉得生活怪累的，而且怪没意思的。遇到红灯，所有的脚都停下来；然后绿灯，所有的脚都匆匆走动。累也好，没意思也好，总而言之是这般的走走停停，停停走走。这就是都市里的人必须每天面对的。而"必须"，老何想，多么叫人无可奈何啊。

老何拐过一个路口，走进一条僻静的老街，为的是把甚嚣尘上的喧闹和芜乱杂沓的人影甩在身后。经过一个门前爬满了常春藤的旧式院子，老何听到里头有人在弹钢琴，弹得非常好，非常悦耳，也非常柔和明丽。这琴声使老何想到春天的原野，山间的绿树、明净的溪涧和婉转的鸟啼。老何就站住了。老何感到了自然和生命的美丽的呼吸与盎然的诗意。

此后，老何每天下班，都要从这条静静的老街过，而且每天都驻足在那被常春藤缠绕的旧式小院前，凝神屏息，让那如水的琴声淙淙地流过蒙尘的心野。

有一天，正好老何的老婆同志也从这儿路过，远远看见老何呆呆地站在那里，就大声唤他："好哇，难怪你每天下班都回得那么迟嘛，原来你是站在这个鬼地方泡时间啊。——还不赶快给我回家去！今天的这餐晚饭你躲不脱啦！"

路上，老何的老婆问老何："站在那个鬼地方你到底干什么呀，嗯？"

老何想了想，答曰：洗澡。

老婆同志圆睁了眼睛，说："你说什么，嗯？洗澡？那个鬼地方有个澡堂子么，嗯？"

我们没有钱，但我们拥有
比钱更值的东西

（英）马瑞·杜兰

他们蜷缩在风门里面——是两个衣着破烂的孩子。

"有旧报纸吗，太太？"

我正在忙活着，我本想说没有——可是我看到了他们的脚。他们穿着瘦小的凉鞋，上面沾满了雪水。"进来，我给你们喝杯热可可奶。"他们没有答话，他们那湿透的凉鞋在炉边留下了痕迹。

我给他们端来可可奶、吐司面包和果酱，为的是让他们抵御外面的风寒，之后，我又返回厨房，接着做我的家庭预算……

我觉得前面屋里很静，便向里面看了一眼。

那个女孩把空了的杯子拿在手上，看着它。那男孩用平淡的语气问："太太，你很有钱吗？"

"我有钱吗？上帝，不！"我看着我寒酸的外衣说。

那个女孩把杯子放进盘子里，小心翼翼地。"您的杯子和盘子很配套。"她的声音带着嘶哑，带着并不是从胃中传来的饥饿感。

然后他们就走了，带着他们用以御寒的旧报纸。他们没有说一句谢谢，他们不需要说，他们已经做了比谢谢还要多的事情。蓝色瓷杯和瓷盘虽然是简朴的，但它们很配套，我拿出土豆泥并拌上棕色的肉汁，我有一间屋子住，我丈夫有一份稳定的工作——这些事情很配套。

我把椅子移回炉边，打扫着卧室，那小凉鞋踩的泥印子依然留在炉边，我让它们留在那里，我希望它们在那里，以免我忘了我是多么的富有。

我所拥有的一切都是我爱的

李智红

日本有一项国家级的奖项，叫"终生成就奖"。在素来都把荣誉看得比自己的生命更为重要的日本人心目中，这是一项人人都在梦寐以求，却又高不可攀的最高荣誉。在日本，有无数的社会精英、博学才俊一辈子努力奋斗的目标，就是为了能够最终获得这项大奖。但近期有一届"终生成就奖"，却在举国上下的企盼和瞩目中，出人意料地颁发给了一位名叫清水龟之助的邮递员。

清水龟之助是东京一位普通的邮递员，他每天的工作就是将各式各样的邮件，快速而准确地投递到每一个相关的家庭。与那些长期从事能够推动人类历史快速发展的高尖端科技研究的专家学者们相比，清水龟之助所从事的这项工作，简直就是微乎其微，甚至根本不值一提。然而，就是这位长期从事着如此平淡无奇的邮递员工作的清水龟之助，却无可争议地获得了这项殊荣。这是因为在他从事邮递员工作的整整 25 年中，清水龟之助的工作态度始终与他到职第一天的那种认真与投入没有什么两样。而且他所经手投递的数以亿计的邮件，从未出现过任何差错。不论是狂风暴雨，还是地冻天寒，甚至在大地震的灾难当中，他都能够及时而准确地把邮件投送到收件人的手中。

是什么样的力量支持着清水龟之助得以几十年如一日、持之以恒地把一件极为平凡普通的工作，铸造成了一项伟大无比的成就呢？清水龟之助对此不无感慨地说："是快乐，我从我所从事的工作中，感受到了无穷的快乐。"正是这种快乐的力量，支持清水龟之助完成了这项伟大的成就。

平凡的点滴，汇集成伟大的业绩

（美）迈　克

有这么一个故事。

在暴风雨后的一个早晨，一个男人来到海边散步。他一边沿海边走着，一边注意到，在沙滩的浅水洼里，有许多被昨夜的暴风雨卷上岸来的小鱼。它们被困在浅水洼里，回不了大海了，虽然近在咫尺。被困的小鱼，也许有几百条，甚至几千条。用不了多久，浅水洼里的水就会被沙粒吸干，被太阳蒸干，这些小鱼都会干死的。

男人继续朝前走着。他忽然看见前面有一个小男孩，走得很慢，而且不停地在每一个水洼旁弯下腰去——他在捡起水洼里的小鱼，并且用力把它们扔回大海。这个男人停下来，注视着这个小男孩，看他拯救着小鱼们的生命。

终于，这个男人忍不住走过去："孩子，这水洼里有几百几千条小鱼，你救不过来的。"

"我知道。"小男孩头也不抬地回答。

"哦！那你为什么还在扔？谁在乎呢？"

"这条小鱼在乎！"男孩儿一边回答，一边拾起一条鱼扔进大海。"这条在乎，这条也在乎！还有这一条、这一条、这一条……"

今天，你们在这里开始大学生活。你们每一个人，都将在这里学会如何去拯救生命。虽然你们救不了全世界的人，救不了全中国的人，甚至救不了一个省一个市的人，但是，你们还是可以救一些人，你们可以减轻他们的痛苦。因为你们的存在，他们的生活从此有所不同——你们可以使他们的生活变得更加美好。这是你们能够并且一定会做得到的。

在这里，我希望你们勤奋、努力地学习，永远不要放弃！记住："这条小鱼在乎！这条小鱼也在乎！还有这一条、这一条、这一条……"

第八辑　出色的工作是高贵的荣衔

有位风华正茂的青年，平时看不起饱经风霜的老人。

一天，青年在园林中遇到了一位老人，两人边走边谈。青年看到一丛鲜艳的花，就说："青春，就像这花一样鲜艳。"他又看了一下落叶说："衰老，就像这落叶一样可悲。"老人听罢，说："你的比喻既对又不对。见到过核桃吗？"青年不屑地说："当然见过。"老人微笑着说："如果你是鲜花，我就是那干枯的核桃。但是，鲜花的价值没有核桃的价值大。"年轻人不服气，"要是没有鲜花，哪来的果实呢？"老人幽幽地说："是啊！所有的果实都曾经是鲜花，然而不是所有的鲜花都会成为果实。"

青年哑然。

只有在劳动中
才能创造高贵的品格

杨汉光

一个乞丐来到我家门口，向母亲乞讨。这个乞丐很可怜，他的右手连同整条手臂断掉了，空空的衣袖晃荡着，让人看了很难受。我以为母亲一定会慷慨施舍的，可是母亲却指着门前一堆砖对乞丐说："你帮我把这堆砖搬到屋后去吧。"

乞丐生气地说："我只有一只手，你还忍心叫我搬砖，不愿给就不给，何必刁难我？"

母亲不生气，俯身搬起砖来。她故意只用一只手搬，搬了一趟才说："你看，一只手也能干活。我能干，你为什么不能干呢？"

乞丐怔住了，他用异样的目光看着母亲，尖尖的喉结像一枚橄榄上下滚动两下，终于俯下身子，用仅有的一只手搬起砖来，一次只能搬两块。他整整搬了两个小时，才把砖搬完，累得气喘如牛，脸上有很多灰尘，几绺乱发被汗水濡湿了，斜贴在额头上。

母亲递给乞丐一条雪白的毛巾。乞丐接过去，很仔细地把脸和脖子擦了一遍，白毛巾变成了黑毛巾。

母亲又递给乞丐 20 元钱。乞丐接过钱，很感动地说："谢谢你。"

母亲说："你不用谢我，这是你自己凭力气挣的工钱。"

乞丐说："我不会忘记你的。"他向母亲深深地鞠一躬，就上路了。

过了很多天，又有一个乞丐来到我家门前，向母亲乞讨。母亲又让乞丐把屋后的砖搬到屋前，照样给他20元钱。

我不解地问母亲："上次你叫乞丐把砖从屋前搬到屋后，这次又叫乞丐把砖从屋后搬到屋前。你到底是想把砖放在屋后还是屋前？"

母亲说："这堆砖放在屋前和屋后都一样。"

我噘着嘴说："那就不要搬了。"

母亲摸摸我的头说："对乞丐来说，搬砖和不搬砖可就大不相同了。"

此后又来了几个乞丐，我家那堆砖就屋前屋后的被搬来搬去。

几年后，有个很体面的人来到我家。他西装革履，气度不凡，跟电视上那些大老板一模一样。美中不足的是，他只有一只左手，右边是一条空空的衣袖，一荡一荡的。

他握住母亲的手，俯下身说："如果没有你，我现在还是个乞丐；因为当年你叫我搬砖，今天我才能成为一个公司的董事长。"

母亲说："这是你自己干出来的。"

浓缩的才是最精华的

庞兆麟

美国耶鲁大学是一所有三百年历史的世界名校。耶鲁历史上出过五位美国总统，是造就国家首脑最多的摇篮。同时，毕业生中有十六位诺贝尔奖和八十位普利策新闻奖、奥斯卡奖等奖项的获得者，造就了无数出类拔萃的人才。

一位到耶鲁大学进修的中国学生，恰巧赶上该校三百周年校庆。在盛典上，出现在这位留学生眼前的却是这样一种情景：上台致辞的堂堂的耶鲁大学校长，和与会的人一样，凭入场券排队入场。令人更为叹服的是，那位校长的致辞寥寥几百字，只花了不到一分钟的时间。

三百年的历史，培养了无数的政治家、学者和名人，就是花几日几夜的时间也说不完、道不尽，可那位校长的致辞只用了一分钟不到的时间，真是高度的言简意赅。可是，有几句话却把耶鲁的精神全盘托出："耶鲁，我们的耶鲁，自始至终，坚持为人类文明和社会进步服务的理念！"

如今，我们的高校乃至中学都在借校庆来提高学校的知名度，这是无可非议的。然而，历史远远没有耶鲁那么悠久，成就也没有耶鲁那么辉煌，可致辞者滔滔不绝，发言的时间不知要超过一分钟的多少倍。当然笔者并不认为发言越短越好，而是希望以求实精神，用最典型的事例和最精练的语言来表述学校历经了漫长的岁月所取得的成果。至于言过其实地夸大学校的"伟绩"，热衷于排场，甚至乘机向校友索取赞助，那是很不足取的。

"三百年与一分钟"所体现的对别人的尊重（把时间留给别人）和求实精神，是很值得我们借鉴的。

生命的链条，用自己的血汗
焊接才能更牢固

（英）泰斯特

有个老铁匠，他打的铁链比谁的都牢固；可是他木讷不善言，卖出的铁链很少，所得的钱只够勉强糊口。人家说他太老实，但他不管这些，仍旧一丝不苟地把铁链打得又结实又好。

有一次，老铁匠打好了一条巨链，装在一艘大海轮的甲板上做了主锚链。这条巨链放在船上很多年都没机会派上用场。有天晚上，海上风暴骤起，风急浪高，随时都有可能把船冲到礁石上。船上其他的链锚都放下了，但是一点也不管用，那些铁链就像纸做的一样，根本受不住风浪，全都被拉断了。最后大家想起了那条老铁匠打的主锚链，把它抛下海去。

全船一千多乘客和许多货物的安全都系在这条铁链上。铁链坚如磐石，它像只巨手紧紧拉住船，在狂虐的暴风雨中经受住了考验，保住了全船一千多人的生命。当风浪过去，黎明到来，全船的人都为此热泪盈眶，欢腾不已……

其实，我们有很多时候也像那位老铁匠一样得不到别人的理解和认可。于是，很多人无法忍受寂寞，对自己的能力和努力产生了怀疑，不能坚持自己的原则和善待自己的工作，甚至自暴自弃。这样，将永远没有机会得到别人的认可和尊重，当机遇降临的时候，成功也必将与你失之交臂。

在人生漫长的道路上，我们每个人也都在努力地打着一条"铁链"，它不是铁做的，而是以自己的能力、学识和恒久的努力为材料的，在某一个时候，肯定会用到它。是否牢固坚韧，就看你在平时是否扎扎实实打好了每一锤。

一心一意地做下去
生活才与众不同

（法）安德烈·莫洛亚

一个人的精力和才智是极其有限的。面面俱到者，终将一事无成。我十分了解那些见异思迁的人。他们一会儿觉得"我能成为一名伟大的音乐家"；一会儿又认为"办企业对我来说易如反掌"；一会儿又说"我若涉足政界，准能一举成功"。请相信，这类人终将只是业余的音乐爱好者、破产的工厂主和失败的政客。拿破仑曾说："战争的艺术就是在某一点上集中最大优势兵力。"生活的艺术则是选择一个进攻的突破点，全力以赴地进行冲击。职业的选择不能听任自然，初出茅庐者都应该扪心自问："我干什么合适，我具备什么能力？"如果力所不及，强求也是徒劳。如果你有个大胆又果敢的儿子，与其让他去坐办公室，倒不如让他去当飞行员。而选择一旦做出，除非发生错误或严重意外，你万万不可反悔。

在已确定的职业范围内，仍有必要做进一步的选择。哪一位作家也不可能各种小说全写，哪一位官员也不可能改革一切，哪一位旅行家也不可能走遍天涯海角。你还得绝对顺从天意，摆脱权力欲。给你一点必要的选择时间，但是有限。军人在充分考虑了一道命令的后果之后，他们习惯于在讨论中一语定夺："执行！"请以同样的方式，结束你的自我讨论吧。"明年我干什么？准备这门考试，还是那门？是去国外深造，还是进这家工厂？"对这些问题，反复考虑是自然的，但是为自己限定一定的时间也是必要的。时间一过，就应当做出决定。"执行"的决定既已做出，后悔是没用的，因为，世上的事情总是在千变万化。

为了保证忠实地执行自己做出的决定，经常制定既能体现长远规划，又能显示近期目标的工作计划是有益的。几个月之后，几年之后，再回头看看当初的计划，我们会对自己的能力和素质产生信心。但是，在计划内众多的项目中，分清轻重缓急十分必要。在这方面，应该倾注全部的心血，全心全意干你该干的事。让你的思想和行动都朝着一个目标努力。当你达到目的的时候，你就可以回顾一下以往的足迹，察看一番走过的弯路，只要事业未就，必须勇往直前。

对什么都感兴趣的人是讨人喜欢的。但是干事业，你只能在一定的时间内，专心致志于一个目标。美国人讲："一心一意。"虽然你常常会被一些纠缠不清、难以下手的问题搅得心烦意乱，但是经过不懈的努力，最终一定会排除障碍。

一弯腰就是一生

蔺洪生

这个题目，其实是诗。是我读《诗刊》时，从字缝里摘下的一句，也是形象而真实的一种写意。

一弯腰就是一生。弯腰之际，或耕耘、或获取、或谦躬、或阿谀，一弯腰一首诗，再弯腰一出戏。弯直之间，让人品味无穷并感受世事，感受着生命的顺逆和甘苦。

人活一世，总靠腰杆撑着。腰杆硬了，精神就旺盛，就能在追求中升华生命，升华信念和品质。从这个意义上看，腰杆不弯，是讲骨气。但从生存角度看，弯下腰来又是满足需求，是选择一步接一步的里程，是深层次的抗争。

弯腰向前，才有生长的故事。

你看，在那片叫做土地的画面上，那些指土为金的农民们，全都弯着腰身，全都脊背朝天种瓜点豆，都那么一把土一把米地亲近田园，亲近在汗水来去的那些四季。而且，四季内外，还有风浪，还有浪上的号子，一咏三叹着，在前浪与后浪之间，高亢而悠久。当然，号子的源头，有劲风吹帆，有船夫们弯腰拉网，弯着腰身唱一种气势，唱破浪向前的一个个高潮，唱着古铜色的骄傲。写到这里，我的脑海不能不涌现父亲，涌现出父亲躬身前行的那种身影。作为基层领导干部，父亲常年奔走乡间，常年关注庄稼，关注庄稼上空的阴晴，也关注着民间圆缺。乡路弯弯，父亲的生涯弯弯。我总觉得，生前的父亲和农民、船夫们一样，腰身或直或弯，是一种命运的张扬，是为了延伸力量和精神的锋芒，为了走近心中那些久酿的愿望！

　　一弯腰就是一生。腰身弯弯，是个辛勤的过程，是苦旅也是对前程的接近。弯身之际，有人俯视艰难的数据，是在再造事业的高度；有人倾身理性的文字，则为了让体验与思考相融，为了创作篇章，用来负载思想重量，负载鼓舞人心的光芒。有一次，母亲把我领进菜园，并弯身拔起一朵朵青翠，拔成收获交我捎回，捎给妻儿品尝。那时，在那片慈爱的阳光和绿色里，我深深感到，在平凡的母亲四周，在平凡的各行各业，该有多少人鞠躬尽瘁着，有多少人在求索中植入希望，又在希望中盼着成功，盼着果实的灿烂。不管怎么说，人生如登山。登得越高，腰身越弯，越有坎坷贴近路上，贴近高处的那些风光。

　　一弯腰就是一生。但走过的风风雨雨，我们不会淡忘。在我们面前，没有哪趟足迹不是弯的；没有哪段里程不曲曲折折……

　　不管为了什么，我们还应弯下腰来，还应该创造美好！你看，从早到晚，太阳的里程弯着腰，风雨过后，跨天的彩虹亦弯腰。作为我们，当然要放弃平庸，要让信心深入骨髓，让人格放出高尚的色泽。

把握生活的每一分钟
也就把握了理想的人生

纪广洋

著名教育家班杰明·D曾经接到一个青年人的求教电话，并与那个向往成功、渴望指点的青年人约好了见面的时间和地点。

待那个青年人如约而至时，班杰明的房门大敞着，眼前的景象却令青年人颇感意外——班杰明的房间里乱七八糟、狼藉一片。

没等青年人开口，班杰明就招呼道："你看我这房间，太不整洁了，请你在门外等候一分钟，我收拾一下，你再进来吧。"一边说着班杰明就轻轻地关上了房门。

不到一分钟的时间，班杰明就又打开了房门，并热情地把青年人让进客厅。这时，青年人的眼前展现出另一番景象——房间内的一切已变得井然有序，而且有两杯刚刚倒好的红酒，在淡淡的香水气息里还漾着微波。

可是，没等青年人把满腹的有关人生和事业的疑难问题向班杰明讲出来，班杰明就非常客气地说道："干杯。你可以走了。"

青年人手持酒杯一下子愣住了，既尴尬又非常遗憾地说："可是，我……我还没向您请教呢……"

"这些……难道还不够吗？"班杰明一边微微笑着一边扫视着自己的房间，轻言细语地说，"你进来又有一分钟了。"

"一分钟……一分钟……"青年人若有所思地说，"我懂了，您让我明白了一分钟的时间可以做许多事情，可以改变许多事情的深刻道理。"

班杰明舒心地笑了。青年人把杯里的红酒一饮而尽，向班杰明连连道谢后，开心地走了。

其实，只要把握好生命的每一分钟，也就把握了理想的人生。

集中一个焦点，专注投入，方能成大器

欧　阳

关于古希腊哲学家泰勒斯有一个小趣闻。一个明朗的夏夜，泰勒斯看见夜空清朗，繁星点点，就在草地上漫步，观察星星。他一边抬头看着星空，一边向前移动。前几天刚下过雨，草地上有些深浅不一的水坑，有的还挺大。泰勒斯正专注地看星星，浑然不知自己脚下有什么东西，一个不留神，像个大石头一样"扑通"一声掉进一个大水坑，水坑里的水虽然只到他胸部，但由于洞口窄小，洞壁又滑溜，很难爬出来。

泰勒斯大喊救命。当路人救他出水坑时，泰勒斯张口就说道："明天会下雨！"那人看着他满身泥水的狼狈相，笑着摇头走了。

第二天，果然下起了大雨，人们一方面钦佩泰勒斯在气象学方面丰富的知识，一方面又对泰勒斯的行为不以为然，说："泰勒斯知道天上的事情，却看不见自己脚下的东西。"对于他们的嘲笑，泰勒斯依然故我。

把恰当的工作，分配给最恰当的人是最好的管理方法

佚 名

临下班时，一个胖女孩找到我，说是机器上的一个螺母掉了。我随口应着漫不经心地拿着扳手、钳子和一大铁盒新旧不一、型号各异的螺母去了她操作的机器。

刚欲动手，车间下班铃声骤响。由于机器没有什么别的毛病，只是换一个螺母而已，我不想只为了换一个螺母而把手弄得脏兮兮。我打算明天上班时换上它。

第二天刚上班，我看见那个胖女孩的机器旁边正站着台湾老板。"你必须在一分钟内让机器恢复运作。"老板盛怒。

我想：一分钟之内换一个螺母还不是小菜一碟。却不料，一盒子的螺母竟没有一个是与螺栓的尺寸、型号搭配得当的，我陷入了尴尬的沉默之中，最后老板一字一顿地说："对于这台机器而言，那个与螺栓吻合得天衣无缝的，才叫螺母，而你盒子里的全是一块一块的废铁。工厂就好比这台机器，工人就好比一个简单而不可或缺的螺母。"

一只眼睛可以写出一部巨著

简　单

　　法国有一名记者叫博迪，在年轻的时候，他因一场病故导致四肢瘫痪。在全身的器官中，惟一能动的只有左眼。可是，他还是决心要把自己在病倒前就构思好的作品完成。

　　博迪只会眨眼，所以就只有通过眨动左眼与助手沟通，逐个字母地向助手背出他的腹稿，然后由助手抄录出来。助手每一次都要按顺序把法语的常用字母读出来，让博迪来选择，当她读到的字母正是文中的字母时，博迪就眨一下眼表示正确。由于博迪是靠记忆来判断词语的，有时不一定准确，他们需要查辞典，所以每天只能录一两页。可以想象两个人的工作是多么的艰难！几个月后，他们历经艰辛终于完成了这部著作。为了写这本书，博迪共眨了二十多万次眼。这本不平凡的书有 150 页，它的名字叫《潜水衣与蝴蝶》。

　　在这个世界上，很多人之所以没有成功，并不是因为他们缺少智慧，而是因为他们面对事情的艰难而没有做下去的勇气。波德莱尔说过："没有一件工作是旷日持久的，除了那件你不敢着手进行的工作。"一只眼睛就可以出一本书，还有什么是不可能的呢？

决心去做的事，绝不反悔

谢　冕

几年前，一位小姐邀稿于我，说是要写一句对自己影响最大的人生格言，并说，这格言可以是别人说的，也可以是自己说的。格言当然总是出自名人或伟人，自拟的所谓格言再反过来"影响自己一生"这说法总有些不妥。

但我实在犯难。想来想去，似乎因别人的一句话而影响和决定了一生的并没有。尽管小时候大人们曾用"少小不努力，老大徒伤悲"之类的话劝勉过我，但真的"老大"了，却发现那只是一句陈词滥调。后来，又有自觉或被迫诵读的当今圣人的话之类，发现那些话充满了自以为是的霸气，我不满于说话的人那种不平等的、居高临下的训诲。当然，只能敬而远之。

孔子和鲁迅都说过许多漂亮的话，但那些也很难决定一生。当古代圣贤和当今圣贤都不能解决问题的时候，人只能求助于自己。反顾自身，平生为人处事，大抵奉行着从容而坚定的姿态，我于是为自己"创造"了，或者说，是总结出这样一句话："决心去做的事，绝不反悔。"在这句"格言"的背后，站立着我的一个完整的人生态度，即，我以为人活着第一要紧是自信。坚定、果断、勇于承受，即使面对失败而不失自尊。

"永久的悔"这题目对我是真正的难题，前面说到了我的人生格言是

"不悔"，又如何做这"悔"的文章呢？好在也包括"虽九死而犹未悔"。这样，我也许还凑合着可以交差。

我是凡人，不可能无过失。因而不可能总是无悔。但事实却是我很少有悔。因为我奉行的是不悔的人生。前面说的那句"自拟格言"便是这种"奉行"的宣言。那话乍听起来真有点一意孤行的味道，因而要加以必要的注释。

事有大小，情有重轻，"决心去做"云云，指的是需要"下决心"去做的，并不是所有的事。有些事去做就是，无须踟蹰再三然后再下决心。这些事不是例行便是日常，也会有失误，但谈不上悔或不悔的严重。那些要"下决心"去做的，一般不属于"鸡毛蒜皮"则要思而后行，甚至再思、三思而后行。这类事没有把握硬去做，叫做轻举妄动。需要决心去做的，则属于必做的和非做不可的。这样的事，不做则已，做则必成。这个过程，即指周密的权衡，谋事之初要多思慎虑，一旦认为必行，则期以必成，决心和行动都要果断。

一件事没有做完就扔下，是半途而废。一般说来，这半途而废乃是陋习，是缺乏自信也缺乏自律的表现。审时度势而下了决心，加上行事之中的机智和审慎，一般总会成功，一般不至于事与愿违。但"事不如意常八九"，世上总有难料之事，总有许多意外。意外就是主观因素之外的突如其来，这是任何坚定而自信的人也无法躲避的。

即使面对一个周密从事计划的，决策的误差和实践的受阻也许会导致失败，面对这样意想不到的情况，作为"格言"的奉行者，我的态度依然是"不悔"。这不意味着不面对事实，而是更为超脱地面对事实：一个理智的人要敢于面对失败。从另一个角度看，这面对失败的"不悔"，是寻求心理的健康。因失败而怨尤，是一种自我折磨。失败不能让人消沉，失败应当是另一种境界的始端。人必须承认失败只属于自己——尽管失败有许多自己以外的原因，但失败的苦果只能由自己品尝。在这个时候，人既不能自怨，也不必怨人。

对于崇尚行动的人，纠正的办法是用下一个行动的成功来抵消前一个行动的失败。对于失败的承受，和对于一个成功的期待，是人生的至乐。因此，我坚定相信自己的这一句发明："决心去做的事，绝不反悔"。

成功的最大化来自
于生活中的最小化

（美）爱尔斯金

其实我大约只有十四岁，年幼疏忽，对于卡尔·华尔德先生那天告诉我的一个真理，未加注意，但后来回想起来真是至理名言，嗣后我就得到了不可限量的益处。

卡尔·华尔德是我的钢琴教师。有一天，他给我教课的时候，忽然问我：每天要练习多少时间钢琴？我说大约每天三四小时。

"你每次练习，时间都很长吗？是不是有个把钟头的时候？"

"我想这样才好。"

"不，不要这样！"他说，"你将来长大以后，每天不会有长时间的空闲的。你可以养成习惯，一有空闲就几分钟几分钟地练习。比如在你上学以前，或在午饭以后，或在工作的休息空闲，五分、十分钟地去练习。把小的练习时间分散在一天里面，如此则弹钢琴就成了你日常生活中的一部分了。"

当我在哥伦比亚大学教书的时候，我想兼从事创作。可是上课、看卷子、开会等事情把我白天晚上的时间完全占满了。差不多有两个年头我一字不曾动笔，我的借口是没有时间。后来才想起了卡尔·华尔德先生告诉我的话。

到了下一个星期，我就把他的话实验起来。只要有五分钟左右的空闲时间我就坐下来写作一百字或短短的几行。

出乎我意料之外，在那个星期的终了，我竟积有相当的稿子准备修改。

后来我用同样积少成多的方法，创作长篇小说。我的教授工作虽一天繁重一天，但是每天仍有许多可资利用的短短余闲。我同时还练习钢琴，发现每天小小的间歇时间，足够我从事创作与弹琴两项工作。

利用短时间，其中有一个诀窍：你要把工作进行得迅速，如果只有五分钟的时间给你写作，你切不可把四分钟消磨在咬你的铅笔尾巴。思想上事前要有所准备，到工作时间届临的时候，立刻把心神集中在工作上。迅速集中脑力，幸而不像一般人所想象的那样困难。

我承认我并不是故意想使五分十分钟不要随便过去，但是人类的生命可以从这些短短的闪歇闲余中获得一些成就的。卡尔·华尔德对我的一生有极重大的影响。由于他，我发现了极短的时间，如果能毫不拖延地充分加以利用，就能积少成多地供给你所需要的长时间。

创新是上帝赋予我们
每个人永恒的生产力

佚 名

人们经常把创新想象得太高深、太神秘、太复杂，并因此阻碍了他们的创新。其实创新甚至是伟大的创新往往却是很简单的。

多年前，有一家酒店的电梯不够用，打算增加一部。于是酒店请来了建筑师和工程师研究如何增设新的电梯。专家们一致认为，最好的办法是每层楼打个大洞，直接安装新电梯。方案定下来之后，两位专家坐在酒店前厅商谈工程计划。他们的谈话被一位正在扫地的清洁工听到了。

清洁工对他们说："每层楼都打个大洞，肯定会尘土飞扬，弄得乱七八糟。"工程师瞥了清洁工一眼说："那是难免的。"清洁工又说："我看，动工时最好把酒店关闭些日子。"工程师说："那可不行，关门一段时间，别人还以为酒店倒闭了呢。再说，那也影响收益呀。""我要是你们，"清洁工不经意地说，"我就会把电梯装在楼的外面。"工程师和建筑师听了这话，相视片刻，不约而同地为清洁工的这一想法叫绝。于是，便有了近代建筑史上的伟大变革——把电梯装在楼外。

创新能使一个人
永葆生机和活力

吴志强

朋友应聘一家独资公司。

该公司把前来应聘的人安排在会计室分三天做三次考核。

第一次考试，朋友便以 99 分的好成绩排在第一。一位叫小米的女孩以 95 分的成绩排在第二。

第二次考试试卷一发下来，朋友感到纳闷，当天的试题和第一次的试题完全一样。开始她认为发错了试卷。但监考人员一再强调，试卷没有发错。既然试卷没有发错，朋友也懒得去想，自信地把笔一挥，还不到考试规定时间的一半，试卷便全填满了。朋友把试卷一交，其他应聘的考生也陆陆续续地把试卷交了上去。人人脸上都春风得意，显然，个个都认为自己胜券在握。第二次考试考分一出来，朋友仍以 99 分不动摇的成绩排在第一。而那位交卷最晚的女孩小米以 98 分的成绩排在第二。

第三天准时进行第三次考试。

"这次该不会拿同样的题目给我们考吧?"

进考场前，应聘的考生们议论纷纷。

试卷一发下来，考场上顿时开了锅，因为试卷和前两次完全一样!

"安静，安静，大家听我说，这次考题和前两次一样，都是公司的安排。公司怎么安排，我们就怎么执行，如有谁觉得这种考核办法不合理你可以放下试卷，我们随时放你出考场。"

监考人员把桌子拍得"啪啪"响。

众人一看招聘人员发怒了，只好老老实实低下头去答卷。

这次考试更省事儿，绝大部分考生和朋友一样，根本用不着看考题，"刷刷刷"就直接把前两次的答案给搬上去了。不到半个钟头，整个考场都空了。只有那位叫小米的考生仍托腮拍脑，绞尽脑汁冥思苦想。时而修改，时而补充，直到收卷铃响才把答卷交了上去。

第三次考分出来，朋友长长舒了一口气。她仍以99分的成绩排在第一，不过这次没有独占鳌头。考生小米这次也以99分的好成绩和她并列第一。但朋友一点也不担心被她挤下来。

第四天录用榜一公布，朋友傻眼了：上面只有小米的名字，她落选了。朋友当时就找到总经理办公室，理直气壮地质问他：

"我这三次都考了99分，为什么不录用我而录用了前两次考分都低于我的考生呢？你们这种考核公平吗？"

朋友显得异常激动。

总经理笑呵呵地凝视着我的朋友，直到她心平气和才开口说话了。

"小姐，我们的确很欣赏你的考分。但我们公司并没有向外许诺，谁考了最高分就录用谁。考分的高低对我们来说只是录用职员的一个依据，并非最终结果。不错你次次都考了最高分，可惜你每次的答案都一模一样，一成未变。如果我们公司也像你答题一样，总用同一种思维模式去经营，能摆脱被淘汰的命运吗？我们需要的职员不单单要有才华，她更应该懂得反思，善于反思善于发现错漏的人才能有进步，职员有进步公司才能有发展，我们公司之所以三次用同一张试卷对你们进行考核，不仅仅是考你们的知识，也在考你们的反思能力。这次你未能被选用，我实在抱歉。"

朋友哑口无言，羞愧难当地退出了总经理的办公室。

永不满足既是人类
最大进步也是人类最大痛苦

韩小惠

跨入 21 世纪了，仁慈的上帝想：人类应该有较大的进步了吧？他就把一只金苹果挂在联合国总部的大门上。

一下子把所有的人都吸引过来了。

前呼后拥的官员挤在最前面，威严地说："瞧，这只金苹果多么辉煌，应该把它归属于我，以表彰我为人类所做的杰出贡献。"

一旁的侍者看见此景，满肚子不满地嘟囔着："这些贪婪的狗官，整天罩在名誉和地位的光环里，够风光的了！这只灿烂的金苹果，应该赐给我们这些默默无闻的普通人了。"

踌躇满志的大亨傲慢地看了一下周围的人，响亮地说："哦，这只金苹果呢，的确还不错，把它拿给我，我什么都有了，就是还没有它嘛。"

站在后面的穷人立即反驳说："既然你已经什么都有了，就不应该再让你拿走，应该分给我们这些什么都没有的穷人。"

聪明人推一推眼镜，居高临下地说："无论是依据物竞天择的老式法则，还是引入竞争机制的新秩序，这只金苹果都应该分给聪明人，以鼓励人类越来越走向智慧而不是相反。"

笨人这时的脑子出奇地好使，马上接碴道："聪明人本来就比我们智商高，可以通过努力得到他们想要的。金苹果应该无偿分给我这个愚拙之辈，以求世界的平衡。"

漂亮姐满心喜悦地盯着金苹果，伸手就去摘，一边说："嘿，这只金苹果和我一样出众，拿在我手里，才更能显示我的美艳和它的高贵。"

丑哥丑妹忙用身体堵成一道墙，连声嚷道："不行！不行！你已经有了骄人的美貌，就不要再起贪心，应该把它留给我们这些不幸的人，让谁都有一条生路。"

白种人喜爱金苹果放出的光芒，直率地说："我们白皙的肤色配上金子的光彩是最美的，把它给我。"

黑种人气恼了，硬碰硬地说："我抗议，这是种族歧视言论！金苹果不能再给白人，给我们受尽歧视的黑人才公平。"

男人瞅着金苹果，又瞅瞅身旁的女人，哈哈大笑道："金苹果，好啊，能让我们男人更强壮，世界也就更雄健，更有希望啊。"

女人妩媚地笑着，柔声细语但却很坚决地说："不对，亲爱的，应该把它留给女人，这个世界要是没有了女人，就会是凄风苦雨的一片昏暗，比地狱还要可怕。"

成年人爱惜地拍了拍自己的臂膀，当仁不让地说："虽然人人都想要它，可是金苹果只能给我，没有了我辛辛苦苦的工作，谁来养活你们大家？"

老年人一听就不高兴了，皱着眉头说："真是逆子之论，不敬老，要遭天打五雷轰。我都苦干一辈子了，给你们打下基业，不然能有你们的今天？金苹果当然必须敬老。"

小孩子跳着小脚尖声尖气地叫道："不行，不行，金苹果得给我，我才是世界的中心，什么好东西都得先给我！"

……

如此，吵成了雨后的虾蟆坑。

噪音卷起一股龙卷风，就像搭上了火箭，直向太空蹿去，把上帝的耳鼓都快敲破了。仁慈的上帝终于生气了，挥挥手，把魔鬼叫了来。

魔鬼龇龇獠牙，张开血盆大口，急煎煎地对上帝说："您看，您看，他们还口口声声平等、博爱呢，真是连鬼都不信哪！"

上帝用手捂着腮帮子，做牙疼状，苦恼地说："那你说该怎么办？"

魔鬼挥舞着魔爪，嗷嗷叫道："收回呀，把金苹果收回来呀！据说人类正在搞什么基因、克隆的名堂，号称能制造出又聪明、又漂亮、又强壮的新人，那么想必也能制造出道德高尚的君子了，等到那时再给不迟呀。"

上帝颔首："唔，这主意不错。"

魔鬼受到表扬，马上长了脸，一个箭步跳到金苹果跟前，用毛茸茸的大爪子护住，青面獠牙地呵斥道："都放手！都给我放手！你们谁也没资格，金苹果收回了！"

上帝痛苦地闭上了双眼。

出色的工作是高贵的荣衔

（法）阿利·玛利尼

他是个上了年纪的补鞋匠，铺子开在巴黎古老的玛黑区。我拿鞋子去请他修补，他先是对我说："我没空。拿去给大街上的那个家伙吧，他会立刻替你修好。"

可是，我早就看中他的铺子了。只要看到工作台上放满了的皮块和工具，我就知道他是个巧手的工艺匠。"不成，"我回答说，"那个家伙一定会把我的鞋子弄坏。"

"那个家伙"其实是那种替人即时钉鞋跟和配钥匙的人，他们根本不大懂得修补鞋子或配钥匙。他们工作马虎，替你缝一回便鞋的带子后，你倒不如把鞋子干脆丢掉。

那鞋匠见我坚持不让，于是笑了起来，他把双手放在蓝布围裙上擦了一擦，看了看我的鞋子，然后叫我用粉笔在一只鞋底上写下自己的名字，说道："一个星期后来取。"

我将要转身离去时，他从架子上拿下一只极好的软皮靴子。

他很得意地说："看到我的本领吗？连我在内，整个巴黎只有三个人能有这种手艺。"

我出了店门，走上大街，觉得好像走进了一个簇新的世界。那个老工艺匠仿佛是中古传说中的人物——他说话不拘礼节，戴着一顶形状古怪、满是灰尘的毡帽，奇特的口音不知来自何处，而最特别的，是他对自己的技艺深感自豪。

在现代社会里，人们只讲求实利，只要"有利可图"，随便怎样做都可以。人们视工作为应付不断增加消费的手段，而非发挥本身能力之道。在这样的时代里，看到一个补鞋匠对自己一件做得很好的工作感到自豪，并从中得到极大的满足，实在是难得遇到的快事。

出色的工作就是高贵的荣衔。一个认真而又诚实的工匠无论做哪一门手艺，只要他尽心尽力，忠于职守，除了保持自尊之外别无他求，那么，他的高贵品质实不下于一个著名的艺术家。世上没有世袭相传的贵族。做人堂堂正正才是惟一真正的高贵的人。

为了后来的追忆，
请细心描绘你现在的图画

齐有波

孰为强者，千古江山？满怀崇敬，追寻强者的足迹，我登上时间飞船，畅游天地间。

烈焰滚滚，天塌地陷，望不见繁星点点，巾帼豪情，女娲补天，混沌之中强者的影子闪现。江河水、饮不尽；侠客泪、流不干，夸父逐日，怎不令人赞叹，强者何惧纸老虎、大自然！黑云蔽日，天怒人怨，炮烙忠臣，志士胆寒，武王举旗，伐纣除奸，斯为义行，斯为强者，代代流传。

壮士行，易水寒，铁骨铮铮，正气浩然，喋血秦王殿；乌骓马，乌江岸，成败荣辱，英雄美人，壮志力拔山。强秦暴虐生涂炭，百里无人烟。大泽乡路逢淫雨，众征夫蹈死赴难；营门外，驻所边，狐啸夜半，陈胜吴广起义揭竿！群雄逐鹿；结义桃园，青龙偃月丹凤眼，三尺长髯，胸怀忠义过五关；九尺男儿赛过轩辕，七军遭水淹；单刀赴会，侠肝义胆，战场杀伐，金戈铁马，麦城一去常使人心痛泪落湿青衫。杨家将，武艺精湛；天波府，碧血青天。俊郎侠侣齐上阵，血战雁门关。保家卫国忠心一片，岂一门五侯区区封号可堪！潇潇雨歇，壮怀激烈，怒发冲冠：山可移，海可填，岳家军难撼。滔滔白水，半壁江山，昏君佞臣，不让将军破楼兰！风波亭，明月夜，青石栏，怎不让人泪涟涟！山河破碎，身世浮沉，零丁洋上茫茫漫漫，看丹心一片。时光如水，逝者如斯；斯为强者，其精其神直上九重天，可叹！

轮回辗转，沧海桑田，烟波浩渺五千年。清水池塘，小桥流水，数几缕青烟；扬子江畔，碧水滔天，挽几回狂澜！年年岁岁，岁岁年年，听我一曲《相见欢》：

清风孤灯凭栏，明月夜，意念神州方圆，霜林晚。

戈壁滩，叹驼铃，嘉峪关。不尽多少豪杰，在心间。

说不完风流故事，看不尽无限江山。千古情长，人生路短，历数豪杰风范，你我当自强，再续中华光辉画卷！

一打忠告，不如一个切实的行动

佚　名

有位龚先生养了 100 只鹅。有一天，死了 20 只。于是，他跑到犹太牧师那里，请教怎样牧鹅。

那位犹太牧师专注地听完他的叙述，问道：

"你是什么时候放牧的？"

"上午。"

"哎呀！纯粹是个不利的时辰！要下午放牧！"

龚先生感谢他的劝告，幸福地回了家。三天后，他跑到犹太牧师那里。

"牧师，我又死了 20 只鹅。"

"你是在哪里放牧的？"

"小河右岸。"

"哎呀，错了！要在左岸放牧。"

"非常感谢您对我的帮助，牧师，上帝祝福您。"

过了三天，龚先生再次来到犹太牧师那里。

"牧师，昨天又死了 20 只鹅。"

"不会吧，我的孩子。你给它们吃了什么？"

"喂了包谷，包谷粒。"

犹太牧师坐着深思良久，开始发表见解：

"你做错了，应该把包谷磨碎喂给鹅吃。"

"万分感谢您——牧师。由于您的劝告，上帝会酬谢您。"

第三天，龚先生有点失望、但又充满希望地敲着犹太牧师的房门。

"唔，又碰到什么新问题啦！我的孩子。"犹太牧师得意地问道。

"昨晚又死了 20 只鹅。"

"没关系，只要充满信心，常到我这儿来，告诉我，你的鹅在哪里饮水？"

"当然是在那条河里。"

"是大错特错，错上加错！不能让它们饮河水，要给它们喝井水，这样才有效。"

"谢谢，牧师。你的智慧总是拯救您的信徒。"

……

当龚先生通过开着的门进来时，犹太牧师正埋头读着一部厚厚的古旧的书。

"向您问好，牧师。"他带着极大的尊敬说道。

"上帝把你召到我这儿。看，甚至现在我都在替你的鹅操心。"

"又死了 20 只鹅，牧师。现在我已经没有鹅了。"

犹太牧师长时间地沉默不语，深思许久后。他叹息道：

"我还有几个忠告没有对你说，多可惜啊！"